Theorie der Wissenschaft

Wolfgang Deppert

Theorie der Wissenschaft

Band 4: Die Verantwortung der Wissenschaft

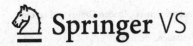 Springer VS

Wolfgang Deppert
Hamburg, Deutschland

ISBN 978-3-658-15123-2   ISBN 978-3-658-15124-9   (eBook)
https://doi.org/10.1007/978-3-658-15124-9

Die Deutsche Nationalbibliothek verzeichnet diese Publikation in der Deutschen Nationalbibliografie; detaillierte bibliografische Daten sind im Internet über http://dnb.d-nb.de abrufbar.

Springer VS
© Springer Fachmedien Wiesbaden GmbH, ein Teil von Springer Nature 2019

Gedruckt auf säurefreiem und chlorfrei gebleichtem Papier

Springer VS ist ein Imprint der eingetragenen Gesellschaft Springer Fachmedien Wiesbaden GmbH und ist ein Teil von Springer Nature
Die Anschrift der Gesellschaft ist: Abraham-Lincoln-Str. 46, 65189 Wiesbaden, Germany

Inhaltsverzeichnis

Vorbemerkungen

1

Die Vorlesung, aus der dieser 4. Band der Theorie der Wissenschaft entstanden ist, war ursprünglich in dem Vorlesungszyklus „Theorie der Wissenschaft" nicht vorgesehen. Aber durch eine ganze Anzahl von in verschiedenen Hinsichten Existenz bedrohenden Vorgängen in unserer gesellschaftlichen Wirklichkeit, die auf einen Mangel an wissenschaftlicher Kompetenz zurückzuführen sind, wurde es überdeutlich, daß die Gründe für die verschiedenen Gefährdungen in unserer Gesellschaft oder gar der ganzen Menschheit vor allem an den Universitäten zu suchen sind. Und da Philosophen die Aufgabe haben, sich um die grundlegenden Probleme ihrer Zeit zu kümmern, durfte die Kritik an den Wissenschaften in Bezug auf ihre Verantwortung für den Erhalt menschlicher Gemeinschaftsformen in dem Zyklus zur Theorie der Wissenschaft nicht fehlen. Diese Überzeugung entstand besonders durch ungezählte Diskussionen mit Kollegen und Mitgliedern des Sokrates-Universitäts-Vereins e.V. (SUV), der sich zur Aufgabe gemacht hat, eine Sokrates Universität zu gründen, in der pensionierte Kolleginnen und Kollegen ihr Lehr- und Forschungspotential nutzbringend auch in die Berufswelt einbringen können. Ihnen allen sei dafür an dieser Stelle herzlich gedankt. Ferner möchte ich den Kollegen danken, mit denen ich die hier zur Diskussion stehenden Fragestellungen im Rahmen der Vortrags- und Diskussionsveranstaltungen des Internationalen Instituts für Theoretische Kardiologie (IIfTC) ausführlich diskutieren konnte.

Da der Vorlesungszyklus, welcher diesem wissenschaftstheoretischen Werk vorausging, durch den berechtigten Zweifel am Bestand der Einheit der Wissenschaft entstanden ist, wurde schon zu Beginn des Band I der *Theorie der Wissenschaft* herausgearbeitet, daß es vorteilhaft ist, zwei Vorstellungen von der Einheit der Wissenschaft zu unterscheiden: *die intensionale und die extensionale Einheit der Wissenschaft*. Die *intensionale Einheit*, die sich auf so etwas, wie eine allen Wissenschaften eigene „Erkenntnisgrammatik" bezieht, wurde in den ersten drei Vorlesungen „Zur Systematik der Wissenschaft", „Das Werden der Wissenschaft" und „Kritik der normativen Wissenschaftstheorien" behandelt. In der vierten und letzten Vorlesung „Kritik der Wissenschaften hinsichtlich ihrer

© Springer Fachmedien Wiesbaden GmbH, ein Teil von Springer Nature 2019
W. Deppert, *Theorie der Wissenschaft*, https://doi.org/10.1007/978-3-658-15124-9_1

Verantwortung für das menschliche Gemeinwesen", sollte dann versucht werden, die *extensionale Einheit der Wissenschaft* darzustellen, d.h. eine *Vorstellung vom Ganzen der Wissenschaft* oder auch von der Vollständigkeit aller betriebenen oder zu betreibenden Wissenschaften zu entwickeln, was nun auch Aufgabe dieses vierten Bandes ist.

Vollständigkeiten lassen sich mit Hilfe von ganzheitlichen Begriffssystemen beschreiben, wie sie etwa durch das Ganze einer Aufgabe gebildet werden können, so daß nun die Frage zu stellen ist, welche Aufgabe durch die Gesamtheit der Wissenschaften zu erfüllen ist.

Schon ziemlich am Ende des Bandes I „*Die Systematik der Wissenschaft*" ist diese Aufgabe umrissen worden, indem „*die Wissenschaft tatsächlich das große Gemeinschaftsunternehmen der Menschheit wird, durch das sie ihr Überleben möglichst langfristig sicherstellen kann*". An dieser Aufgabe hat sich die Verantwortung der Wissenschaft zu orientieren, und wir haben nun in dem letzten Band zu untersuchen, inwieweit die Wissenschaften dieser Aufgabe gerecht werden und zu kritisieren, wenn dies fraglich erscheint. Insbesondere aber sollen auch Wege in die Zukunft gewiesen werden, auf denen die Wissenschaft zukünftig ihrer großen Aufgabe besser gerecht werden kann als bisher.

Zur Kritik der Wissenschaften in intensionaler Hinsicht bietet sich der Versuch an, zu zeigen, daß in bestimmten Wissenschaften die Erkenntnisgrammatik nicht beachtet wird, und in extensionaler Hinsicht, wenn eine Wissenschaft den Problembereich nicht oder nur ungenügend bearbeitet, der ihr aufgrund einer systematischen Aufteilung des Ganzen der Wissenschaft zukommt oder zukommen sollte. Eine solche Kritik läßt sich jedoch nur gründlich vornehmen, wenn man eine quasi Idealvorstellung vom Ganzen der Wissenschaft entwickelt hat, in der die Teile dieser Wissenschaften so voneinander abgegrenzt sind, daß für die Wissenschaft als Ganzes ein möglichst optimales Zusammenspiel der Einzelwissenschaften stattfinden kann.

Ein Ganzes oder eine Ganzheit ist im Band I wie folgt definiert worden: „*Eine **Ganzheit** ist bestimmt durch die gegenseitige Abhängigkeit ihrer Teile, oder eine Menge von Elementen ist dann eine **Ganzheit**, wenn sie sich in eindeutiger Weise auf ein ganzheitliches Begriffssystem abbilden läßt*."

Und generell ist die Ganzheitlichkeit auch von Begriffssystemen dadurch bestimmt, daß sich die Teile eines Systems in existentieller oder semantischer Hinsicht in gegenseitiger Abhängigkeit befinden. Demgemäß sind auch in der Systematik der Wissenschaft bereits systematische Unterscheidungen von Wissenschaften mit Hilfe von ganzheitlichen Begriffssystemen in Form von Begriffspaaren oder Begriffstripeln vorgenommen worden. Und hier haben wir soeben an das Begriffspaar {intensional, extensional} zur Unterscheidung zweier möglicher Formen der *Einheit der Wissenschaft* erinnert. Die dazu möglich werdende Kritik der Wissenschaft sei im Folgenden schon einmal angedeutet.

In intensionaler Hinsicht hat sich in der „Kritik der normativen Wissenschaftstheorien" des dritten Bandes ergeben, daß an den normativen Wissenschaftstheorien erhebliche Mängel festzustellen sind, insbesondere hinsichtlich ihres Anspruchs, das wissenschaftliche Arbeiten durch ganz bestimmte Normierungen befördern zu können. Ganz besonders dürftig erweist sich da der sogenannte *Kritische Rationalismus in seiner Theorieform*, der

nicht nur nichts zur Förderung der Produktivität des wissenschaftlichen Arbeitens beiträgt, sondern darüber hinaus das wissenschaftliche Arbeiten stark behindert. Darum sind
im Zuge der Kritik der normativen Wissenschaftstheorien nun auch die Wissenschaften
zu kritisieren, die meinen, ihre Arbeit auf solche mangelhaften Wissenschaftstheorien
gründen zu sollen.

Nun war für eine Kritik der normativen Wissenschaftstheorien auch eine Definition
des Begriffs ,Wissenschaftstheorie' vonnöten, in der notwendig auch eine Definition von
Wissenschaft enthalten sein mußte. Mit jeder Definition von Wissenschaft ist aber auch
eine Abgrenzung von dem verbunden, was nicht zur Wissenschaft gehört; denn schließlich bedeutet ,definieren', etwas durch Abgrenzung herauszuheben bzw. zu kennzeichnen.
Und auch in der Hübnerschen Wissenschaftstheorie sowie in der hier verallgemeinerten
Metatheorie über Wissenschaftstheorien ist ein Wissenschaftsbegriff erarbeitet, der sich
prinzipiell am Erkenntnisbegriff orientiert und der im Kantschen Sinne mit Hilfe von
Festsetzungen die Bedingungen der Möglichkeit von Erkenntnis bereitstellen soll. In dieser hier übernommenen Kantschen Art, Wissenschaft durch die Bestimmung ihrer eigenen Metaphysik zu begreifen, sind die Festsetzungen herauszuarbeiten, welche als Bedingungen der Möglichkeit von wissenschaftlichen Erkenntnissen in dieser Wissenschaft
erkannt werden; denn genau dies hat Kant als *Metaphysik* gekennzeichnet. Und darum
soll auch hier *Metaphysik* stets so verstanden werden, daß Wissenschaft ohne Metaphysik
nicht denkbar ist, weil für jede Wissenschaft Bedingungen existieren, welche es möglich machen, daß in ihr wissenschaftliche Erfahrungen gewonnen und damit auch wissenschaftliche Erkenntnisse zu Tage gefördert werden können.

Dazu ist ein möglichst einfacher Erkenntnisbegriff zugrundegelegt worden, der aus
einer erfolgreichen Zuordnung von etwas Einzelnem zu etwas Allgemeinem besteht, der
aber auch als ein methodisch reproduzierbares Zusammenhangserlebnis[1] zu verstehen ist.
Der so umrissene Wissenschaftsbegriff ist jedoch lediglich eine notwendige Bedingung
für die Bestimmung einer Wissenschaft; denn es ist mit der Forderung nach bestimmten
Festsetzungen, die explizit oder implizit gegeben sein müssen, noch nichts darüber gesagt,
wie es zu den Festsetzungen kommen kann. Außerdem fehlen noch die Bestimmungen
zum Objektbereich einer Wissenschaft sowie der weitere Umgang mit den gewonnenen
Erkenntnissen und deren Verwertung.

Allerdings läßt sich bereits danach fragen, inwiefern einzelne etablierte Wissenschaften überhaupt den hier aufgezeigten notwendigen Bedingungen des Begriffs von Wissenschaft genügen. Sicher läßt sich feststellen, daß die hier beschriebenen Festsetzungen zur

---

1   Zum Begriff ,Zusammenhangserlebnis' und den Erkenntnisbegriff allgemein zu definieren als
    ein methodisch reproduzierbares Zusammenhangserlebnis vgl. W. Deppert, Hermann Weyls
    Beitrag zu einer relativistischen Erkenntnistheorie, in: Deppert, W.; Hübner, K; Oberschelp,
    A.; Weidemann, V. (Hg.), *Exakte Wissenschaften und ihre philosophische Grundlegung*, Vor-
    träge des internationalen Hermann-Weyl-Kongresses Kiel 1985, Peter Lang, Frankfurt/Main
    1988, oder vgl. auch W. Deppert, Relativität und Sicherheit, abgedruckt in: Rahnfeld, Michael
    (Hrsg.): *Gibt es sicheres Wissen?*, Bd. V der Reihe *Grundlagenprobleme unserer Zeit*, Leipzi-
    ger Universitätsverlag, Leipzig 2006, ISBN 3–86583-128-1, ISSN 1619–3490, S. 90–188.

Konstitution einer Wissenschaft in den allermeisten Fällen gar nicht explizit vorliegen. Der Versuch, dies zu betreiben, könnte einen enormen Innovationsschub für diese Wissenschaften bedeuten. Schließlich hat Einstein nur nach der expliziten Festsetzung eines Begriffs der Gleichzeitigkeit an verschiedenen Orten gefragt, welches ja eine zeitliche Allgemeinheitsfestsetzung darstellt. Nur diese Fragestellung aber hat schon zu der wissenschaftlichen Innovation der speziellen Relativitätstheorie geführt. Zur wissenschaftlichen Exzellenz gehört es also ganz gewiß, die für wissenschaftliches Arbeiten erforderlichen Festsetzungen herauszufinden und die bisher nur implizit vorhandenen Festsetzungen explizit zu machen.

Die Kritik der normativen Wissenschaftstheorien ist deshalb so vernichtend ausgefallen, weil die untersuchten normativen Wissenschaftstheorien an einer mangelhaften Aufarbeitung des Kantschen Metaphysikbegriffs leiden und darum nicht nach den Bedingungen der Möglichkeit von wissenschaftlicher Erkenntnis gefragt haben und somit nicht auf die Hübnersche Feststellung gestoßen sind, daß die Wissenschaften sich ihrer eigenen Bedingungen für die Möglichkeit wissenschaftlicher Erfahrung in Form von Festsetzungen zu vergewissern haben, wenn sie denn damit übereinstimmen wollen, daß Wissenschaft jedenfalls ein begründendes Unternehmen zu sein hat. Wenn dies als allgemeinste Übereinstimmung für alle verschiedenen Vorstellungen von Wissenschaft angenommen werden darf, daß wissenschaftliche Aussagen begründbar sein müssen; dann führt die Iteration der Begründungen von Begründungen etc. mit Notwendigkeit auf Begründungsendpunkte, die dann sogar den Charakter von *mythogenen Ideen besitzen*, wenn in ihnen Einzelnes und Allgemeines in einer Vorstellungseinheit zusammenfallen, wie etwa bei den Physikern der *eine* und zugleich *allgemeinste* Weltenraum oder die *eine* und *allgemeinste* Weltzeit oder die *eine* und zugleich *allgemeinste* Naturgesetzlichkeit.[2]

Wenn sich jedoch auch diese Begründungsendpunkte noch relativieren lassen, dann gibt es revolutionäre Phasen in einer Wissenschaft, in der sich heute nahezu alle Wissenschaften befinden, weil nicht mehr ausgemacht ist, ob es überhaupt noch eine Wissenschaft geben kann, der eine Führungsrolle für alle anderen Wissenschaften zuzuerkennen ist. In der Geschichte hat es einmal derartige Führungsrollen gegeben, wie sie etwa von der Theologie beansprucht wurde, welche aber später diesen Anspruch nach heftigen Kämpfen an die Naturwissenschaften abgeben mußte, wobei in den Naturwissenschaften nacheinander die Physik, die Biologie und heute die Gehirnphysiologie versucht haben, eine derartige Führungsrolle für sich in Anspruch nehmen zu können.

Wenn nun nach der Verantwortung der Wissenschaften für das menschliche Gemeinwesen zu fragen ist, dann kommen wir nicht umhin, auch zu fragen, in welchem Beziehungsgefüge die Wissenschaften untereinander stehen, ob ein Aufgabenbereich angebbar ist, dem sich die Wissenschaften insgesamt anzunehmen haben und ob dieser Aufgabenbereich als ein Ganzes bestimmt werden kann, so daß von diesem Ganzen eine einheitsstiftende Wirkung auf die Gesamtheit aller Wissenschaften ausgeht, wodurch auch das

---

2   Zum Begriff der mythogenen Idee vgl. den soeben zitierten Aufsatz ‚Relativität und Sicherheit‘.

Ganze der Wissenschaften oder auch die extensionale Einheit der Wissenschaft erkennbar ist. Wir haben uns also des Ganzen der Wissenschaften zu vergewissern, um dann eine möglichst vollständige Aufteilung der Wissenschaften und deren Kritik hinsichtlich ihrer Verantwortlichkeit für das Ganze, dem sie angehören, vornehmen zu können. Das Ganze der Wissenschaft aber haben wir aus dem Überlebensproblem der Menschheit zu entwickeln, woraus sich stets die Sinnhaftigkeit einer Wissenschaft ergibt, da wir die Wissenschaft als das große Gemeinschaftsunternehmen der Menschheit begreifen, um von der Erkenntnisseite her das Überleben der Menschheit zu sichern. Wenn dabei erkannt wird, daß die einzelnen Wissenschaften an den Universitäten ihren Aufgaben nicht gerecht werden, dann sind sie zu kritisieren aber in einer Weise, die durch ihre für das Ganze verantwortlichen Art nur versöhnlichen Charakter haben darf.

Um den Zustand der Wissenschaften, wie er sich heute darbietet, gut verstehen zu können, ist noch einmal das Werden der Wissenschaft hinsichtlich der historischen und womöglich auch systematischen Entstehung der Strukturierung der Wissenschaft in bestimmte Fächer und deren Beziehungen untereinander zu untersuchen. Dies ist nun im folgenden 2. Kapitel nachzulesen.

Mögliche Gliederungen der Wissenschaften

2.1 Zur Geschichte der Gliederung der Wissenschaften

Die Wissenschaften sind im antiken Griechenland durch die Fragestellungen von Philosophen und deren Streben nach Erkenntnis entstanden. Wissenschaft (episteme) galt als die Gesamtheit des Wissens der Menschen, wobei auch die Methoden zum Wissenserwerb zum Wissen gehörten. Die erste Wissenschaft, die sich von diesem großen Bereich des Wissens überhaupt abgespalten hat, ist die medizinische Wissenschaft gewesen, was sich etwa an den Ärzten Alkmaion und Hippokrates festmachen läßt, wenngleich sich viele Philosophen wie etwa Aristoteles noch in allen Wissenschaften betätigten. Generell blieben die Wissenschaften die Domäne der Philosophen. Sie teilten aber ihren Tätigkeitsbereich in verschiedene Wissensgebiete auf.

Die ersten Aufteilungen gelingen Hesiod in Form seiner beiden Hauptwerke „Theogonie" und „Werke und Tage". In der Theogonie geht es um das Sein, das Hesiod mit Hilfe einer Quasi-Axiomatik der Götterwelt beschreibt; denn die gesamte Götterwelt führt er auf die Nachkommen des Gottes Chaos und der Göttin Gaia zurück, wobei die Vermehrung erst nach dem Auftreten des Gottes Eros stattfindet. Die drei Gottheiten ‚Chaos', ‚Gaia' und ‚Eros' lassen sich heute in Form des Begriffstripels ‚Möglichkeit', ‚Wirklichkeit' und ‚Verwirklichendes' darstellen, warum diese göttliche Dreiheit {Chaos, Gaia, Eros} auch als *Hesiodsches Urtripel* bezeichnet wird. In seinem Buch „Werke und Tage" geht es Hesiod um das vernünftige Verhalten, also um die Ethik. Hesiod hat intuitiv bereits die grundsätzliche Aufteilung zwischen der Erforschung des Seins und der Erforschung des Sollens vorgenommen, die in der Neuzeit erst von David Hume in aller Klarheit dargestellt wurde. Demnach lassen sich aus den Hesiodschen Arbeiten die ersten vollständigen Aufteilungen über das, was sich wissen läßt, wie folgt zusammenfassen:

1. *Das Wissen über das Mögliche, das Wirkliche und das Verwirklichende* – gemäß des Hesiodschen Urtripels.

© Springer Fachmedien Wiesbaden GmbH, ein Teil von Springer Nature 2019
W. Deppert, *Theorie der Wissenschaft*, https://doi.org/10.1007/978-3-658-15124-9_2

2. *Das Wissen über das gegebene Sein und das Wissen über erlaubte Seinsveränderungen (Ethik)* – gemäß der grundsätzlichen Gliederung durch Hesiods beide Hauptwerke.
3. *Das Wissen über das Ursprüngliche und das Wissen über das Abgeleitete* – gemäß der Struktur der beiden Hauptwerke, in denen aus Annahmen über Zugrundeliegendes alles Weitere abgeleitet und damit auch schon der wesentliche Grundzug der Logik vorgedacht wird.

Mit der Entwicklung einer ersten formalen Logik durch Aristoteles tritt zum Wissen über die Natur (das Sein) und die Ethik (das Wollen oder Sollen) noch die Logik hinzu, so daß in der Stoa zu den hier in der zweiten hesiodschen Aufteilung genannten noch die Logik ausdrücklich hinzugefügt wird: *1. Physik, 2. Logik und 3. Ethik.*

Im römisch bestimmten Mittelalter wird das praktische Wissen auf drei Sprachformen zurückgeführt, die das sogenannte Trivium bildeten, bestehend aus Grammatik, Rhetorik und Dialektik, während das theoretische Wissen im Quadrivium als Arithmetik, Geometrie, Astronomie und Musik aufgegliedert wurde, wobei unter Musik die theoretische Lehre von der Weltharmonie bestimmter einfacher Proportionen zu verstehen ist. Trivium und Quadrivium wurden zusammen als die sieben freien Künste (septem artes liberales) bezeichnet. Alle diese ersten Unterscheidungen von wissenschaftlichen Fachgebieten entstammen dem Orientierungsweg der griechischen Antike, der sich aus dem Vertrauen auf die grundsätzlich im Menschen angelegte Orientierungsfähigkeit entwickelte, die sich vor allem in seiner Denkfähigkeit zeigt.

Auf dem israelitisch-christlichen Orientierungsweg wird dagegen dieses Vertrauen nicht entwickelt und stattdessen auf eine durch Gottes Wort von außen gesteuerte Orientierung gesetzt.[3] Mit der Übernahme des Christentums als römische Staatsreligion wurden mit den Philosophen auch alle wissenschaftlichen Bemühungen bekämpft und unterdrückt.[4] Erst als sich der Islam durch die Kenntnisse seiner Anhänger von der antiken Philosophie und deren Wissenschaftlichkeit der christlichen Kultur gegenüber als kulturell und vor allem militärisch weit überlegen zeigte, wurde in den christlichen Staaten wieder das Interesse an der griechischen Philosophie und Wissenschaft erweckt und die verschiedenen Renaissanceschübe entstanden, wodurch der Islam schon sehr früh in der Entwicklung der europäischen Kultur verwurzelt ist.

Als durch die Idee einer Wiedergeburt der griechischen Kultur die Universitäten zu Beginn des zweiten Jahrtausends entstanden, galten die artes liberales als das Propädeutikum zum Studium der oberen Wissenschaften, der Theologie, der Jurisprudenz und der Medizin. Diese mittelalterliche Gliederung der Wissenschaften galt noch bis Kant, der sie in seinem letzten Werk „Der Streit der Fakultäten" 1798 in überzeugender Weise kritisiert hat. Es ist bemerkenswert, daß alle Gliederungen der Wissenschaften von Anfang an als

---

3   Zu der Darstellung des israelitisch-christlichen Orientierungsweges und den der griechischen Antike vgl. ebenda.

4   Von den wenigen Schriften Platons und des Aristoteles, die in einigen Klöstern aufbewahrt wurden, kann man absehen, da ihnen im frühen Mittelalter keine Bedeutung zukamen.

Gliederungen eines Ganzen verstanden wurden. So erreicht schon Hesiod die Aufglie-
derung von Ganzheiten durch die intuitive Verwendung von ganzheitlichen Begriffssys-
temen in Form von Begriffspaaren {unveränderlich, veränderlich} und {Ursprüngliches,
Abgeleitetes} und sogar eines ganzheitlichen Begriffstripels {Möglichkeit, Wirklichkeit,
Verwirklichung}. Nach diesem Muster sind auch die späteren Gliederungen vorgenom-
men worden. Aber haben wir es bei diesen Gliederungen mit Ganzheiten zu tun? Diese
Frage soll erst ausführlich nach der Besprechung der Kantschen Kritik an der zu seiner
Zeit herkömmlichen Gliederung der Wissenschaften behandelt werden.

Immanuel Kant bespricht und kritisiert in seinem Spätwerk „Der Streit der Fakultäten"
die bis dahin übliche Gliederung der Wissenschaften. Die Grobeinteilung geschieht dabei wiederum durch ein Begriffspaar, nämlich durch das Paar {oben, unten}: Die oberen
Fakultäten bilden die theologische, die juristische und die medizinische Fakultät, und die
untere Fakultät ist die philosophische. Während die oberen Fakultäten den Interessen der
Regierung unterstellt sind, hat die untere Fakultät „nur das Interesse der Wissenschaft"
zu besorgen.[5] Die oberen Fakultäten sind nämlich weisungsgebunden; denn die Regierung
„behält ... sich das Recht vor, die Lehren der oberen selbst zu sanktionieren; die der unteren überläßt sie der Vernunft des gelehrten Volks." Zu dieser unteren Fakultät schreibt
Kant:

> „Es muß zum gelehrten gemeinen Wesen durchaus auf der Universität noch eine Fakultät ge-
> ben, die, in Ansehung ihrer Lehren vom Befehle der Regierung unabhängig keine Befehle zu
> geben, aber doch alle zu beurteilen die Freiheit habe, die mit dem wissenschaftlichen Inter-
> esse, d.i. mit dem der Wahrheit, zu tun hat, wo die Vernunft öffentlich zu sprechen berechtigt
> sein muß: weil ohne eine solche die Wahrheit (zum Schaden der Regierung selbst) nicht an
> den Tag kommen würde, die Vernunft aber ihrer Natur nach frei ist und keine Befehle etwas
> für wahr zu halten (keine crede, sondern ein freies credo) annimmt."[6]

Aus diesen Darlegungen Kants, läßt sich deutlich der historische Grund dafür erkennen,
warum bis heute in der Theologischen, der Juristischen und der Medizinischen Fakultät
die Wissenschaftlichkeit kaum oder gar nicht ausgeprägt ist, wobei in dieser oberfläch-
lichen Betrachtung die Medizinische Fakultät hinsichtlich ihrer Wissenschaftlichkeit unvergleichlich höher einzuschätzen ist als die beiden anderen Fakultäten, die eigentümlicherweise auch die historisch ältesten sind. Die Theologische, wie die Juristische Fakultät
schleppen noch ein unwissenschaftliches historisches Gepäck mit sich herum, von dem
sich zu befreien, die anderen Fakultäten sie tatkräftig unterstützen sollten; denn es geht

---

5   Vgl. Immanuel Kant, *Der Streit der Fakultäten*, hrsg. von Klaus Reich, Felix Meiner Verlag,
    Hamburg 1959, S. 11.

6   Ebenda S. 12. Kant fügt noch folgende psychologische Erklärung für die Bezeichnungen ,obe-
    re' und ,untere' Fakultäten an: „Daß aber eine solche Fakultät unerachtet dieses großen Vor-
    zugs (der Freiheit) dennoch die untere genannt wird, davon ist die Ursache in der Natur des
    Menschen anzutreffen: daß nämlich der, welcher befehlen kann, ob er gleich ein demütiger
    Diener eines anderen ist, sich doch vornehmer dünkt als ein anderer, der zwar frei ist, aber
    niemandem zu befehlen hat."

nicht an; daß, wie es neuerdings der Bologna-Prozeß erneut nahelegt, die Universität zu einer akademischen Berufsschule verkommt, in der das Humboldtsche Ideal der *Einheit von Forschung und Lehre* nicht mehr verwirklicht werden kann. Die Verantwortung dafür tragen zweifellos die gesetzgebenden Politiker, welche sich vor allem aus der juristischen Wissenschaft rekrutieren.

Kant ist es einerseits klar, daß die Gliederungen der Universitäten, wie er sie vorfindet, vor allem ihre historischen Ursachen haben, dennoch aber ist er der Meinung, daß die menschliche Vernunft, die ja nach seiner Lehre in allen Menschen identisch wirksam ist, diese Gliederungen auf intuitive Weise einem Zweck unterstellt hat. Kant schreibt dazu:

> „Man kann annehmen, daß die künstlichen Einrichtungen, welche eine Vernunftidee (wie die von einer Regierung ist) zum Grunde haben, die sich an einem Gegenstande der Erfahrung praktisch erweisen soll, nicht durch bloß zufällige Aufsammlung und willkürliche Zusammenstellung vorkommender Fälle, sondern nach irgendeinem in der Vernunft, wenngleich nur dunkel, liegenden Prinzip und darauf gegründeten Plan versucht worden sind, der eine gewisse Art der Einteilung notwendig macht.

> Aus diesem Grunde kann man annehmen, daß die Organisation einer Universität in Ansehung ihrer Klassen und Fakultäten nicht so ganz vom Zufall abgehangen habe, sondern daß die Regierung, ohne deshalb eben ihr frühe Weisheit und Gelehrsamkeit anzudichten, schon durch ihr eignes gefühltes Bedürfnis (vermittelst gewisser Lehren aufs Volk zu wirken) a priori auf ein Prinzip der Einteilung, was sonst empirischen Ursprungs zu sein scheint, habe kommen können, das mit dem jetzt angenommenen glücklich zusammentrifft; wiewohl ich ihr darum, als ob sie fehlerfrei sei, nicht das Wort reden will.

> Nach der Vernunft (d.h. objektiv) würden die Triebfedern, welche die Regierung zu ihrem Zweck (auf das Volk Einfluß zu haben) benutzen kann, in folgender Ordnung stehen: zuerst eines jeden *ewiges* Wohl, dann das *bürgerliche* als Glied der Gesellschaft, endlich das *Leibeswohl* (lange leben und gesund sein). Durch die öffentlichen Lehren in Ansehung des *ersten* kann die Regierung selbst auf das Innere der Gedanken und die verschlossenen Willensmeinungen der Untertanen, jene zu entdecken, diese zu lenken, den größten Einfluß haben; durch die, so sich aufs *zweite* beziehen, ihr äußeres Verhalten unter dem Zügel öffentlicher Gesetze halten; durch das *dritte* sich die Existenz eines starken und zahlreichen Volkes sichern, welches sie zu ihren Absichten brauchbar findet."[7]

Kant hat hier deutlich ein Erhaltungsprinzip im Auge, die Erhaltung des Staates durch eine bestimmte Regierung, die zumindest intuitiv die Erhaltung des Staatsganzen durch staatliche Einrichtungen betreibt. Dazu bedarf es einer Vorstellung vom Staatsganzen und einer Vorstellung davon, welche Gefahren es für das Staatsganze geben könnte, und wie man diesen Gefahren begegnen kann. Für Kant ergibt sich das Staatsganze aus dem Begriffspaar {Regierung, Regierte} oder {Befehlende, Befehlsempfänger} oder auch {Führer, Geführte}. Diese Staatsvorstellung ist zweifellos eine Konsequenz des israelitisch-christlichen Orientierungsweges, und aus ihm ergibt sich auch Kants Vorstellung

---

7   Vgl. ebenda S. 13f.

darüber, wie die Regierung die Regierten zu führen hat, damit sich das Staatsganze erhalten läßt, wobei er bereits die Problematik des Führens in eine innere und eine äußere Führung aufteilt. Die innere Führung kommt den Theologen zu, weil er meint, daß das Innere des Menschen hinreichend durch die Furcht vor dem unhintergehbaren und unentrinnbaren Tod und durch den Wunsch, nach dem Tod ein ewiges Leben gewinnen zu können, beschrieben ist. Die Problematik der äußeren Führung teilt Kant im Sinne seiner Vorstellung von der Erscheinungswelt noch einmal auf in die Probleme der äußeren und der inneren Erscheinungen. Die Regelungen zur Erhaltung der äußeren Erscheinungswelt der Menschen hinsichtlich des Umgangs der Menschen untereinander und des Umgangs der Menschen mit der Natur überläßt er den Juristen und die Probleme der Erhaltung des Inneren der einzelnen Menschen den Medizinern.

Nun besitzen diese Fakultäten unter sich noch eine Rangordnung, die mit der Reihenfolge ihrer Aufzählung angegeben ist, deren Rechtfertigung aber wohl aus der Vernunft nicht aus dem Naturinstinkt des Menschen folgt. Dazu sagt Kant:

> „Nach der *Vernunft* würde also wohl die gewöhnlich angenommene Rangordnung unter den oberen Fakultäten stattfinden; nämlich zuerst die *theologische*, darauf die der *Juristen*, und zuletzt die *medizinische* Fakultät."[8]

Kant scheint hier angenommen zu haben, daß das Endziel und damit das höchste sinnstiftende Ziel der Menschen die Sicherung der ewigen, glücklichen Existenz des Menschen sei, so daß sich alles andere diesem Ziele unterzuordnen habe, warum der Theologischen Fakultät die Priorität zukomme und warum sie bis heute an der ersten Stelle der universitären Vorlesungsverzeichnisse genannt wird. Daraus folge dann die Bestimmung des vernünftigen Verhaltens der Menschen, die Ethik, die in vernünftigen Gesetzen ihren Niederschlag finden müsse, die zu entwerfen Kant hier offenbar den Juristen zumutet, wovon allerdings heute in der juristischen Fakultät kaum noch eine Spur zu finden ist.

Die letzte in dieser Reihe der oberen Wissenschaften ist die medizinische Fakultät, die lediglich für den Erhalt der Körperlichkeit der Menschen zu sorgen hat, welche allerdings im Inneren des Menschen ihre Problematik entfaltet, wobei dieses Innere des Menschen in Kants Systematik zur äußeren Erscheinungswelt gehört. Diese Sichtweise hat sich in der Medizin bis heute erhalten, da die Mediziner im Rahmen der sogenannten Schulmedizin grundsätzlich der Auffassung sind, daß alle Ereignisse und Erscheinungen im menschlichen Körper durch physikalische Naturgesetze zu erklären seien, weil die eigentlichen Naturgesetze die physikalischen Gesetze, die auch den gesamten Kosmos beherrschten und somit kosmische Gesetze wären. Was dann nicht dazu gesagt wird, ist die historische Tatsache, daß diese Auffassung theologisch begründet ist, da die kosmischen Gesetze die Gedanken Gottes bei der Schöpfung des Kosmos seien und daß die kosmischen Gesetze mithin heilige Gesetze sind, wodurch die Heilung der Krankheiten durch kosmische Gesetze eine heilige Handlung werde. Damit bindet die Medizin wieder an die Theologie an,

---

8 Ebenda S. 14.

so daß wir den Eindruck gewinnen könnten, daß die drei Fakultäten, die sich historisch gebildet haben, doch ein vernünftiges Ganzes bilden. Daß diese medizinische Sichtweise inzwischen mächtig zu kritisieren ist, das habe ich bereits an vielen Stellen gründlich ausgeführt, und ich werde im Rahmen des 4. Bandes der *Theorie der Wissenschaft* diese Kritik noch weiter verdeutlichen, wenn die medizinische Fakultät an der Reihe ist.[9] Es sei jedoch vermerkt, daß es meiner Kenntnis nach an der Kieler Universität eine Ausnahme im Aufbau der Kardiologie gibt. Diese Ausnahme wurde vornehmlich durch Professor Dr. Jochen Schaefer repräsentiert, worüber zu berichten ich gerade die Ehre hatte, und zwar in einer wissenschaftstheoretischen Begleitschrift zu einem im Entstehen begriffenen Buch über den Aufbau der Kieler Kardiologie.[10]

Kant war sich über die vernunftmäßige Rangordnung der drei oberen Fakultäten aber nicht so sicher; denn er gibt zu bedenken, daß sich nach dem Naturinstinkt des Menschen sogar die entgegengesetzte Ordnung wie folgt ergäbe:

> „Nach dem *Naturinstinkt* hingegen würde dem Menschen der Arzt der wichtigste Mann sein, weil dieser ihm sein *Leben* fristet, darauf allererst der Rechtserfahrene, der ihm das zufällige *Seine* zu erhalten verspricht, und nur zuletzt (fast nur, wenn es zum Sterben kommt), ob es zwar um die Seligkeit zu tun ist, der Geistliche gesucht werden: weil auch dieser selbst, so sehr er auch die Glückseligkeit der künftigen Welt preiset, doch, da er nichts von ihr vor sich sieht, sehnlich wünscht, von dem Arzt in diesem Jammertal immer noch einige Zeit erhalten zu werden."

Es ist nicht zu übersehen, daß sich Kant hier lustig darüber macht, daß zwar die Theologie vom Jammertal auf Erden spricht, daß die Menschen aber doch diesem Jammertal den Vorrang gegenüber der ewigen Seligkeit geben, wenn es ans Sterben geht. Schon aus dieser Bemerkung ist deutlich zu entnehmen, daß Kant in diesem Sinne kein Christ mehr war, da es ihm nicht mehr möglich war, an eine ewige Seligkeit zu glauben.

Wie aber kommen nun nach Kant die oberen Fakultäten zu ihren Kenntnissen? Kant schreibt (S.14):

> „Alle drei oberen Fakultäten gründen die ihnen von der Regierung anvertrauten Lehren auf *Schrift*, welches im Zustande eines durch Gelehrsamkeit geleiteten Volks auch nicht anders sein kann, weil ohne diese es keine beständige, für jedermann zugängliche Norm, darnach es sich richten könnte, geben würde. Daß eine solche Schrift (oder Buch) Statute, d.i. von

---

9   Vgl. zur Kritik des Kosmisierungsprogramms und des physikalisch-reduktionistischen Forschungsprogramms in der Medizin vgl. W. Deppert, „Das Reduktionismusproblem und seine Überwindung", in: W. Deppert, H. Kliemt, B. Lohff, J. Schaefer (Hg.), *Wissenschaftstheorien in der Medizin. Ein Symposium*. Berlin 1992, S.275–325.

10 Vgl. Wolfgang Deppert, „Wie mit dem Start der Kieler Kardiologie grundlegende Probleme unserer Zeit erkannt und behandelt wurden", in: Jochen Schaefer (Hg. und Erzähler), *Gelebte Interdisziplinarität – Kardiologie zwischen Baltimore und Kiel und ihr Vermächtnis einer Theoretischen Kardiologie*, Band VI der Reihe: *Grundlagenprobleme unserer Zeit*, Leipziger Universitätsverlag, Leipzig 2011, S. 165–182.

der Willkür eines Oberen ausgehende (für sich selbst nicht aus der Vernunft entspringende) Lehren, enthalten müsse, versteht sich von selbst, weil diese sonst nicht als von der Regierung sanktioniert schlechthin Gehorsam fordern könnte, und dieses auch nicht von dem Gesetzbuche selbst in Ansehung derjenigen öffentlich vorzutragenden Lehren, die zugleich aus der *Vernunft* abgeleitet werden könnten, auf deren Ansehen aber keine Rücksicht nimmt, sondern den Befehl eines äußeren Gesetzgebers zum Grunde liegt. Von dem Gesetzbuch, als dem Kanon, sind diejenigen Bücher, welche als (vermeintlich) vollständiger Auszug des Geistes des Gesetzbuches zum faßlicheren Begriff und sicherern Gebrauch des gemeinen Wesens (der Gelehrten und Ungelehrten) von den Fakultäten abgefaßt werden, wie etwa die *symbolischen Bücher*, gänzlich unterschieden. Sie können nur verlangen als *Organon*, um den Zugang zu jenem zu erleichtern, angesehen zu werden und haben gar keine Autorität; selbst dadurch nicht, daß sich etwa die vornehmsten Gelehrten von einem gewissen Fache darüber geeinigt haben, ein solches Buch statt Norm für ihre Fakultät gelten zu lassen, wozu sie gar nicht befugt sind, sondern sie einstweilen als Lehrmethode einzuführen, die aber nach Zeitumständen veränderlich bleibt und überhaupt auch nur das Formale des Vortrags betreffen kann, im Materialen der Gesetzgebung aber schlechterdings nichts ausmacht.
Daher schöpft der biblische Theolog (als zur obern Fakultät gehörig) seine Lehren nicht aus der Vernunft, sondern aus der *Bibel*, der Rechtslehrer nicht aus dem Naturrecht, sondern aus dem *Landrecht*, der Arzneigelehrte seine *ins Publikum gehende Heilmethode* nicht aus der Physik des menschlichen Körpers, sondern aus der *Medizinalordnung*. Sobald eine dieser Fakultäten etwas als aus der Vernunft Entlehntes einzumischen wagt: so verletzt sie die Autorität der durch sie gebietenden Regierung und kommt ins Gehege der philosophischen, die ihr alle glänzenden, von jener geborgten Federn ohne Verschonen abzieht und mit ihr nach dem Fuß der Gleichheit und Freiheit verfährt. Daher müssen die obern Fakultäten am meisten darauf bedacht sein, sich mit der untern ja nicht in Mißheirat einzulassen, sondern sie fein weit in ehrerbietiger Entfernung von sich abzuhalten, damit das Ansehen ihrer Statute nicht durch die freien Vernünfteleien der letzteren Abbruch leide."[11]

Leider ist die Kritik an den drei oberen Fakultäten von diesen entweder nicht wahrgenommen oder aber nicht ernst genommen worden. Wie anders ist es zu erklären, daß Kants Kritik an diesen Fakultäten in vielen Hinsichten bis auf den heutigen Tag wiederholt werden muß. Und diese hier von Kant beschriebene tiefliegende Angst der drei oberen Fakultäten vor dem gründlichen Nachdenken der Philosophen hat sicher mit dazu beigetragen, daß die Philosophie heute im wissenschaftlichen, politischen und insgesamt im öffentlichen Leben kaum noch eine Rolle mehr spielt, es sei denn in einer Philosophie, die sich in einer journalistischen Form freiwillig verstümmelt, wie etwa in den sogenannten philosophischen Features des Fernsehens.

Es sei an dieser Stelle festgehalten, daß Kant jedenfalls versucht hat, die Gliederungen der Fakultäten auf systematische Weise zu ordnen, wobei seine Leitgedanken stets von ganzheitlichen Vorstellungen ausgehen, die sich durch die Gliederungen mit Hilfe von Begriffspaaren zu erkennen geben, oder durch die Behandlung der Erhaltungsproblematik eines Ganzen, sei es in Form eines natürlichen oder eines kulturellen Organismus, in welchem sich Menschen zu ihrer Selbsterhaltung organisiert haben.

---

11   Vgl. ebenda S.14f.

Die weitere Entwicklung in der Gliederung und in der Bedeutung der verschiedenen Fakultäten ist stark durch Wilhelm von Humboldt bestimmt, der das Verhältnis der oberen und der unteren Fakultäten umkehrte und der Philosophischen Fakultät die höchste Bedeutung zusprach, aus der heraus sich eine Fülle von neuen Universitätsfächern entwickelten, die sich – durchaus von Universität zu Universität verschieden – zu neuen Fakultäten zusammengeschlossen haben, wie etwa die Agrarwissenschaftlichen Fakultäten, die Wirtschafts- und Sozialwissenschaftlichen Fakultäten, die mathematisch-Naturwissenschaftlichen Fakultäten, usf. Dadurch ist ein gewisser Wildwuchs der Fakultäten entstanden, für den sich allenfalls von ihrem Ursprung her noch eine Ganzheitlichkeit der universitären Wissenschaften erkennen läßt, die aber mehr und mehr den Eindruck aufkommen lassen, daß die einstmalige Einheit der Wissenschaft, wie sie etwa noch von Wilhelm von Humboldt beschworen wurde, verloren zu gehen droht.

Hier soll aus existentiellen Gründen zur Bewältigung der Überlebensproblematik von Mensch und Natur versucht werden, wieder ein Ganzes der Wissenschaft zu beschreiben, damit dann auf systematische Weise dieses Ganze aufgeteilt und die damit entstehenden wissenschaftliche Fächer den verschiedenen Fakultäten mit den zugehörigen Aufgaben dergestalt zugewiesen werden können, daß möglichst kein wichtiger Problembereich unbearbeitet bleibt. Um dies leisten zu können, ist nun die Frage zu behandeln, wie sich Ganzheiten und ihre Untergliederungen überhaupt begrifflich und existentiell beschreiben lassen.

2.2   Zur Bestimmung eines Ganzen durch die Beschreibung des Zusammenhangs seiner Teile

Aristoteles weist bereits darauf hin, daß ein Ganzes mehr als die Summe seiner Teile sei. Aber was bedeutet dieses ‚mehr‘? Gewiß nicht, daß bei einem Ganzen zu der Summe der Teile noch ein weiteres Teil hinzugefügt werden soll. Das ‚mehr‘ weist auf etwas anderes hin, welches kein Teil ist, aber dennoch für ein Ganzes unentbehrlich ist, und dies kann nur eine besondere Art des Zusammenhangs der Teile sein. Nun beschreiben wir ein Ganzes und seine Teile stets mit Begriffen, so daß sich die Frage nach dem Ganzen auf die Frage nach den möglichen Zusammenhängen zwischen Begriffen verschieben läßt.

Dazu sei aus der ersten Vorlesung „Zur Systematik der Wissenschaft" noch einmal rekapituliert, was wir denn meinen, wenn wir von einem Begriff sprechen. Da es nicht möglich ist, einen Begriff von einem Begriff zu bestimmen, weil wir damit in einen unendlichen Regreß hineingeraten, greifen wir zur Beschreibung dessen, was wir unter einem Begriff verstehen, auf drei Merkmale von allen Begriffen zurück:

1. *Das zweiseitige Merkmal:* Begriffe sind solche sprachlichen Bedeutungsträger, die je nach Hinsicht entweder etwas Allgemeines oder etwas Einzelnes bedeuten.
2. *Das strukturierende Merkmal:* Existenzbereiche werden durch die Anwendung von Begriffen strukturiert und unterschieden.

3. **Das systembildende Merkmal:** Begriffe sind solche Bedeutungsträger, die untereinander in einseitiger oder in wechselseitiger Bedeutungsabhängigkeit stehen können.

Damit uns diese Merkmale von Begriffen zur Identifizierung von Ganzheiten nützlich sein können, ist erst einmal ganz allgemein danach zu fragen, ob sich bestimmte Kriterien für Ganzheitlichkeit nennen lassen. Um den Begriff der Ganzheit zu fassen, benötigen wir eine Vorstellung von gegenseitiger Abhängigkeit. Immanuel Kant scheint nach den Vorsokratikern und Aristoteles der erste Denker gewesen zu sein, der diese Vorstellung wieder in die neuzeitliche Philosophie eingebracht hat.[12] Kant denkt mit seinem Begriff eines Ganzen dabei an lebendige Ganzheiten, an Lebewesen. Er sucht schon nach Begrifflichkeiten, mit denen sich biologische Wesen beschreiben lassen und dies sind für Kant bereits Denkformen von gegenseitiger Abhängigkeit. Darum sei als das **Kriterium für Ganzheitlichkeit** die *Form der gegenseitigen Abhängigkeit der Teile des Ganzen* bestimmt.

Die Form der gegenseitigen Abhängigkeit läßt sich gemäß der beiden möglichen Formen von Abhängigkeiten aufteilen. Dies sind die *Bedeutungsabhängigkeiten* und die *existentiellen Abhängigkeiten*. Da wir zum Beschreiben von Bedeutungen Begriffe benutzen, lassen sich die Bedeutungsabhängigkeiten stets durch begriffliche Zusammenhänge darstellen. Darum lassen sich die möglichen begrifflichen Zusammenhänge besonders klar mit Hilfe des dritten Merkmals der Begriffe, dem *systembildenden Merkmal* verdeutlichen. Durch dieses Merkmal sind wir in der Lage, Begriffssysteme zu bilden, die sich grundsätzlich hinsichtlich ihrer semantischen Abhängigkeitsform unterscheiden.

Begriffssysteme, in denen die Zusammenhänge der Begriffe durch *einseitige* Bedeutungsabhängigkeiten bestimmt sind, heißen *hierarchische Begriffssysteme*. Sie werden bewußt in den Wissenschaften verwendet, in denen versucht wird, die wissenschaftlichen Objekte und ihr Verhalten mit Hilfe von hierarchischen Begriffssystemen zu ordnen und zu beschreiben. Begriffssysteme, in denen eine gegenseitige Bedeutungsabhängigkeit vor-

---

12 In der *Methodenlehre* seiner *Kritik der reinen Vernunft* erläutert Kant seinen Begriff der Architektonik mit Hilfe seines Systembegriffes, in dem er seine Vorstellung von einem Ganzen wie folgt darlegt: Architektonik (A832, B860) „die Kunst der Systeme" und was ein System ist erklärt Kant so: „Ich verstehe aber unter einem Systeme die Einheit der mannigfaltigen Erkenntnisse unter einer Idee. Diese ist der Vernunftbegriff von der Form eines Ganzen, sofern durch denselben der Umfang des Mannigfaltigen sowohl, als die Stelle der Teile untereinander, a priori bestimmt wird. Der szientifische Vernunftbegriff enthält also den Zweck und die Form des Ganzen, das mit demselben kongruiert. Die Einheit des Zwecks, worauf sich alle Teile und in der Idee desselben auch untereinander beziehen, macht, daß ein jeder Teil bei der Kenntnis der übrigen vermißt werden kann, und keine zufällige Hinzusetzung, oder unbestimmte Größe der Vollkommenheit, die nicht ihre a priori bestimmten Grenzen habe, stattfindet. Das Ganze ist also gegliedert (articulatio) und nicht gehäuft (coacervatio); es kann zwar innerlich (per intus susceptionem), aber nicht äußerlich (per appositionem) wachsen, wie ein tierischer Körper, dessen Wachstum kein Glied hinzusetzt, sondern, ohne Veränderung der Proportion, ein jedes zu seinen Zwecken stärker und tüchtiger macht."

liegt, heißen *ganzheitliche Begriffssysteme*.[13] Sie werden in den Wissenschaften bislang immer noch beharrlich vermieden, weil sie durch Zirkeldefinitionen bestimmt sind, die seit alters her verboten sind, obwohl sie im alltäglichen und auch im wissenschaftlichen Sprachgebrauch in Form von Begriffspaaren oder auch in Form von Begriffstripeln laufend und ohne Schwierigkeiten verwendet werden. Schließlich sind die Begriffspaare, wie etwa {oben, unten}, {wahr, falsch}, {innen, außen}, {klein, groß}, usf., die einfachsten ganzheitlichen Begriffssysteme. Aber auch Begriffstripel sind in selbstverständlichem Gebrauch, wie etwa {vergangen, gegenwärtig, zukünftig}, {positiv, neutral, negativ}, {Körper, Seele, Geist} oder unter Kindern das Knobelspiel {Stein, Schere, Papier}[14]. Die Tatsache der Nichtbeachtung der wissenschaftlichen Bedeutung von ganzheitlichen Begriffssystemen ist auf eine *unterschwellige* Wirksamkeit des historisch vermittelten israelitisch-christlichen Orientierungsweges der Außensteuerung zurückzuführen, da mit ihm durchweg hierarchische Formen bevorzugt werden. Inzwischen hat sich vielfach gezeigt, daß ganzheitliche Begriffssysteme insbesondere für die Wissenschaften vom Leben von enormer wissenschaftlicher Bedeutung sind.

Nun kann eine Abhängigkeit gemäß unserer beiden Denkformen des begrifflichen und des existentiellen Denkens entweder als definitorische oder als existentielle Abhängigkeit gedacht werden. Die existentielle Abhängigkeit setzt bei genauer Betrachtung eine finale Denkweise voraus, denn eine existentielle Abhängigkeit bewirkt die Existenz in die Zukunft hinein. Wenn aber die Existenz dessen vergeht, wovon die aktuelle Existenz eines anderen abhängig ist, so wird auch dessen Existenz verlorengehen, wenn es nicht noch andere existentielle Abhängigkeiten gibt. Wenn sich jedoch eine existentielle Abhängigkeit bilden kann, die auf Gegenseitigkeit beruht, dann würde damit eine erhebliche Steigerung der Existenzsicherung gegeben sein, d.h. gegenseitige existentielle Abhängigkeiten bewirken eine gegenseitige Zukunftssicherung oder – wie wir bei Lebewesen sagen – eine Überlebenssicherung. Mit Kant läßt sich feststellen: Die Bedingung der Möglichkeit der Erfahrung von Systemen, in denen die Überlebensfähigkeit durch die gegenseitige Abhängigkeit ihrer Teile abgesichert wird, ist im Existentiellen ein finales Denken und im

---

13 Zur Theorie der ganzheitlichen Begriffssysteme habe ich mich das erste Mal in meiner Habilitationsschrift *Zur Theorie des Zeitbegriffs* (Kiel 1983, 396 S.) geäußert, die allerdings erst sechs Jahre später 1989 im Franz Steiner Verlag unter dem Titel *„Zeit. Die Begründung des Zeitbegriffs, seine notwendige Spaltung und der ganzheitliche Charakter seiner Teile"* veröffentlicht wurde. Eine detailliertere Darstellung der Theorie ganzheitlicher Begriffssysteme findet sich in: W. Deppert, Hierarchische und ganzheitliche Begriffssysteme, in: G. Meggle (Hg.), *Analyomen 2 – Perspektiven der analytischen Philosophie, Perspectives in Analytical Philosophy*, Bd. 1. *Logic, Epistemology, Philosophy of Science*, De Gruyter, Berlin 1997, S. 214–225.

14 Auf dieses elementare Begriffstripel hat mich als Erster der Logiker Arnold Oberschelp aufmerksam gemacht.

Begrifflichen ein ganzheitliches Denken. Damit setzt schon der Begriff eines Lebewesens ein finales Denken und Argumentieren voraus.[15]

Im begrifflichen Denken, in dem es im Konstruieren von Begriffssystemen um Bedeutungsabhängigkeiten geht, ergeben sich ganzheitliche Begriffssysteme durch *gegenseitige Bedeutungsabhängigkeiten*, die sich bei Definitionsversuchen durch die Form von *Zirkeldefinitionen* zu erkennen geben. Sie haben in der Mathematik eine bisher kaum beachtete grundlegende Bedeutung, da sich – wie Gottlob Frege das erste Mal zeigte – für die undefinierten Grundbegriffe aller Axiomensysteme herausstellt, daß jegliche Definitionsversuche ihr Ende in der Form von Zirkeldefinitionen finden. Damit beruhen alle mathematischen Axiomensysteme auf ganzheitlichen Begriffssystemen, und es wäre längst an der Zeit, eine Klassifikation aller möglichen Axiomensysteme und damit auch eine Klassifikation der elementaren ganzheitlichen Begriffssysteme anzugeben. Dies wäre nach Kant die Aufgabe der Mathematiker, da er ihre Tätigkeit als das reine Konstruieren in Begriffen beschrieben hat. Leider haben die Mathematiker diese Aufgabe bisher noch nicht wahrgenommen. Aber für Kant besitzt jede „Naturlehre so viel *eigentliche* Wissenschaft ..., als darin *Mathematik* anzutreffen ist"[16], und auch dieses große Betätigungsfeld wird noch immer von den Mathematikern gänzlich ignoriert.

Bisher ließ sich in der kurzen Darstellung der historischen Gliederungsversuche der Wissenschaften feststellen, daß Begriffspaare und Begriffstripel schon von Anfang an die wichtigsten Gliederungswerkzeuge von Wissensgebieten sind. Bei genauerem Betrachten der Gliederungen mit Hilfe von Begriffspaaren fällt auf, daß zwar die Begriffspaare selbst eine ganzheitliche Struktur besitzen, weil die semantische Abhängigkeit ihrer Elemente von gegenseitiger Natur – also definitorisch zirkulär – ist, daß wir aber bei der Anwendung der Begriffspaare auf Objekte verschiedene Eigenschaften von Begriffspaaren bemerken können. Da gibt es z.B. die gliedernden und die umgreifenden Eigenschaften.[17] *Umgreifende Begriffspaare* beschreiben ein ganzheitliches Moment an einem Gegenstand, wie etwa *Form und Inhalt* oder *innen und außen*. Der Gegenstand muß darum selbst aber noch kein Ganzheitskriterium erfüllen. Und mit Hilfe der gliedernden Begriffspaare läßt sich an einen ungeordneten Haufen von Gegenständen eine Ordnung herantragen, aber damit haben wir aus dem Haufen von Gegenständen ebensowenig eine Ganzheit hergestellt, wie bei der Anwendung der umgreifenden Begriffspaare. Die semantische Gegenseitigkeit der Bedeutungen von Begriffen innerhalb eines ganzheitlichen Begriffssystems liefert dem-

---

15 Eine Versöhnung von kausalen und finalen Erklärungen hätte darum in der Biologie längst stattfinden müssen. Vgl. dazu W. Deppert, Problemlösung durch Versöhnung, veröffentlicht unter www.information-philosophie.de und dort unter <Vorträge>, 2009 und hier im Anhang 1 angefügt.

16 Vgl. Immanuel Kant, *Metaphysische Anfangsgründe der Naturwissenschaft*, Johann Friedrich Hartknoch, Riga 1786, Vorrede A VIII.

17 Zur Theorie Ganzheitlicher Begriffssysteme vgl. W. Deppert, Hierarchische und ganzheitliche Begriffssysteme, in: G. Meggle (Hg.), *Analyomen 2 – Perspektiven der analytischen Philosophie, Perspectives in Analytical Philosophy*, Bd. 1. *Logic, Epistemology, Philosophy of Science*, De Gruyter, Berlin 1997, S. 214–225.

nach noch keine Ganzheitlichkeit für den Gegenstandsbereich, auf den ganzheitliche Begriffssysteme angewahdt werden.

Um hier weiter zu kommen, können wir erneut den Unterschied in unserem Denken heranziehen, der durch das existentielle Denken und das begriffliche Denken gegeben ist. Dieser Unterscheidung entsprechen bei Kant das Denken in Anschauungen und das Denken in Begriffen. Entsprechend können wir existentielle Abhängigkeiten und begriffliche Abhängigkeiten denken. Freilich müssen wir zur Beschreibung dieser beiden Denkformen Begriffe verwenden. Diese Beschreibungen besitzen jedoch den Unterschied, daß beim existentiellen Denken zu den rein begrifflichen Beschreibungen noch Existenzbehauptungen hinzutreten.

Nehmen wir zur Klärung dieses Sachverhaltes einmal das Begriffspaar {Ursprüngliches, Abgeleitetes} her. Da ist offenbar schon an der Formulierung erkennbar, daß es da etwas gibt, welches ursprünglich und etwas, das nicht ursprünglich, sondern abgeleitet ist, d.h. wir sollten es demnach hier mit einem Begriffspaar des existentiellen Denkens zu tun haben. Nun setzt der Begriff von etwas Abgeleitetem voraus, daß auch etwas Ursprüngliches gedacht werden können muß, und umgekehrt sprechen wir nur unter der Bedingung von etwas Ursprünglichem, wenn wir es von etwas Abgeleitetem abgrenzen wollen. Darum handelt es sich bei den beiden Begriffen ‚Abgeleitetes‘ und ‚Ursprüngliches‘ um eine gegenseitige Bedeutungsabhängigkeit. Das Begriffspaar {Ursprüngliches, Abgeleitetes} bildet darum im begrifflichen Denken eine semantische Ganzheit, ein ganzheitliches Begriffssystem aus. Wie steht es aber mit den existentiellen Abhängigkeiten, die durch diese beiden Begriffe beschrieben werden? Das Abgeleitete ist gewiß existentiell von dem Ursprünglichen abhängig; denn wenn es das Ursprüngliche nie gegeben hat, dann kann es auch das daraus Abgeleitete nicht geben. Hingegen ist das Ursprüngliche nicht existentiell von dem aus ihm Abgeleiteten abhängig. Das Ursprüngliche wird sogar in den weitaus meisten Fällen zeitlich vor dem Abgeleiteten existiert haben. In existentieller Hinsicht haben wir es bei dem Begriffspaar des begrifflichen Denkens {Ursprüngliches, Abgeleitetes} mit einer einseitigen existentiellen Abhängigkeit zu tun. Es ist demnach im *existentiellen* Denken kein Begriffspaar!

Einseitige Abhängigkeiten bilden im Existentiellen wie im begrifflichen Denken Hierarchien aus. Hierarchien aber sind grundsätzlich nicht abschließbar, sie sind mit offenen und nicht mit ganzheitlichen Begriffssystemen zu beschreiben. Hesiod hätte in seiner Theogonie noch beliebig viele Göttinnen und Götter hinzufügen können. Und dies gilt ebenso für alle Axiomensysteme. Die undefinierten Grundbegriffe der Axiomensysteme sind semantisch wechselseitig voneinander abhängig. Sie bilden darum in der Mathematik im begrifflichen Denken ganzheitliche Begriffssysteme aus. Sobald man jedoch aus ihnen weitere Konstruktionen vornimmt, dann existieren diese Konstruktionen in Form existentieller Hierarchien, die keinen ganzheitlichen Charakter mehr besitzen.

Um existierende Ganzheiten begrifflich beschreiben zu können, darf das benutzte Begriffssystem nicht nur die Bedingung der semantischen gegenseitigen Abhängigkeit, sondern muß außerdem auch die Bedingung der *existentiell* gegenseitigen Abhängigkeit erfüllen. Und es fragt sich nun, wie sich das denken läßt.

Die einzelnen Begriffe ganzheitlicher Begriffssysteme des begrifflichen Denkens, die also auf gegenseitigen Abhängigkeiten ihrer Bedeutungsgehalte beruhen, lassen sich nicht schrittweise durch Definitionen aufbauen, da sie ja semantisch durch Zirkeldefinitionen miteinander verbunden sind. Man kann in das Verständnis dieser Begriffe nur „hinein-springen", so daß ihr Verständnis gleichzeitig oder gar nicht vorliegt. Z. B. kann man nicht erst erklären, was „wahr" bedeutet und dann danach den Begriff „falsch" als „nicht wahr" bestimmen. Das gilt offenbar für alle Begriffspaare des begrifflichen Denkens. Wir erlernen sie durch den Redegebrauch, wie es Kant schon in seinen jungen Jahren be-schrieben hat[18] und später von Ludwig Wittgenstein in seinem Spätwerk „Philosophische Untersuchungen" noch einmal wiederholt wurde.[19]

Gegenseitige Abhängigkeiten können demnach nur gleichzeitig und nicht schrittweise entstehen, und dies gilt entsprechend sogar besonders für existentielle Abhängigkeiten. Dies scheint einer der ziemlich tief liegenden Gründe dafür zu sein, warum sich noch relativ weit in die Neuzeit hinein der Schöpfungsglaube gehalten hat. Denn ein Schöpfer hätte ja etwa die gegenseitige existentielle Abhängigkeit der Organe in einem Organismus gleichzeitig schaffen können. Und das konnte man ja schon früh feststellen, daß es in der Natur eine Fülle von wechselseitigen existentiellen Abhängigkeiten gibt. Wie können wir uns heute deren Zustandekommen denken?

Der Ursprung von Systemen, deren Teilsysteme hinsichtlich bestimmter Zustände untereinander existentiell abhängig sind, kann durch Attraktorzustände von Systemen gedacht werden, die in gegenseitiger Abhängigkeit voneinander erreicht werden können. Diese Verhältnisse liegen bei Atomen vor, die mit anderen Atomen Verbindungen einge-hen und zwar gerade so, daß sie durch die Verbindung eine der in ihrer Atomhülle mög-

---

18 So schreibt Immanuel Kant, in seinem Aufsatz „Untersuchung über die Deutlichkeit der Grundsätze der natürlichen Theologie und der Moral. Zur Beantwortung der Frage welche die Königl. Academie der Wissenschaften zu Berlin auf das Jahr 1763 aufgegeben hat" im Jahre 1764, also mit gerade 40 Jahren (A 80):

„In der Philosophie überhaupt und der Metaphysik insonderheit, haben die Worte ihre Be-deutung durch den Redegebrauch, außer in so ferne sie ihnen durch logische Einschränkung genauer ist bestimmt worden."

19 Vgl. Ludwig Wittgenstein, Philosophische Untersuchungen, Suhrkamp Verlag, Frankfurt/ Main 1969. Offensichtlich kannte sich Wittgenstein in der Philosophiegeschichte nicht so gut aus, und seine Epigonen mit ihm; denn auch auf die Gefahr, daß gleiche Wörter trotz ihres gleichen Redegebrauchs etwas Verschiedenes bedeuten können, auf die angeblich Wittgen-stein das erste Mal hingewiesen haben soll, weist Kant auch schon hin, so daß trotz des glei-chen Redegebrauchs durch verschiedene Situationen des Redegebrauchs, andere Bedeutungen des gleichen Wortes, auftreten können. Kant sagt (A81):

„Weil aber bei sehr ähnlichen Begriffen, die dennoch eine ziemliche Verschiedenheit versteckt enthalten, öfters einerlei Worte gebraucht werden, so muß man hier bei jedesmaliger Anwen-dung des Begriffs, wenn gleich die Benennung desselben nach dem Redegebrauch sich genau zu schicken scheint, mit großer Behutsamkeit Acht haben, ob es auch würklich einerlei Begriff sei, der hier mit eben demselben Zeichen verbunden worden ist."

Und Kant gibt sogleich noch ein Beispiel dafür an, wo dies der Fall ist.

lichen Edelgaselektronenkonfigurationen erreichen. Dieses sind Attraktorzustände, die in wechselseitiger Abhängigkeit voneinander erreicht werden. Besonders einfach liegen die Verhältnisse bei dem berühmten Beispiel des Kochsalzmoleküls, in dem sich ein Natriumatom mit einem Chloratom miteinander verbunden haben. Das unverbundene neutrale Natriumatom besitzt ein Elektron auf seiner äußeren Schale, worunter sich die Elektronenkonfiguration des Neons befindet. Aufgrund des Pauli-Prinzips können wir behaupten, daß diese Edelgaskonfiguration ein Attraktorzustand des Natriumatoms ist. Umgekehrt fehlt dem neutralen Chloratom noch ein Elektron, um seinen Attraktorzustand der Argon-Elektronenkonfiguration zu erreichen. Durch Übernahme des Elektrons der äußeren Atomhülle des Natriums vom Chloratom erreichen beide gleichzeitig ihren Attraktorzustand einer Edelgaselektronenkonfiguration und zur Erreichung und Aufrechterhaltung dieser Zustände sind sie existentiell gegenseitig voneinander abhängig.

Demnach steckt das „Schöpfungsprinzip" der gleichzeitigen Schaffung von wechselseitigen existentiellen Abhängigkeiten schon im Pauli-Prinzip der Quantenmechanik, durch das wir verstehen, warum es überhaupt zu chemischen Verbindungen und schließlich auch zu solchen Riesenmolekülen kommt, die wir als Lebewesen bezeichnen können, wenn wir *Lebewesen als offene Systeme mit einem Überlebensproblem verstehen, das sie eine Zeit lang bewältigen können*. Tatsächlich lassen sich diese Zusammenhänge bis zur Entstehung von evolutionsfähigen Lebewesen verfolgen, so daß dabei sogar der Überlebenswille aller Lebewesen als Attraktor des Gesamtsystems verstanden werden kann.[20] Dabei zeigt sich, daß das *Kausalitätsdogma der Naturwissenschaft* nicht mehr zu halten ist und daß es zu einer Versöhnung von finaler und kausaler Naturbeschreibung kommen muß, weil wir die Quantenmechanik inzwischen so zu begreifen haben, daß durch sie *die Möglichkeitsgrade der inneren Wirklichkeit eines quantenphysikalischen Systems* berechnet werden können, welche im Kantschen Sinne die Bedingungen der Möglichkeit des Auffindens von Wahrscheinlichkeitsverteilungen sind, die wir beim Messen identisch präparierter quantenphysikalischer Systeme erhalten. Die Gesamtwirklichkeit besteht dann aus der äußeren Wirklichkeit, die wir als die sinnlich wahrnehmbare Wirklichkeit erfahren und der inneren Wirklichkeiten der vielen einzelnen Systeme, die als Ganzes ebenfalls in der äußeren Wirklichkeit existieren. Die inneren Wirklichkeiten der Systeme der äußeren Wirklichkeit sind die Möglichkeitsräume dieser Systeme, d.h. die Menge der nur möglichen aber nicht realisierten Zustände dieser Systeme, die in der äußeren Wirklichkeit solange nicht in Erscheinung treten, solange keine Wechselwirkung – etwa in Form einer Messung – mit ihr stattfindet.[21]

---

20 Zu dieser Ableitung vgl. W. Deppert, Die Evolution des Bewusstseins, in: Volker Mueller (Hg.), *Charles Darwin. Zur Bedeutung des Entwicklungsdenkens für Wissenschaft und Weltanschauung*, Angelika Lenz Verlag, Neu-Isenburg 2009, S. 85–101 oder auch in W. Deppert, Problemlösung durch Versöhnung, veröffentlicht unter www.information-philosophie.de und dort unter <Vorträge>, 2009, hier im Anhang 1 zu finden.

21 Vgl. dazu W. Deppert, Immanuel Kant, der verkannte Empirist, oder: Wie Kant zeigt, Grundlagen der heutigen Physik aufzufinden, (Festvortrag zum 286. Geburtstag Immanuel Kants am

Darüber hinaus aber haben wir davon auszugehen, daß die Bestimmungen von äußerer und innerer Wirklichkeit aufeinander bezogen sind, so daß die Elementarteilchen bereits eine eigene innere Wirklichkeit gegenüber einer Zusammenballung von Elementarteilchen besitzen, wie sie etwa in Atomkernen vorkommt, so daß ein Atomkern eine äußere Wirklichkeit gegenüber den inneren Wirklichkeiten der in ihm vorhandenen Elementarteilchen darstellt. Entsprechend müßte eine innere Wirklichkeit der Atomkerne gedacht werden gegenüber der äußeren Wirklichkeit des ganzen Atoms und die innere Wirklichkeit eines Atoms gegenüber der äußeren Wirklichkeit eines Moleküls und so fort bis zu den Organismen, die aus existentiell gegenseitig abhängigen Organen bestehen, die eine eigene innere Wirklichkeit gegenüber der äußeren Wirklichkeit des ganzen Organismus besitzen. Und entsprechend besitzen die Menschen eine innere Wirklichkeit gegenüber ihrer wahrnehmbaren Erscheinung in der äußeren Wirklichkeit der menschlichen und natürlichen Gemeinschaft.

Zu diesem waghalsig erscheinenden Modell einer Relativität von innerer und äußerer Wirklichkeit werden wir nach meiner Auffassung gezwungen, wenn wir die Erfahrung verstehen wollen, daß es in der Natur in der Tier- wie in der Pflanzenwelt tatsächlich gegenseitige existentielle Abhängigkeiten gibt, sei es zwischen den Organen eines Organismus, oder zwischen den verschiedenen Funktionsträgern eines Ameisen-, Bienen oder Menschenstaates. Denn wenn wir im Sinne des Kantschen Erkenntnisweges nach den Bedingungen der Möglichkeit dieser Erfahrungen fragen, dann liefert die soeben angedeutete Iteration von aufeinander bezogenen äußeren und inneren Wirklichkeiten die Antwort auf diese Frage. Dabei sind in den inneren Wirklichkeiten stets die Möglichkeiten der jeweiligen Systeme enthalten, auf Wechselwirkungen mit der Außenwelt zu reagieren. Dadurch kommen nicht übersehbare Spielräume der Außenweltgestaltung in den Blick, die wir Menschen als Kreativität glückhaft erleben, für deren Produkte wir allerdings auch verantwortlich sind.

Diese Sichtweise ist hier über die Interpretationsschwierigkeiten der Quantenmechanik erläutert worden, obwohl wir es ja längst wissen, daß der schon von Sokrates empfohlene Orientierungsweg der Selbsterkenntnis nur dann möglich ist, wenn in uns eine innere Wirklichkeit angenommen wird, die sich unserem Bewußtsein nur ganz allmählich durch eine innere Anstrengung im Verarbeiten von Wechselwirkungen mit der Außenwelt erschließt, wobei Sokrates schon empfohlen hat, den Weg der Selbsterkenntnis durch die Frage zu steuern, in welcher Hinsicht wir nützlich für die menschliche Gemeinschaft sein können, eine Frage, die wir heute auf die Gemeinschaft von Mensch und Natur ausdehnen sollten. Gerade auch in dieser Hinsicht suchen wir hier eine Antwort auf die Frage nach der extensionalen und intensionalen Ganzheitlichkeit des großen Gemeinschaftsunternehmens der Menschheit, das wir mit dem Namen Wissenschaft versehen. Nach den hier ausgeführten Überlegungen kann sich eine solche Ganzheit nur in Form gegenseitiger existentieller Abhängigkeiten aufzeigen lassen. Diese Art von Abhängigkeiten findet sich

---

22. April 2010 in Königsberg (Kaliningrad)), in: Internet-Blog >wolfgang.deppert.de< password: treppedew.

in der Natur in Hülle und Fülle bei den Lebewesen vor. Und wenn es bei diesem großen Gemeinschaftsunternehmen der Menschheit um die langfristige Überlebenssicherung von Mensch und Natur geht, dann ist nun erst einmal nach der Natur von Lebewesen und ihren Überlebensfunktionen überhaupt zu fragen.

2.3   Mögliche Gliederungsformen innerhalb des Ganzen von Lebewesen: Zu den Überlebensfunktionen von Lebewesen und die Unterscheidung von äußerer und innerer Existenz

Wir sollten versuchen, die Menschheit als ein Lebewesen zu betrachten, wenn wir das Überlebensproblem der Menschheit ins Auge fassen wollen; denn an Lebewesen lassen sich die einfachsten Formen der Überlebenssicherung studieren, die ganz generell für alle Lebewesen gelten. Und dazu fassen wir, wie bereits angedeutet, den Begriff ‚Lebewesen‘ so einfach und darum auch so allgemein wie möglich. Danach *ist ein Lebewesen ein offenes System mit einem Überlebensproblem, das es eine Zeit lang lösen kann.* Für die Überlebenssicherung müssen in einem so allgemein beschriebenen Lebewesen jedenfalls folgende fünf einfachste Überlebensfunktionen vorhanden sein:

1. Eine *Wahrnehmungsfunktion*, durch die das System etwas von dem wahrnehmen kann, was außerhalb oder innerhalb des Systems geschieht,
2. eine *Erkenntnisfunktion*, durch die Wahrgenommenes als Gefahr eingeschätzt werden kann,
3. eine *Maßnahmebereitstellungsfunktion*, durch die das System über Maßnahmen verfügt, mit denen es einer Gefahr begegnen oder die es zur Gefahrenvorbeugung nutzen kann,
4. eine *Maßnahmedurchführungsfunktion*, durch die das System geeignete Maßnahmen zur Gefahrenabwehr oder zur vorsorglichen Gefahrenvermeidung ergreift, und schließlich
5. eine *Energiebereitstellungsfunktion*, durch die sich das System die Energie verschafft, die es für die Aufrechterhaltung seiner Lebensfunktionen benötigt.

Mit Hilfe dieser Überlebensfunktionen ist es möglich, jedem Lebewesen, in dem diese Überlebensfunktionen von verschiedenen Systemteilen übernommen werden, einen Bewußtseinsbegriff zuzuordnen. Dabei wird der **Bewußtseinsbegriff** durch die **Kopplungsorganisation dieser Funktionen** definiert, wobei der Überlebenswille als der evolutionär bedingte zentrale Impulsgeber aller Überlebensfunktionen und ihrer Verkopplung agiert, der systemtheoretisch auch als Zentralattraktor des Systems verstanden werden kann.

  Die evolutionäre Ausdifferenzierung der Überlebensfunktionen besteht wesentlich in der Ausbildung von Unterscheidungsmöglichkeiten des Wahrgenommenen und des Wiedererkannten, wozu die Ausbildung von immer besseren Gedächtnisformen nötig ist. Für die weitere Verbesserung der Maßnahmen zur Gefahrenabwehr oder zur vorsorglichen

Gefahrenvermeidung müssen sich außerdem Bewertungsfunktionen ausbilden. Dazu ist es ferner erforderlich, Vorstellungen über mögliche Außenweltsituationen und deren Aufeinanderfolge zu bilden, was freilich schon bei den Tieren relativ früh beginnt. Wenn es schließlich dazu kommt, daß sich aus den Außenweltvorstellungen ein Bewußtsein von einem ganzen Weltbild zusammenfügt, in dem sich das Lebewesen selbst verorten kann, dann haben wir es mit den ersten Anfängen menschlicher Bewußtseinsformen zu tun.

Mit der Ausbildung einer Vorstellung der Außenwelt entsteht auch eine Ahnung von einer Innenwelt des Lebewesens. Eigentümlicherweise hat uns die Evolution mit unseren etwa als fünf Sinne bezeichneten Wahrnehmungsorganen der Außenwelt recht gut ausgestattet, weniger gut allerdings mit Wahrnehmungsorganen unserer Innenwelt. Vermutlich sind es doch verschiedene Sinnesorgane, durch die wir Sodbrennen, Kopfschmerzen, Übelkeit, Geilheit oder Müdigkeit usw. wahrnehmen. Jedenfalls haben wir, falls uns die Evolution für diese Wahrnehmungen mit gesonderten Wahrnehmungsfunktionen ausgestattet haben sollte, dafür keine Bezeichnungen. Es ist durchaus denkbar, daß wir es dabei mit einem kulturgeschichtlichen Problem zu tun haben, daß wir die Sinneswahrnehmungen der Außenwelt deshalb detailliert bezeichnen können, weil über den israelitisch-christlichen Orientierungsweg der Außensteuerung in unserer Geistesgeschichte der Außenwelt eine sehr viel größere Bedeutung für unsere Existenzerhaltung zukam als unserer Innenwelt.

Bei dieser Überlegung wird auch deutlich, daß wir gewiß zwei Formen der Innenwelt zu unterscheiden haben, die körperliche Seite der Innenwelt und die traditionsgemäß als geistig-seelische Innenwelt bezeichnete. Aus ihr entnehmen wir unsere Bewertungen, unsere Zielsetzungen und unsere Sinnvorstellungen zur Auswahl und Anwendung unserer möglichen Maßnahmen. Damit entpuppt sich unsere Innenwelt als das, was sich in der systematischen Darstellung des letzten Abschnitts als innere Wirklichkeit dargestellt hat. Dieser inneren Wirklichkeit der geistig-seelischen Innenwelt kommt demnach zentrale Bedeutung für die Existenzerhaltung zu. Darum sollten wir für Menschen fortan eine äußere von einer inneren Existenz unterscheiden, so daß sich die Existenzerhaltung der Menschen auf zwei verschiedene Arten von Existenzen, bzw. auf zwei verschiedene Wirklichkeiten bezieht.

Die innere Existenz der einzelnen Menschen bringt auch in den kulturellen Lebewesen, d.h. in den menschlichen Vereinigungen eine innere Existenz hervor, die mit der Idee der Gemeinschaftsbildung verbunden ist. Oft ist es ja gerade die Problematik der inneren Existenzerhaltung, die die Menschen dazu bringt, bestimmte Vereinigungen zu gründen, wie etwa Religionsgemeinschaften, kulturelle Vereinigungen oder auch bestimmte Schulen usf. Die gemeinschaftsbildenden Ideen haben damit ihren Ursprung in der Erhaltungsproblematik der inneren Existenz der einzelnen Menschen.

Wenn wir hier das Ganze der Wissenschaft umreißen wollen, dann fragt sich nun, ob wir auch für die Menschheit so etwas wie eine innere Existenz anzunehmen haben.

Die Menschheit läßt sich aber gewiß nicht als eine Vereinigung der Menschen begreifen; denn die Menschheit ist nur die Gesamtheit aller Menschen, und diese gibt es, seit die Menschen auf dem Wege der Evolution aus dem Tierreich hervorgegangen sind.

Dies aber ist ersteinmal ein biologischer Prozeß. Von einem kulturellen Lebewesen der Menschheit wäre erst zu sprechen, wenn sich die Menschheit insgesamt als eine kulturelle Gemeinschaft versteht, in der bestimmte gemeinsame kulturelle Zwecke verfolgt und entsprechende Ziele verwirklicht werden sollen, wie etwa die Anerkennung, Beachtung und Durchsetzung allgemeiner Menschenrechte. Aber wir wissen, daß es damit noch erhebliche Probleme gibt. Immerhin sind es inzwischen schon etwa 230 Jahre her, seit Kant dazu aufgefordert hat, einen Völkerbund zu gründen, der dann gewiß als ein kulturelles Lebewesen zu begreifen wäre, welches sicher auch ein Überlebensproblem hat, da sich ein Völkerbund natürlich auch auflösen kann, und außerdem sind ja auch nicht automatisch alle Völker und Menschen in einem solchen Völkerbund vereinigt. Auch wissen wir, daß sich der erste Völkerbund erst am 10. Januar 1920 gegründet und sich am 18. April 1946 in Paris schon wieder aufgelöst hat. Die Auflösung des Völkerbundes war eine Konsequenz der Gründung der *Vereinten Nationen* (UNO), die am 26. Juni 1945 in San Franzisco gegründet wurden. Darin sind bis heute nahezu alle Staaten der Erde vertreten, bis auf den Vatikan und Taiwan und bis auf die vielen Völker, denen ihre staatliche Souveränität noch immer versagt bleibt, wie etwa den Kurden, den Tibetern, den Korsen, den Basken, den Katalanen oder den Friesen und Sorben usf. Es bleibt also weiterhin eine große Aufgabe, die ganze Menschheit innerlich so zu vereinen, daß sie als ein kulturelles Lebewesen angesehen werden kann. Obwohl dies noch nicht geleistet ist, wollen wir hier einstweilen davon ausgehen, daß die Menschheit als ein kulturelles Lebewesen zu betrachten ist. Denn erst dadurch besteht die Chance, das Ganze der Wissenschaft relativ eindeutig zu bestimmen. Wenn wir hier das Ganze der Wissenschaft so verstehen wollen, daß es durch die Behandlung der Existenzprobleme der Menschen in all ihren Gemeinschaftsformen bestimmt ist, ist es vernünftig, die Menschheit selbst als ein Lebewesen zu beschreiben, das als kulturelles Lebewesen auch seine innere Existenz zu sichern hat.

Da es in den Wissenschaften um das Gewinnen und Bewahren von Erkenntnissen geht, ist nun kurz das wissenschaftliche Erkenntnisproblem, und die möglichen begrifflichen und existentiellen Gliederungen der Wissenschaften zu beschreiben. Dann erst lassen sich die fünf allgemeinen Überlebensfunktionen für die vielen möglichen Formen natürlicher und menschlicher Lebewesen bishin zum kulturellen Lebewesen der ganzen Menschheit erkenntnistheoretisch analysieren.

2.4   Mögliche Gliederungsformen der Wissenschaft im begrifflichen Denken

2.4.1   Erinnerung an das allgemeine wissenschaftliche Erkenntnisproblem

In den ersten drei Vorlesungen dieser Reihe ist in vielfältiger Hinsicht herausgearbeitet worden, daß alle Wissenschaften versuchen, Erkenntnisse über einen bestimmten Objektbereich mit Hilfe bestimmter Methoden zu gewinnen. Da es wirklich gelingt, eine für alle

Wissenschaften gleiche formale Struktur des Erkenntnisbegriffs anzugeben, haben alle Wissenschaften das formal gleiche Erkenntnisproblem zu lösen, das darin besteht, Erkenntnisse gemäß der Definition des Erkenntnisbegriffs zu gewinnen.[22]

Unter *Erkenntnis* läßt sich *die Kenntnis eines gelungenen Versuches* verstehen, *etwas Ungeordnetes zu ordnen*, und das heißt, einen gegebenen Bereich von Erkenntnisobjekten einem Ordnungsverfahren zu unterwerfen. *Wissenschaftliche* Erkenntnis bedeutet, daß die bei dem Erkenntnisversuch erreichte Ordnung für jedermann, der über die nötigen Kenntnisse und Fähigkeiten verfügt, aufnehmbar, verstehbar und einsichtig ist. Die Vorstellungen von etwas Ungeordnetem und einer Ordnung, durch die eine Erkenntnis gewonnen werden soll, sind aufeinander bezogen wie eine Frage auf ihre Antwort. Eine Frage setzt schon immer etwas Bekanntes voraus. Entsprechend muß auch das Ungeordnete bereits aus etwas Bekanntem bestehen, dies sei das *Einzelne des Erkenntnisgegenstandes* genannt. Eine Erkenntnis liegt dann vor, wenn bekannt ist, in welche Ordnung dieses Einzelne paßt. Die Ordnung, mit der der Ordnungsversuch gelingt, bezeichnen wir als das *Allgemeine des Erkenntnisgegenstandes*. Damit erweist sich *Erkenntnis* ganz allgemein als *eine Zuordnung von etwas Einzelnem zu dem dazu passenden Allgemeinen*. Die allgemeine Nachvollziehbarkeit der Erkenntnis verlangt, daß es Sicherheiten dafür gibt, daß die Ordnungsregel auch richtig angewandt wurde und daß das Einzelne tatsächlich zu dem Allgemeinen paßt. Wissenschaftliche Erkenntnis bedarf demnach eines *Sicherheitskriteriums*. Außerdem muß der Erkennende selbst soweit ausgebildet sein, daß er über die nötigen Kenntnisse und Fähigkeiten verfügt, um einen Ordnungsversuch von etwas Ungeordnetem unternehmen und entscheiden zu können, ob der Ordnungsversuch gelungen ist oder nicht. Schließlich sollte dieser Ordnungsversuch noch einem Zweck dienen, so daß auch einsichtig ist, warum er überhaupt unternommen wurde. An dieser Stelle wird deutlich, warum jede Form wissenschaftlichen Arbeitens bestimmter Festsetzungen bedarf; denn es sind nach der hier beschriebenen Form wissenschaftlicher Erkenntnis Festsetzungen zu treffen, um folgende Bestandteile wissenschaftlicher Erkenntnisse zu bestimmen:

1. Das Einzelne des Erkenntnisobjektes.
2. Das Allgemeine des Erkenntnisobjektes.
3. Die Ordnungsregeln.
4. Sicherheitskriterien für die Richtigkeit der Zuordnung von Einzelnem zu Allgemeinem mit Hilfe einer Ordnungsregel.
5. Die Erkenntnisbedingungen des Erkennenden selbst, der die Zuordnung als eine Kenntnis betreiben und aufnehmen muß.
6. Der Zweck, dem die Erkenntnis dienen soll.

---

22   Die folgenden Ausführungen lassen sich genauer nachlesen in W. Deppert, W. Theobald, Eine Wissenschaftstheorie der Interdisziplinarität. Zur Grundlegung integrativer Umweltforschung und –bewertung. In: A. Daschkeit, W. Schröder (Hg.) *Umweltforschung quergedacht. Perspektiven integrativer Umweltforschung und –lehre, Festschrift für Professor Dr. Otto Fränzle zum 65. Geburtstag*, Springer Verlag, Berlin 1998, S. 75 – 106.

Da diese Erkenntnisbestandteile begrifflich bestimmt und außerdem ihre existentielle Verfügbarkeit geklärt werden muß, sind sechs begriffliche Festsetzungen und sechs
existentielle Festsetzungen zu treffen. Kurt Hübner hat diese grundsätzliche Problematik
der wissenschaftlichen Erkenntnisse das erste Mal in seinem Werk „Kritik der wissenschaftlichen Vernunft" (Alber Verlag, Freiburg 1978 u. viele spätere Auflagen) dargestellt.
Er bezeichnete seine noch nicht systematisch geordneten fünf Festsetzungen als wissenschaftstheoretische Kategorien. Indem ich seinem Sprachgebrauch folge, sind es nun also
12 wissenschaftstheoretische Kategorien, durch die wissenschaftliches Arbeiten möglich
ist, wobei die Inhalte dieser Kategorien explizit oder auch implizit in Form von Intuitio-
nen gegeben sein können. Der hier gewählte Zugang zur Bestimmung der wissenschaftstheoretischen Kategorien hat den Vorzug, daß ihre Ableitung aus dem wissenschaftlichen
Erkenntnisbegriff in bezug auf diesen vollständig ist. Auf ihre nähere Beschreibung muß
hier aus Platzgründen verzichtet werden[23].

Da alle Wissenschaften erst durch wissenschaftstheoretische Kategorien möglich sind,
seien sie nun implizit oder explizit festgesetzt, bilden diese zugleich *die formale intensionale Einheit der Wissenschaft*. Die Mannigfaltigkeit der wissenschaftlichen Disziplinen
entsteht aus dieser Einheit durch die Fülle der Möglichkeiten, Festsetzungen über das
Einzelne und das Allgemeine sowie deren Zuordnungsvorschriften und den Sicherheitskriterien für die Überprüfung der Zuordnungen vorzunehmen. Das allgemeine wissenschaftliche Erkenntnisproblem liefert mit dem Begriff der wissenschaftlichen Erkenntnis
zugleich die formale Einheit der Wissenschaften und die Möglichkeit der Aufspaltung
in vielfältig verschiedene Disziplinen. Welche Klassenbildungen wissenschaftlicher Disziplinen möglich sind, ergibt sich im folgenden aus der *Analyse der wissenschaftlichen
Problemstellungen*. Dabei soll ein **Problem** grundsätzlich dadurch bestimmt sein, daß ein
Ist- und ein Sollzustand bestimmt sind, jedoch nicht bekannt ist, wie der Sollzustand von
dem gegebenen Istzustand ausgehend, erreicht werden kann. *Das Problem besteht darin,
den Weg zu bestimmen, auf dem sich der Sollzustand erreichen läßt.*

2.4.2 Theoretische und pragmatische Wissenschaften

Da bei der Problemdefinition von zu kennzeichnenden vorliegenden und zu erreichenden
Zuständen die Rede ist, besitzt jedes Problem einen Anteil, der durch begriffliches Denken
zu beschreiben ist und einen Anteil, der durch existentielles Denken zu erfassen ist. Dadurch ergibt sich eine erste grundsätzliche Gliederungsmöglichkeit von Wissenschaften:

1. Die theoretischen Wissenschaften, die sich im begrifflichen Denken um die Erstellung
   von Begriffen und Begriffssystemen kümmern.

---

23 Die genauere Darstellung dieser 12 wissenschaftstheoretischen Kategorien finden sich im ers-
    ten Teil dieser 4-teiligen Darstellung der *Theorie der Wissenschaft*.

2. Die praktischen Wissenschaften, die es mit dem Gegebenem zu tun haben.
3. Die anwendenden Wissenschaften oder auch *ergastischen Wissenschaften*, durch die die theoretischen Konstrukte zur Anwendung kommen.

Die beiden zuletzt genannten lassen sich auch zusammenfassen zu den

4. Pragmatischen Wissenschaften, durch die gewünschte Sollzustände erreicht werden.

Fassen wir ein Problem als eine Frage auf, dann kann auch der Zustand, in dem sich der Fragende befindet, als der *Ist-Zustand* und der Zustand, den der Fragende durch die Antwort auf seine Frage erreichen will, als der *Soll-Zustand* verstanden werden. In diesem Fall fallen theoretischer und pragmatischer Problemteil zusammen. Dadurch lassen sich theoretische von pragmatischen Wissenschaften unterscheiden: In den *theoretischen Wissenschaften* besteht keine Diskrepanz zwischen den theoretischen und pragmatischen Problemteilen. Für die *pragmatischen Wissenschaften* gilt dies nicht. Die theoretischen Wissenschaften arbeiten ganz im begrifflichen Bereich, ohne sich dabei um Existenzfragen in der sinnlich-wahrnehmbaren Welt zu kümmern. Theoretische Wissenschaften sind etwa die Mathematik und die mathematische Logik sowie alle Teile der herkömmlichen Disziplinen, die mit dem Zusatz ‚theoretisch‘ bezeichnet werden. Dies gilt z.B. für die theoretische Physik, die theoretische Chemie, die theoretische Biologie, die theoretische Medizin, die theoretische Volkswirtschaftslehre, die theoretische Betriebswirtschaftslehre oder eine mögliche theoretische Psychologie, und gewiß gibt es bereits auch Ansätze einer theoretischen Ökologie und sogar einer theoretischen Neurophysiologie.

Pragmatische Wissenschaften sind dagegen solche, die angestrebte Zustände in einer Existenzform, die verschieden ist von der begrifflichen Existenzform des Denkens, realisieren wollen, die mithin nicht nur theoretische Probleme, sondern von diesen verschiedene pragmatische Problemstellungen lösen wollen. Dazu gehören alle Experimentalwissenschaften, die Produktionswissenschaften der Technik, des Landbaus und in der Ökonomie sowie die praktische Medizin und klinische Psychologie aber auch der ganze Bereich der Technik, die inzwischen eine ganz außerordentlich bedeutsame Rolle übernommen hat.

Da alle pragmatischen Wissenschaften begrifflich arbeiten und deshalb auch theoretische Probleme lösen müssen, sind pragmatische Wissenschaften streng als die Negation von theoretischen Wissenschaften bestimmt und nicht als deren konträres Gegenteil. Darum ist die Vereinigung von theoretischen und pragmatischen Wissenschaften stets wieder eine pragmatische Wissenschaft.

2.4.3 Ontologische und axiologische Wissenschaften

Die Problemdefinition führt zwei grundverschiedene Betrachtungen über die Welt zusammen: Feststellungen darüber, wie die Welt *ist* und Feststellungen darüber, wie sie sein *soll*.

Wenn wissenschaftliches Arbeiten generell als Problemlösen zu verstehen ist, dann gibt es *kein wissenschaftliches Arbeiten ohne Bewertungen und ohne Entscheidungen*. Denn Soll-Zustände können nur durch Bewertungen von möglichen Zuständen und durch eine Entscheidung, welcher von den bewerteten möglichen Zuständen wirklich werden soll, bestimmt werden. Dies ist eben die Feststellung, die Kant als das Primat der praktischen über die spekulative Vernunft bezeichnet, *„weil alles Interesse zuletzt praktisch ist und selbst das der spekulativen Vernunft nur bedingt und im praktischen Gebrauche allein vollständig ist.“*[24] D.h., jeder Forscher muß sich z.B. immer wieder entscheiden, welche Forschungsziele er aufstellen will, mit welchen Methoden er forschen will, welche Forschungsergebnisse er ernst nehmen, welche er kontrollieren und welche er ignorieren will. Aber nach welchen Kriterien und Werten geht er dabei vor?

Bevor auf die Beantwortung dieser Fragen eingegangen werden kann, muß erst einmal festgestellt werden, daß die Wissenschaftler die genannten Fragen in den allermeisten Fällen nicht in ihren eigenen wissenschaftlichen Aufgabenbereich einbeziehen. Sie betreiben weitgehend keine eigene Forschungssystematik, die sich bis auf ihre eigenen Vorstellungen einer sinnvollen Lebensgestaltung zurückverfolgen ließe. Dadurch lassen sich die wissenschaftlichen Disziplinen danach aufteilen, ob sie Objekte und deren Verhalten unabhängig davon beschreiben, ob sie ein Wertbewußtsein haben oder nicht, oder ob sie Subjekte mit Wertvorstellungen oder die Wertvorstellungen und deren Konsequenzen zum Gegenstand haben. Diese Einteilung ist bisher nicht üblich, und darum gibt es dafür keine adäquaten Bezeichnungen. Hier mögen die Bezeichnungen *ontologische* und *axiologische* Wissenschaften vorgeschlagen sein.

Axiologische Wissenschaften sind solche Wissenschaften, die ausschließlich daran interessiert sind, das Vorhandensein und den Wandel von allgemeinen und subjektiven Wert-, Zweck-, Ziel- und Sinnvorstellungen von Menschen sowie die Gründe dafür zu erforschen. Zu den axiologischen Wissenschaften gehören die Individual- und Sozialpsychologie, die Soziologie, die Ökonomie, die juristischen Wissenschaften, die Theologie, die hier als Teil der allgemeineren Religiologie verstanden wird und insbesondere die praktische Philosophie.

Ontologische Wissenschaften sollen als die Negation von axiologischen Wissenschaften begriffen werden. Sie erforschen das Seiende und dessen Wandel, welches nicht ausschließlich aus axiologischen Bestimmungen besteht; denn natürlich gibt es auch ein Sein von Wertvorstellungen, deren Erforschung auch zu den ontologischen Wissenschaften gehört. Zu den ontologischen Wissenschaften gehören vor allem die Naturwissenschaften, die Geschichtswissenschaften, die Technikwissenschaften, die Agrarwissenschaften, die ökologischen Wissenschaften und die theoretische oder auch die gesamte Philosophie und außerdem auch die mathematischen Wissenschaften. Wir müssen uns schließlich darüber im klaren sein, daß es die verschiedensten Existenzformen gibt, wie etwa die Existenzform mathematischer oder überhaupt der Gegenstände des Denkens und unserer

---

24 Vgl. Immanuel Kant, *Kritik der praktischen Vernunft*, Johann Friedrich Hartknoch, Riga 1788, 2. Buch, 2. Hauptstück, III.,A 219.

Vorstellungswelt. Auch die Vergangenheit hat natürlich auch eine andere Existenzform als die der Gegenwart, und darum gehört die Geschichte zu den ontologischen Wissenschaften.

Das logische Verhältnis von den axiologischen zu den ontologischen ist identisch mit dem Verhältnis von theoretischen zu pragmatischen Wissenschaften. Dies liegt daran, daß, so wie die pragmatischen Wissenschaften nicht ohne Begriffe und theoretische Problemlösungen auskommen, die ontologischen Wissenschaften grundsätzlich nicht ohne Bewertungen möglich sind. Man könnte darum die theoretischen Wissenschaften als Hilfswissenschaften der pragmatischen und die axiologischen als Hilfswissenschaften der ontologischen Wissenschaften auffassen. Das ist so, weil wir im existentiellen Denken Begriffe benötigen, die durch das begriffliche Denken bereitgestellt werden.

In der Beschreibung der hier aufgezählten grundsätzlichen Möglichkeiten, zu Gliederungen der Wissenschaften über das begrifflich zu beschreibende Erkenntnisproblem zu kommen, fällt aber auch auf, daß dabei Begriffe, die dem existentiellen Denken entstammen und nur von daher geklärt werden können, benutzt werden. Dies gilt z. B. für die Begrifflichkeit von Bewertungen, die nötig sind, um etwa Sollzustände zu bestimmen. Darum ist es nun dringend erforderlich, für derartige Begriffsbildungen im existentiellen Denken Klarheit zu schaffen. Erst danach lassen sich erste Möglichkeiten angeben, wie sich auch aus dem existentiellen Denken weitere Gliederungsmöglichkeiten der Wissenschaften denken lassen.

2.5 Mögliche Gliederungsformen der Wissenschaft im existentiellen Denken

2.5.1 Begriffsklärungen zur Problematik der Existenzerhaltung

Die verschiedenen Bereiche wissenschaftlicher Tätigkeiten lassen sich nun aus den angegebenen Überlebensfunktionen und deren Unterfunktionen aufgliedern, soweit sie mit der Erkenntnisfunktion verbunden sind; denn das Grundproblem aller Wissenschaften ist ja das Erkenntnisproblem. Die Aufteilung der Wissenschaften erfolgt lediglich nach den Objektbereichen, die sich aufgrund der verschiedenen Überlebensfunktionen unterscheiden und nach den mit ihnen verbundenen Erkenntnisarten und Erkenntnismethoden. Für die Behandlung der Existenzprobleme von Lebewesen sind Begriffe im Gebrauch, die oft leider gar nicht oder nur sehr unzureichend definiert werden. So werden doch in den Wirtschafts- und Sozialwissenschaftenwissenschaften gewiß Erkenntnisse darüber gesucht, wie sich Werte, produzieren und verteilen lassen und welchen Nutzen sie wem erbringen. Aber was der Wert- und der Nutzenbegriff genau bedeuten, findet sich in keinem ihrer Lehrbücher. Entsprechendes gilt für den Sinnbegriff, der von großer Bedeutung in der Psychologie und der Theologie ist. Darum soll im Folgenden geklärt werden, was unter den Begriffen ‚Wert', ‚Nutzen' und ‚Sinn' sowie den Begriffen der Wertentstehung, des Wertewandels und der Religion in den betreffenden Wissenschaften verstanden werden könnte oder gar sollte.

1. *Der Wertbegriff*

Unter einem **Wert** sei hier *etwas* verstanden, *von dem behauptet wird, daß es in bestimmter Weise und in einem bestimmten Grad zur äußeren oder inneren Existenzerhaltung eines Lebewesens beiträgt.*[25] Man spricht darum von äußeren oder von inneren Werten, die positiv oder auch negativ sein können. Der Begriff ‚Lebewesen' ist hier in der oben angegebenen allgemeinen Bedeutung zu verstehen, so daß darunter ein jegliches ganzheitliches System fallen kann, das ein Überlebensproblem hat oder dem es zugesprochen werden kann, sei es nun eine Firma, ein Verein, ein biologischer Organismus, ein Staat oder ein Ökosystem oder eben auch die ganze Menschheit.

Werte sind immer bezogen auf das Lebewesen, indem von den Werten behauptet werden kann, daß sie zur möglichen Existenzerhaltung oder zur Überwindung einer Existenzbedrohung dieses Lebewesens beitragen. Dadurch sind Werte zugleich abhängig von demjenigen, der diesen Zusammenhang zu erkennen meint. So haben z.B. Süßigkeiten für die meisten Kinder einen hohen positiven inneren Wert, weil durch sie die innere Zufriedenheit stark befördert wird. Nach der Auffassung der meisten Eltern haben dagegen Süßigkeiten für Kinder einen negativen äußeren Wert, weil die Eltern meinen, daß durch Süßigkeiten die körperliche Gesundheit der Kinder langfristig beeinträchtigt wird. Solche unterschiedlichen Wertbestimmungen kommen aufgrund der prinzipiellen Relativität von Werten in allen Lebensbereichen vor. So sind oft die Werte, die zur Existenzerhaltung einer Firma bestimmt werden, entgegensetzt zu den Werten, die zur Erhaltung eines bestimmten Ökosystems ausgemacht werden oder die ein einzelner Mensch für seine Existenzerhaltung für notwendig erachtet. Ebenso erleben wir es täglich, daß Menschen verschiedene und zum Teil widerstreitende Werte besitzen oder setzen, ja, wir müssen feststellen: Es gibt ein nicht durchschaubares Durcheinander von ähnlichen, gänzlich verschiedenen oder sich widerstreitenden Werten in der Bevölkerung, und wir sehen darin sogar viele Vorteile, so daß wir positiv von der Pluralität von Werten sprechen. Schließlich beruht auf dieser Verschiedenheit das demokratische System, das seine Begründung gerade dadurch erfährt, das friedliche und selbstverantwortliche Zusammenleben von Menschen trotz ihrer äußeren und inneren Verschiedenheit gewährleisten zu können.

Werte gelten ausschließlich in bezug auf irgendeine aber eine bestimmte Existenzerhaltungsmöglichkeit und einen bestimmten Existenzerhaltungswunsch. Außerdem werden sie von jemand Bestimmtem behauptet. Da alle Lebewesen in ihrem Verhalten auf ihre Selbsterhaltung ausgerichtet sind und alle Lebewesen dazu an der Erhaltung

---

25 Vgl. dazu W. Deppert, Individualistische Wirtschaftsethik, in: W. Deppert, D. Mielke, W. *Theobald: Mensch und Wirtschaft.* Interdisziplinäre Beiträge zur Wirtschafts- und Unternehmensethik, Leipziger Universitätsverlag, Leipzig 2001, S. 131–196 oder vgl. Wolfgang Deppert, *Individualistische Wirtschaftsethik (IWE)*, Springer Gabler Verlag, Wiesbaden 2014.

von bestimmten anderen Lebewesen interessiert sind, haben Werte stets eine orientierende Funktion und erhalten dadurch Handlungsrelevanz. Darum sind Werte Elemente eines Begriffssystems, in dem Begriffe in vielfältigen Beziehungen miteinander verbunden sind. Die Struktur dieses Beziehungsgeflechts mag durch folgende relationale Darstellung aufgehellt werden:

Ein Wert W ist stets ein Wert für ein Lebewesen L nach der Meinung einer Person P aufgrund einer Kenntnis K und einer Sinnvorstellung S, und ein Wert ist ein Orientierungsmaßstab O für eine Gruppe G von Menschen.

Werte sind demnach wenigstens fünfstellige Relationen W(L,P,K,S,O(G)). Was es bedeuten soll, wenn von einem ‚Wert an sich' gesprochen wird, läßt sich in diesem Zusammenhang nicht sagen, da dadurch der Wertbegriff zu einem isolierten Begriff würde, der aufgrund seines fehlenden Beziehungsgefüges für niemanden eine Bedeutung haben könnte.[26] Etwas anderes ist es, mit dem Begriff von intrinsischen Werten; denn diese können so verstanden werden, daß sie sich auf eine innere Wirklichkeit bzw. auf eine innere Existenz beziehen, die nicht Bestandteil der äußeren Wirklichkeit ist.

Oft wird versucht, eine Unterscheidung im Gebrauch des Wertbegriffs durch den Hinweis auf den verschiedenen Wortgebrauch herbeizuführen, in dem man davon sprechen kann, daß etwas ein Wert *ist* oder daß etwas einen Wert *hat*. Dieser Unterschied wird gern an dem viel zitierten Beispiel aufgezeigt, daß man Geld nicht essen könne; denn Geld *habe* nur einen Wert und *sei* nicht selbst einer. Dies komme auch dadurch zum Ausdruck, daß man unter bestimmten Umständen, sich für Geld etwas verschaffen könne, welches selbst ein Wert ist, weil man es, etwa wie ein Stück Brot, essen könne. Darum ist für die Verwendung des Wortes ‚Wert' eine *substantielle* von einer *attributiven Bedeutung* zu unterscheiden.

Entsprechend lassen sich die äußeren Werte auch als *attributive* und die inneren Werte auch als *substantielle Werte* verstehen. Die hier gegebene Definition des Wertbegriffs ist demnach die *Definition von substantiellen Werten*. So *ist* etwa ein Eimer voll Hafer ein Wert für ein Pferd, ein Brot *ist* ein Wert für einen Menschen zur Erhaltung seiner äußeren Existenz oder die *Treue* zu einem Menschen *ist* ein *Wert zur Erhaltung seiner inneren Existenz*. Die attributive Verwendung des Prädikats *Wert* ist vermutlich erst im Zuge des Tauschhandels und des später eingeführten Geldverkehrs entstanden; denn dann *hat* ein Pferd etwa den Wert von zehn Schafen oder ein Geldstück *hat* den Wert von einem Brot. Und in diesem attributiven Sinn sprechen wir heute in den Wissenschaften, in denen quantitative Begriffe verwendet werden, davon, daß eine Größe einen Zahlenwert *hat*.

---

26 Derartige Wertbegriffe werden mit gewiß guten Absichten immer wieder in ‚naturethischen' Diskussionen benutzt, leider mit der unabwendlichen Konsequenz fehlender Überzeugungskraft aufgrund mangelhafter Begründung infolge heilloser begrifflicher Konfusionen. Vgl. etwa Devall (1980), Taylor (1981) oder Sprigge (1987).

Nun kann man auch das, was ein Wert ist, wie etwa ein Brot, wiederum gegen eine Wurst eintauschen. Dann *hätte* auch das Brot einen Wert. Die Unterscheidung müßte dann so vorgenommen werden, daß alles, was ein Wert ist, auch einen Wert hat, aber nicht alles, was einen Wert hat, auch ein Wert ist. Fragt man sich dann, ob eine Brotfabrik ein Wert ist oder nur einen Wert hat, dann würde man nach der hier gegebenen Definition sicher sagen müssen, daß die Brotfabrik ein Wert ist, da sie zur Bewältigung der Überlebensproblematik der Menschen beiträgt. Also muß beim substantiellen und attributiven Gebrauch des Wortes ‚Wert' stets mitbedacht werden, in welcher Hinsicht und für welche Existenzerhaltung von einem Wert gesprochen wird.

2. *Der Begriff ‚Nutzen'*

Aus dem Wertbegriff ergibt sich der *Nutzenbegriff*, der als *eine Erhaltung* oder als *eine Mehrung von Werten* für bestimmte Lebewesen zu verstehen ist. Darum überträgt sich die Relationalität des Wertbegriffs auf den Nutzenbegriff, d.h. wir haben auch den Nutzenbegriff N als eine Relation N(L,P,K,S,O(G)) aufzufassen, so daß gilt:
Ein Nutzen N ist stets ein Nutzen für ein Lebewesen L nach der Meinung einer Person P aufgrund einer Kenntnis K und einer Sinnvorstellung S, und ein Nutzen ist ein Orientierungsmaßstab O für eine Gruppe G von Menschen.
Entsprechend der Unterscheidung von inneren und äußeren Werten, gibt es inneren und äußeren Nutzen und entsprechend innere und äußere Nutzenmaximierung, wobei die letztere zu einem Orientierungsmaßstab innerhalb der Wirtschaftswissenschaften mit verheerenden Konsequenzen geworden ist. Denn die in ihnen angepriesenen und möglich gemachten äußeren Nutzenmaximierungen haben zu den bekannten Wirtschaftskatastrophen geführt. Im Gegensatz dazu würde die innere Nutzenmaximierung ein sinnerfülltes Leben bewirken. Denn die innere Existenz des Menschen bestimmt seine Sinnvorstellungen. Darum bedeutet Erhaltung der inneren Existenz zugleich, die Sinnvorstellungen des Menschen zu erhalten, die er auch zur Gestaltung der äußeren Welt benötigt. Also ist die Erhaltung der äußeren Existenz abhängig von der Erhaltung der inneren Existenz und umgekehrt. Man kann sagen, daß Werte Vergegenständlichungen von Sinnvorstellungen sind, seien es nun Gegenstände der Außenwelt oder der Innenwelt. Um dies verständlich zu machen, ist nun noch der Sinnbegriff aufzuklären.

3. *Der Sinnbegriff*

Das höchste Ziel der Lebewesen ist ihre Existenzerhaltung; denn dadurch sind sie ja definiert. Lebewesen, die ihr Überlebensproblem nicht bewältigen konnten und dadurch zerstört wurden, sind keine Lebewesen mehr. Nun ist die Frage nach dem Sinn stets die Frage nach dem „Wozu?", d.h. nach dem Ziel, das sich mit einer Handlung verbindet. Wenn aber das höchste Ziel aller Lebewesen die Lebenserhaltung ist, dann hat genau die Handlung einen Sinn, die zur Lebenserhaltung oder Existenzerhaltung beiträgt. Die gleiche Prädikation, die einem Objekt zuschreibt, ein Wert zu sein oder einen Wert zu haben, spricht einer Handlung einen Sinn zu. Darum kann man tatsächlich sagen, daß Werte Vergegenständlichungen von Sinnvorstellungen sind. Und so wie man von äußeren und inneren Werten spricht, könnte man auch einen *äußeren* von einem *inneren Sinn* unterscheiden, je nachdem ob eine Handlung die äußere oder die innere Existenz sichert. Dieser Sprachgebrauch ist jedoch kaum üblich geworden, vermutlich deshalb, weil die Vergegenständlichung von Sinn in einem Wert voraussetzt, daß der Sinnbegriff nicht auf die gegenständliche Welt angewandt wird und somit stets auf etwas Inneres bezogen ist, so wie das Zukünftige immer in einer inneren Vorstellung lebt und nicht in der sinnlich wahrnehmbaren Welt vorhanden sein kann. Da Handlungen immer auf etwas zukünftig zu Erreichendes ausgerichtet sind, können die Begründungen von Handlungen und damit ihre Zielorientierung nur aus dem Inneren stammen. Und das gilt sicher für alle Lebewesen, warum es vernünftig ist, allen Lebewesen eine innere Existenz zuzusprechen. Und damit zeigt sich auch, daß die Erhaltung der inneren Existenz Voraussetzung für die Erhaltung der äußeren Existenz ist; denn aus der inneren Existenz werden die Handlungsziele bestimmt, und damit erhalten alle Handlungen ihren Sinn. Umgangssprachlich verbindet sich mit der Vorstellung von Existenzsicherung das Bild vom *Getragenwerden*, so daß das Sinnstiftende auch gern als das Tragende im Leben bezeichnet wird oder auch die sinnstiftenden Vorstellungen als die tragenden Vorstellungen, die uns in unserem Leben die *Geborgenheitssehnsucht* erfüllen. Damit ist *Geborgenheit* der Inbegriff einer nachhaltigen Sicherung der inneren Existenz, die auch dann noch trägt, wenn die Sicherung der äußeren Existenz verlorengegangen ist. Die tragenden Vorstellungen oder eben die Sinnvorstellungen können von Mensch zu Mensch durchaus sehr verschieden sein, weil sie ihre eigenen Vorstellungen darüber entwickeln, was für sie zur Erhaltung ihrer inneren und äußeren Existenz wichtig und bedeutungsvoll ist und wofür dies weniger gilt. Dies ist der Grund dafür, warum der Wertbegriff und entsprechend der Nutzenbegriff nur relational bestimmbar sind. Warum aber unterscheiden sich bei den Menschen die Inhalte ihrer Sinnvorstellungen bisweilen sogar so stark, daß sie zu sehr unterschiedlichen Wertesystemen kommen? Um diese Frage zu beantworten, sind nun auch noch die Begriffe der Werteentstehung und des Wertewandels zu behandeln.

4. *Die Begriffe Wertentstehung, Wertewandel und Religion*

Die Frage nach der Wert-Entstehung ist die elementare Erkenntnisfrage nach den Möglichkeiten der Existenzsicherung. Sie läßt sich nur durch elementare Prozesse erklären, deren Entstehung allenfalls durch Evolution begreiflich ist. Es sind inzwischen schon gut 50 Jahre her, als ich mich intensiv mit der Frage beschäftigte, was für mich selbst das Tragende ist. Aus diesen Überlegungen erwuchs in mir die Einsicht, daß dies für mich nur im Rahmen einer atheistischen Religion auffindbar sein kann, da gemeinhin die Begriffe von ‚Sinn‘ und ‚Wert‘ immer mit dem Religionsbegriff verbunden werden. Außerdem war für mich klar, daß das Tragende im Leben wesentlich mit stabilen Zusammenhängen zu tun haben müßte. Und dabei fiel mir auf, daß die glückhaften Erlebnisse immer solche sind, durch die irgendeine Art von Zusammenhang bewußt wird. Dadurch entstand damals der Begriff des Zusammenhangserlebnisses, der mit der Behauptung verbunden ist, daß Zusammenhangserlebnisse unsere Gefühlslage stets ver-

bessern, so daß wir bestrebt sind, Zusammenhangserlebnisse zu reproduzieren. Und
wenn es gelingt, Zusammenhangserlebnisse sicher zu reproduzieren, etwa gar mit einer
Methodik, werden die erlebten Zusammenhänge sogar zu Erkenntnissen, so daß alle
Erkenntnistheorie letztlich einen Erlebnisgrund besitzt.

Wie wir aber zu Erlebnissen und insbesondere zu Zusammenhangserlebnissen kommen, läßt sich grundsätzlich nicht klären, da dazu ja wieder Zusammenhangserlebnisse
nötig wären, so daß wir dabei immer in einen Erklärungszirkel geraten. Darum bleibt
nur, in uns ein zusammenhangstiftendes Vermögen anzunehmen, von dem wir bemerken können, daß es uns nicht verläßt, selbst dann nicht, wenn wir feststellen, daß der
erlebte Zusammenhang eine Täuschung war, wodurch das ursprüngliche Zusammenhangserlebnis sich in ein Isolationserlebnis verkehrt, welches dann unsere Gefühlslage entsprechend negativ verändert. Denn auch das Isolationserlebnis besitzt einen Er-
kenntnischarakter, von welchem ein Schutz in bezug auf die Vermeidung von falschen
Annahmen über die Welt ausgeht. Allerdings scheint es keine Sicherheit für verläßlich
reproduzierbare Zusammenhangserlebnisse zu geben, so daß diese Einsicht eine unver-
meidliche Verunsicherung mit sich führt. Und darum habe ich damals den Religionsbegriff für mich wie folgt definiert:

*Religion ist der Weg, auf dem ich in der Lage bin, die handlungslähmende Wirkung
der prinzipiell unvermeidbaren Verunsicherungen zu überwinden.*

Der Anfang dieses Weges war und ist für mich die Überzeugung, daß das Zusam-
menhangsstiftende grundsätzlicher Bestandteil alles Lebendigen ist[27], da es sonst nicht
hätte überleben können, schließlich bedeutet das Verb ‚leben' immer ‚überlebt haben',
und alles Leben lebt von Leben; denn leben heißt zusammenleben. Darum ist dieser
Religionsbegriff so angelegt, daß prinzipiell jedem Menschen Religiosität zukommt,
weil jeder Mensch grundsätzlich die Fähigkeit zum aktiven Leben besitzt, Handlungs-
lähmungen zu überwinden, die durch tiefe Verunsicherungen entstanden sind. Neuere
Forschungen zeigen, daß auch der antike Religionsbegriff vor diesem Hintergrund entstanden ist. Dies gilt bereits für die Vorsokratiker, obwohl sie den Religionsbegriff
noch nicht formuliert haben. Dies ist erst von Cicero bewußt vollzogen worden. Da
Cicero noch ganz im Einfluß der römischen und griechischen mythischen Götterwelt
stand, haftete seiner Vorstellung von ‚religio', von gründlichem, Sicherheit schaffen-
dem Nachdenken oder auch Rückbindung nichts Transzendentes an, da mythische
Vorstellungen grundsätzlich immanenter Art sind; denn die mythischen Götter gehören zur Welt und stehen nicht außerhalb von ihr. Die von Cicero mit *religio* gemeinte
Rückbindung ist eine Rückbindung an eine tragende Überzeugung.[28] Sie wurde bereits

---

27 Alle Religionen im Sinne von traditionell festgefügten Glaubenssystemen haben tragende Vor-
    stellungen darüber entwickelt, wie die Zusammenhänge in die Welt kommen. Meist wird das
    Zusammenhangstiftende mit einer persönlichen Gottesvorstellung verbunden, was allerdings
    heute für die meisten Menschen eine Überforderung ihrer Glaubensfähigkeit darstellt. Vgl. W.
    Deppert, Atheistische Religion, in: *Glaube und Tat* 27, 89–99 (1976).

28 Vgl. Cicero, *De natura deorum, (Vom Wesen der Götter)* II, 6, diverse Ausgaben, z.B. übers. v.
    O.Gigon, Sammlung Tusculum, 2011.

bei den Vorsokratikern entwickelt, weil sie durch die allmähliche Entfaltung der Vernunft auf neue Möglichkeitsräume stießen, von denen sie nicht wußten, ob sie sich als lebensfreundlich oder als lebensfeindlich erweisen würden. Um das Beschreiten neuer Möglichkeitsräume wagen zu können, mußten sie an für sie tragende Überzeugungen zurückbinden, die oft aber auch nicht immer von mythischer Art waren. Das gilt schon für Pythagoras und seine Schüler, für Thales, der an Hesiod zurückbindet, für seinen Schüler Anaximenes, für Xenophanes, für Parmenides und Heraklit, für Empedokles, für Anaxagoras und sogar noch für Platon und Aristoteles, was zu zeigen einen neuen und weitreichenden Blick auf die Entwicklung der Philosophen der griechischen Antike gestattet.[29] Zusammenfassend kann der Religionsbegriff in Kantischer Weise wie folgt charakterisiert werden:

Religion ist die Bedingung der Möglichkeit für sinnvolles Handeln.

Mit Hilfe des Begriffs des Zusammenhangserlebnisses läßt sich auf sehr einfache Weise erklären, wie es zur Bildung von Werten und von Wert- und Wertesystemen kommt und warum sie sich mit der Zeit auch ändern. Zusammenhangserlebnisse treten mit verschiedenen Intensitäten auf. Dadurch erhalten die erlebten Zusammenhänge ihre gestuften Wertzuweisungen, so daß sich daraus Präferenzordnungen der Werte ergeben und woraus auch die Wertesysteme entstehen. Dabei sollen Werte- von Wertsystemen unterschieden werden. *Wertsysteme*, sind von außen vorgegebene festgefügte Wertordnungen, die nicht selbst erlebt wurden, die entweder durch einen Erziehungsdruck oder durch äußeren Zwang von den einzelnen Menschen übernommen werden. *Wertesysteme* sind Wertanordnungen, die durch eigene Zusammenhangserlebnisse entstanden sind. Aufgrund der verschiedenen Gestimmtheit und Empfänglichkeit aller Menschen für Zusammenhangserlebnisse sind die Wertesysteme einzelner Menschen untereinander verschieden und auch prinzipiell nur selten oder gar nicht in Übereinstimmung mit Wertsystemen zu bringen. Dennoch wird es aufgrund des Aufwachsens in ziemlich gleichgearteten historisch bedingten Lebenssituationen zu vielen Übereinstimmungen in den Wertesystemen kommen.

Da nun auch das unsere Persönlichkeit kennzeichnende eigene zusammenhangstiftende Vermögen sich über die Lebensjahre verändern kann, werden auch in unseren Wertesystemen Änderungen eintreten. Und je mehr die Idee der Aufklärung an Boden gewinnt, daß jeder Mensch in sich selbst orientierende Fähigkeiten besitzt und somit in die Selbstbestimmung entlassen werden kann, umso mehr werden auch die überkommenen fest-

---

29 Vgl. W. Deppert, Atheistische Religion für das dritte Jahrtausend oder die zweite Aufklärung, erschienen in: Karola Baumann und Nina Ulrich (Hg.), *Streiter im weltanschaulichen Minenfeld – zwischen Atheismus und Theismus, Glaube und Vernunft, säkularem Humanismus und theonomer Moral, Kirche und Staat*, Festschrift für Professor Dr. Hubertus Mynarek, Verlag Die blaue Eule, Essen 2009.

gefügten autoritär zu vermittelnden Wertsysteme an Bedeutung verlieren, was oft in sehr oberflächlicher Weise als Werteverlust beklagt wird. In den meisten Fällen zeigt der sogenannte Werteverfall oder Werteverlust sogar das Gegenteil davon an, da es gerade die Fülle der eigenen Wertvorstellungen ist, die einen Wertewandel bewirkt, der sich nach außen durch eine Abkehr von den autoritären Wertsystemen manifestiert, die etwa immer noch von den überkommenen Konfessionen vertreten werden.

Mit Hilfe der notwendig geworden Begriffsklärungen zu den Begriffen ‚Wert‘, ‚Nutzen‘, ‚Sinn‘, ‚Wertentstehung‘, ‚Wertewandel‘, ‚Religion‘ und ‚Wert- und Wertesysteme‘ kann nun in der Darstellung der Problematik fortgefahren werden, welche prinzipiellen Gliederungsmöglichkeiten der Wissenschaften durch das Existenz bezogene oder kurz existentielle Denken aufweisbar sind.

2.5.2   Was muß man wissen, um ein Lebewesen zu erhalten?

Mit dieser Frage verlassen wir ersteinmal die Innensicht der begrifflich beschreibbaren Selbstorganisation, die sich mit der Frage nach der Entstehung von gleichzeitigen gegenseitigen Abhängigkeiten beschäftigt hat, indem wir versuchen, Verantwortung für den Erhalt eines Lebewesens zu übernehmen. Es ist der herkömmliche Standpunkt der Wissenschaft, mit dem so getan wird, als ob der Mensch einen göttlichen Blick auf das Geschehen werfen könnte, um zu erfahren, wie die Natur im einzelnen funktioniert. Wenn man dies könnte, dann wäre man auch in der herkömmlichen Betrachtungsweise in der Lage, von außen dafür zu sorgen, daß die Existenz eines Lebewesens gesichert bleibt und zwar aufgrund der Selbsterhaltungsfähigkeiten des Lebewesens selbst. Nun hat sich inzwischen herausgestellt, daß es zwei verschiedene Existenzformen zu berücksichtigen gibt, die äußere Existenz in der äußeren Wirklichkeit oder, wie Kant sagt, in der Erscheinungswelt und die innere Existenz der inneren Wirklichkeit, über die sich bewußt wohl nur beim Menschen sprechen läßt, weil dieser über ein intersubjektives Kommunikationsmittel verfügt, über das wir auch in Form der geschriebenen und gesprochen Sprache verfügen. Es ist durchaus denkbar, daß auch Tiere – wie etwa die Delphine – unter sich ein intersubjektives Verständigungsmittel besitzen, das wir bislang leider noch nicht verstehen können. Nach den vorgeführten grundsätzlichen Überlegungen sollte allerdings kein Zweifel darüber bestehen, daß auch Tiere von ihrer inneren Existenz her ihre grundsätzlich vorhandenen Möglichkeiten zur Überlebenssicherung nutzen.

Obwohl in den Überlebensfunktionen nur von einer Erkenntnisfunktion die Rede ist, müssen wir, um von einem übergeordneten Standpunkt aus die Erhaltung eines bestimmten Lebewesens betreiben zu können, von dem Lebewesen etwas über die Tüchtigkeit seiner Überlebensfunktionen wissen. Es soll nun in einem ersten Schritt gefragt werden, welche Erkenntnisarten in den genannten fünf Überlebensfunktionen für Mensch und Tier von Bedeutung sind, um deren äußere Existenz zu sichern. Dabei werde ich in der oben angegebenen Reihenfolge der Überlebensfunktionen die mit ihnen verbundenen Erkenntnisarten beschreiben, die für ihr optimales Funktionieren wichtig sind.

1. **Die Wahrnehmungsfunktion**

Hierbei kommt es darauf an, daß das Spektrum der Wahrnehmungen so groß gewählt wird, daß alle möglichen Gefahren in diesem Spektrum liegen. Ferner müssen die Wahrnehmungen nach innen und nach außen möglichst genau sein und so weit wie möglich reichen. Außerdem müssen die einzelnen Wahrnehmungen aufgezeichnet und danach klassifiziert werden, aus welchen Bereichen der äußeren Sinnenwelt und aus welchen Bereichen der inneren Sinnenwelt sie stammen und ob es sich um schon bekannte Wahrnehmungen oder um neue Wahrnehmungen handelt. Zur Optimalisierung der Wahrnehmungsfunktion bestehen demnach folgende Erkenntnisinteressen:

1.1 Wodurch sind unsere Wahrnehmungen bedingt (Sinnesphysiologie).

1.2 Auf welche Bereiche der Außen- und Innenwelt sind die Sinnesorgane anwendbar (Erreichbarkeit der Bereiche der Außen- und Innenwelt)?

1.3 Gibt es Bereiche der Außen- und Innenwelt, über die uns unsere Sinnesorgane keine Informationen liefern? (Wahrnehmungserweiterung durch Meßgeräte)

1.4 Aufzeichnungsmöglichkeit von Sinnesdaten

1.5 Historische Dokumentationen von Ereignissen

2. **Die Erkenntnisfunktion**

In dieser Funktion werden die einzelnen Wahrnehmungen und ihre Reihenfolgen in Klassen ihrer Gefährlichkeit oder Ungefährlichkeit eingeteilt, gespeichert und die Erinnerungsfähigkeit an schon gespeicherte Klassifizierungen sichergestellt und ihre Vergleichbarkeit oder Unvergleichbarkeit festgestellt. Hier haben wir es durchaus mit den klassischen Fragen der Erkenntnis- und Wissenschaftstheorie zu tun. Die Erkenntnisfunktion wird außerdem in allen Forschungen über die Wirkungsweise aller Überlebensfunktionen nötig. Dies betrifft insbesondere die Erforschung der inneren und äußeren Zusammenhänge, durch die das zu erhaltende Lebewesen überhaupt existieren kann, wobei der Erforschung der inneren Existenz eine besondere Bedeutung zukommt, da dies die Voraussetzung der äußeren Existenz ist.

3. **Die Maßnahmebereitstellungsfunktion**

Dies ist eine der umfangreichsten Funktionen; denn durch sie müssen Maßnahmen zur Gefahrenabwehr und Maßnahmen zur Gefahrenvermeidung hergestellt werden. Um aber derartige Maßnahmen erstellen zu können, muß in irgendeiner Weise auf Erfahrungen zurückgegriffen werden, wodurch es in der Vergangenheit möglich war, Gefahren zu entkommen oder auch Gefahren schon von vornherein zu vermeiden. Vor allem aber gibt es eine so große Vielfalt von Gefahren, für die jeweils Maßnahmen zu ergreifen sind. Da gibt es Gefahren, durch welche die Funktionstüchtigkeit der Überlebensfunktionen beeinträchtigt oder gar zerstört werden kann. Und ganz besonders gefährlich wird es, wenn die Funktionstüchtigkeit der Energiebereitstellungsfunktion bedroht ist; denn alle anderen Funktionen hängen davon ab, daß ihnen die Energie, die für ihre Funktionsausübung gebraucht wird, laufend zur Verfügung gestellt wird.

Die Erkenntnisfragen der Maßnahmebereitstellungsfunktion betrifft den großen Bereich der handwerklichen, technischen Erforschung der Möglichkeiten zur Herstellung von nützlichen Produkten nicht nur in der Gegenwart, sondern auch derjenigen, die in der Vergangenheit zur Gefahrenabwehr und zur Überlebenssicherung benutzt wurden. Darum fordert die Maßnahmen- bereitstellungsfunktion zur Erforschung der Wirklichkeit heraus, um dadurch Klarheit zu gewinnen, welche Maßnahmen zur Gefahrenvermeidung und zur Gefahrenabwehr überhaupt realisierbar sind. Um sich einen Überblick darüber zu verschaffen, an welche Maßnahmen überhaupt gedacht werden kann, sind umfangreiche und detaillierte historische Forschungen nötig. Schließlich sind zur Frage der Herstellbarkeit der denkmöglichen und sinnvoll erscheinenden Maßnahmen umfangreiche technische Forschungen erforderlich.

4. Die Maßnahmendurchführungsfunktion

In dieser Funktion sind die bereitgestellten Maßnahmen hinsichtlich ihrer Eignung zur Lösung eines Überlebensproblems zu prüfen. Dazu sind Erkenntnisse über die Tauglichkeit vorhandener Maßnahmen zur Problemlösung zu gewinnen und eine Rangordnung ihrer Tauglichkeit in bezug auf die in einer gegebenen Situation vorliegenden Präferenzordnung der Wertschätzungen zu erstellen. Dies sind Fragen der optimalen Effizienz, der einsetzbaren Kosten, der erforderlichen Schnelligkeit oder der optimalen Sicherheit usf. Schließlich ist die Entscheidung nach der Sinnhaftigkeit der ausgewählten Maßnahme zu treffen und zu bestimmen, wodurch die Maßnahme durchgeführt wird.

5. Die Energiebereitstellungsfunktion

Für die Ausübung dieser Funktion werden Erkenntnisse aus allen anderen vier Überlebensfunktionen erforderlich; denn die bereitzustellende Energie kann (1) von anderen Lebewesen stammen, die wahrgenommen, erkannt und verfügbar zu machen sind, (2) aus anorganischer oder (3) kosmischer Energie bestehen, für deren Bereitstellung dasselbe gilt. Das Problem der Bereitstellung geeigneter Energieformen ist darum hochgradig interdisziplinär und mit besonderer Sorgfalt zu lösen, da die Nutzung bestimmter Energieformen zur Erhaltung eines Lebewesens immer Auswirkungen auf die Überlebensproblematik anderer Lebewesen hat, die möglicherweise ebenfalls zur Erhaltung des betreffenden Lebewesens beitragen und dessen Überlebensproblematik darum nicht durch die Nutzung bestimmter Energieformen noch verschärft werden darf.

Die Beantwortung der Frage, was gewußt werden muß, um die äußere Existenz eines einzelnen Lebewesens zu erhalten, fächert sich in sehr viele verschiedene Typen von Fragestellungen auf, so daß man versucht sein könnte, die Typen von Fragestellungen zu klassifizieren, um dadurch auf systematischem Wege zu den erforderlichen Forschungsdisziplinen zu kommen. Dieses Unternehmen möchte ich einstweilen noch künftigen Wissenschaftsgliederungsanstrengungen überlassen; denn in dieser Vorlesung geht es vor allem darum, die jetzt vorhandenen universitären Disziplinen zu kritisieren, ob sie ihren aus der Darstellung des Ganzen der Wissenschaft systematisch zu bestimmenden Aufgabenverteilung der Wissenschaften gerecht werden.

Bevor dies aber geschehen kann, ist nun noch zu fragen, was sich dafür tun läßt, um die innere Existenz eines Lebewesens zu sichern. Eigenwilliger Weise haben wir so gut wie keine Vorstellungen über Erhaltungsfunktionen der inneren Existenz entwickelt, und wenn, dann sind sie auch außengesteuert, wie etwa zu erwartende Sanktionen bei moralischem Fehlverhalten. So wurden Menschen von den christlichen Kirchen mit der Argumentation verbrannt oder enthauptet, um ihre Seele zu retten. Und bis heute arbeiten die Kirchen mit dem Begriff der Todsünde, mit dem sie meinen, Menschen in ihrem Verhalten von außen steuern zu können. Immerhin ist dabei klar, daß es da etwas gibt, daß im Inneren des Menschen existiert und wovon die Handlungen eines Menschen gesteuert werden. So ist Giordano Bruno 1600 auf dem Petersplatz in Rom verbrannt worden, weil er die unitarisch-pantheistische Überzeugung vertrat, daß das ganze Weltall von einem einzigen göttlichen Atem erfüllt ist. Oder im Geburtsjahr von Johann Sebastian Bach 1685 wurde in Lübeck ein unitarischer Handwerksgeselle geköpft, weil er davon überzeugt war, daß Jesus ein Mensch und kein Gott war, wobei dieses Todesurteil der Lübecker Stadträte sogar noch von der Theologischen Fakultät der Universität zu Wittenberg ausdrücklich bestätigt wurde, was meines Wissens bis heute nicht revidiert wurde. Entsprechend wird immer noch von theologischer Seite die Auffassung vertreten, daß die Stimme des Gewissens die Stimme Gottes sei.

Obwohl sicher alle Lebewesen eine innere Wirklichkeit besitzen, aus der heraus sich alle Möglichkeiten ihres Verhaltens bestimmen, werden wir unter der Fragestellung der Erhaltung der inneren Existenz vor allem die innere Existenz der Menschen betrachten, da wir jedenfalls auf dem heutigen Stand unserer Kenntnisse immer noch davon ausgehen, daß Pflanzen und Tiere kaum ein Bestreben aufweisen, die Erfahrung ihrer inneren Wirklichkeit bewußt zu erleben. Dennoch ist diese doch intuitiv wirksam, was wir dann deutlich erfahren können, wenn wir Tiere aus ihren angestammten Lebensräumen entfernen und ihre möglicherweise sogar evolutionär bedingten Lebensgewohnheiten gewaltsam verändern.

Inzwischen gibt es zu diesen Fragestellungen bei den Zoo-Tieren bereits einige Forschungsanstrengungen und wohl auch in der letzten Zeit intensiver bei den Tieren der Massentierhaltung. Es ist zu erwarten, daß aus diesen Forschungen sogar Schlüsse auf die Erhaltungsproblematik der inneren Existenz bei Menschen geschlossen werden kann. Ganz sicher können wir mit diesen Forschungen erkennen, daß durch drastische Veränderungen der natürlichen Lebensumstände von Tieren, die äußere Existenzfähigkeit stark gefährdet, wenn nicht sogar vernichtet wird. Nun ist es freilich kaum möglich, so etwas wie natürliche Lebensumstände für den Menschen zu erkennen, da die Menschen kulturelle Lebewesen geworden sind, die sich ihren Lebensraum gegenüber dem natürlich gewordenen stark verändert haben. Aber dennoch läßt sich feststellen, daß auch die kulturell bedingten Lebensumstände und Lebensgewohnheiten eine große Bedeutung für die innere Stabilität der Menschen besitzen.

Daraus ergibt sich bereits, daß historische Wissenschaften für die Sicherung der inneren Existenz von Menschen von Bedeutung sind. Nun ist ja der Begriff der inneren Wirklichkeit so gefaßt, daß in ihr die Zustandsmöglichkeiten eines Lebewesens verborgen oder gar bereit liegen. Aufgrund der Tatsache, daß Lebewesen, die eine Kindheit haben, erzogen werden können, kann etwas von außen an sie herangetragen werden, was sie internalisieren, d.h., was die innere Wirklichkeit mitbestimmt. Außerdem haben wir bereits besprochen, daß sich im Menschen auf dem Wege des Verarbeitens von Zusammenhangserlebnissen Werte heranbilden, die sich in ein Wertesystem hierarchisch einordnen lassen. Nun ist einer der wichtigsten Grundsätze zur Erhaltung der inneren Existenz die Widerspruchsfreiheit der in der inneren Wirklichkeit vorhandenen Lebensgestaltungsmöglichkeiten. Und es wäre für die innere Existenz eines Menschen sicher nicht ungefährlich, wenn etwa in dem Erziehungssystem oder in dem Wertsystem, das von außen an den jungen Menschen herangetragen wird, Widersprüche enthalten sind. Darum kommt der Pädagogik eine besonders wichtige Aufgabe zu, derartige Widersprüche zu erkennen und auszuräumen, damit die jungen Menschen gar nicht erst durch anerzogene Widersprüchlichkeiten verunsichert werden.

Entsprechendes gilt für ethische Systeme, die oft mit althergebrachten Konfessionen verbunden sind, in denen meist schon deshalb Widersprüchlichkeiten angelegt sind, weil sie aus Zeiten stammen, da Menschen noch ganz andere Bewußtseinsformen besaßen, etwa eine stark unterwürfige Bewußtseinsform, wie sie besonders im mythischen Bewußtsein angelegt ist. Darum birgt besonders die religiöse Kindererziehung die große Gefahr, im Inneren der Menschen Widersprüche anzulegen, an denen sie womöglich ihr Leben lang leiden. Aus evolutionären Gründen haben Lebewesen eine innere Instanz angelegt, die sie auf Widersprüche im eigenen Entscheidungssystem aufmerksam macht. Beim Menschen nennen wir dieses innere Warnsystem *das Gewissen*. Es ist abhängig, von den Werten, die von außen eingeprägt wurden und von den Werten, die sich über Zusammenhangserlebnisse selbst gebildet haben. Zur Sicherung der inneren Existenz des Menschen sind darum alle diejenigen Wissenschaften bedeutsam, die sich um die Fragen der Wertebildungen, Werteveränderungen und Wertevermittlungen bemühen.

Es gibt eine Fülle von menschlichen Fähigkeiten, durch die Menschen miteinander kommunizieren. So sind alle Kunstarten als die Ausbildung besonderer Kommunikationsmöglichkeiten zu begreifen, wobei der Abstraktionsgrad sehr unterschiedlich sein kann. Zweifellos erreicht die Musik den höchsten Abstraktionsgrad, warum sie die Ausbildung von Abstraktionsfähigkeiten der Gehirne stark befördert, wenn die Menschen schon von frühester Kindheit an musikalisch beschäftigt werden und die Möglichkeit zum musikalischen Selbst- oder Mitgestalten erhalten. Die spätere Ausbildung von Fähigkeiten, zu denen abstraktes Denken erforderlich ist, wie in der Mathematik und in allen theoretischen Wissenschaften aber auch ihre kreativen Fähigkeiten, in denen etwas zu denken ist, was es in der Wirklichkeit noch nicht gibt, hängen stark davon ab, ob die Menschen in ihrer Kindheit zu musikalischen Tätigkeiten angeleitet wurden. Damit ist zu erklären, daß es etwa ab dem 16. Jahrhundert in den islamischen Ländern keine irgendwie bedeutenden

Gelehrten und Wissenschaftler mehr gibt, weil sich seit dieser Zeit das islamische Musikverbot durchgesetzt hat.

Für die Sicherung der inneren Existenz sind darum auch alle Wissenschaften bedeutsam, die sich um die Erforschung der Künste bemühen und überhaupt die menschlichen
Möglichkeiten zur Kommunikation und zu Vereinbarungen erforschen, die inzwischen
einen sehr viel größeren Stellenwert als sogenannte göttliche Offenbarungen besitzen.
Insgesamt werden diese Wissenschaften auch als Geisteswissenschaften bezeichnet, in
denen aber zunehmend generelle Informationswissenschaften hineinspielen, die sich aus
den Naturwissenschaften entwickelt haben.

Im zweiten Band wurde durch die Beschäftigung mit dem Werden der Wissenschaft
deutlich, daß eine weitere Wissenschaft, die Bewußtseinsgenetik, aus der Naturwissenschaft heraus den Bereich der Geisteswissenschaft stark beeinflussen wird, weil alles das
was wir als menschlichen Geist bezeichnen, von den Bewußtseinsformen abhängt, welche
sich in den Menschen ausgebildet und welche sie durchlebt haben.

Mit dieser kurzen Darstellung der wichtigsten Gliederungsmöglichkeiten des Ganzen
der Wissenschaft, die sich aufgrund der Erhaltungsproblematik der inneren Existenz ergeben, sei nun die Beantwortung der Frage nach den grundsätzlichen Gliederungsformen
der Wissenschaft abgeschlossen, und es geht nun um die explizite Bestimmung des Ganzen der Wissenschaft.

Das Ganze der Wissenschaft 3

3.1 Der Umriß des Ganzen der Wissenschaft

Wenn wir die Wissenschaft als das große Gemeinschaftsunternehmen der Menschheit begreifen, das sich die Sicherung der gegenwärtigen und zukünftigen Existenz der Menschheit und aller ihrer einzelnen Lebensformen zur Aufgabe gemacht hat, dann lassen sich die vorausgegangen Überlegungen nutzen, um das Ganze der Wissenschaft zu bestimmen, wenn wir es uns gestatten, die ganze Menschheit auch als ein Lebewesen zu begreifen und zwar als ein kulturelles Lebewesen. Denn wir können die Menschheit nicht als ein biologisches Lebewesen verstehen, weil die Menschheit als die Menge aller Menschen kein Ganzheitskriterium gegenseitiger Abhängigkeit erfüllt. Und wie sich bereits herausstellte, läßt sich die Menschheit auch nur von *den* Menschen her als ein kulturelles Lebewesen auffassen, die sich mitverantwortlich für die Erhaltung dieser Menschheit fühlen. Es muß zugegeben werden, daß die hier vorzunehmende Bestimmung des Ganzen der Wissenschaft mit der Unterstellung arbeitet, als ob alle Wissenschaftler dieses Gefühl der Mitverantwortlichkeit für die Existenzsicherung der ganzen Menschheit teilten. Auch wenn diese Unterstellung nachweislich ungerechtfertigt sein sollte, so bitte ich darum, daß diese Einsicht unser Vorhaben nicht beeinträchtigt. Auch wenn es sich dabei nur um die Darstellung einer Vision handelt, so ist sie darum nicht minder wichtig.

Wenn es um die Existenzsicherung der ganzen Menschheit geht, dann muß es zugleich um die Existenzsicherung all ihrer Teile und um die Sicherung der Existenz der Natur gehen, von der die Menschen leben. Die Menschheit teilt sich auf in die verschiedenen Völkerschaften, die, auch wenn sie keine staatliche Souveränität besitzen, doch kulturelle Lebewesen sind, da es für sie eine innere Existenz gibt, die es ebenfalls zu sichern gilt. Quer zu diesen Völkerschaften gibt es eine Fülle von internationalen Vereinigungen und Verbänden politischer, wirtschaftlicher, kultureller oder insbesondere sportlicher Art. Auch diese kulturellen Lebewesen sind in die Erhaltungsproblematik der Menschheit einzubeziehen. Das Entsprechende gilt für die kulturellen Lebewesen der einzelnen Staaten

© Springer Fachmedien Wiesbaden GmbH, ein Teil von Springer Nature 2019
W. Deppert, *Theorie der Wissenschaft*, https://doi.org/10.1007/978-3-658-15124-9_3

und deren politischen Untergliederungen, bis wir schließlich bei der Überlebensproblematik der Lebensgemeinschaften und der einzelnen Menschen ankommen, die nicht nur als kulturelle Lebewesen, sondern auch als biologische Lebewesen zu verstehen sind.

Zum Problem, das Ganze aus den Teilen zu bestimmen, hat sich Friedrich Schiller in einem kleinen Vers aus dem Jahre 1796, den er „Das Ehrwürdige" überschrieben hat, wie folgt geäußert:

> „Ehret ihr immer das Ganze, ich kann nur einzelne achten,
> Immer in einzelnen nur hab ich das Ganze erblickt."

Ob diese Einsicht Schillers, daß das Ganze schon im Einzelnen verborgen liegt, zu der biologischen Entdeckung geführt hat, daß prinzipiell schon in jeder Körperzelle sämtliche Informationen enthalten sind, die zum Aufbau des Lebewesens erforderlich sind, soll hier nicht entschieden werden; denn es kommt hier nur auf den großartigen Zusammenhang an, der zwischen den einzelnen Teilen und ihrem Ganzen besteht. Darum möchte ich in der Darstellung des Ganzen der Wissenschaft besonderen Wert auf das Erhaltungsproblem der einzelnen Bestandteile der Menschheit unter besonderer Berücksichtigung eines einzelnen Menschen legen. Dazu sind die Erhaltungsproblematik der inneren und der äußeren Existenz der Menschen und ihrer Vereinigungen und die Erhaltungsproblematik der Natur zu unterscheiden. Daß es sich da um viele Ganzheiten handelt, läßt sich daran erkennen, daß die äußere Existenz des Menschen von seiner inneren Existenz und umgekehrt auch die innere Existenz von seiner äußeren Existenz abhängig ist, so daß das Ganzheitskriterium der gegenseitigen Abhängigkeit erfüllt ist. Und dies gilt entsprechend für die vielen möglichen menschlichen Vereinigungen. Außerdem stehen auch diese vielen Ganzheiten in vielfältigen Abhängigkeitsbeziehungen. Insbesondere aber ist die innere und äußere Existenz eines Menschen von der Existenz anderer Menschen und je nach Entwicklungsstand sogar von der Existenz der Menschheit abhängig, da der einzelne Mensch selbst ein kulturelles Lebewesen ist, der Mensch ist sogar wesentlich als ein solches definiert. Ferner ist jeder Mensch in seiner inneren und äußeren Existenz von der Natur abhängig, und inzwischen ist auch die Natur vom Menschen abhängig, da er gegenwärtig in der Lage ist, zumindest das höher entwickelte Leben auf der Erde zu vernichten. Aber wie im Bezug auf die ganze Menschheit liegt auch ein Bewußtsein einer gegenseitigen Abhängigkeit von Mensch und Natur noch im Bereich der Vision. Dazu müßte sich das religiöse Grundgefühl der schlechthinnigen Abhängigkeit des Menschen – wie Schleiermacher es ausdrückte – allmählich in ein religiöses Grundgefühl der gegenseitigen Abhängigkeit wandeln, wozu zweifellos bereits viele Ansätze und Entwicklungen zu erkennen sind. Dann würden die Menschen mehr und mehr begreifen, daß sie für den Erhalt der Natur mitverantwortlich sind, so daß aus dem System Mensch – Natur sogar noch ein kulturelles Lebewesen werden könnte, so wie es Albert Schweitzer vordachte als er formulierte:

„Ich bin Leben, das leben will, inmitten von Leben, das leben will." [30]

Das Ganze der Wissenschaft läßt sich nun in extensionaler Hinsicht umreißen als:

- die Erforschung der Bedingungen zur Sicherung der äußeren und inneren Existenz der einzelnen Menschen, deren Gemeinschaften und der Beziehungen untereinander sowie der natürlichen Lebewesen, deren Gemeinschaftsformen und der Formen des Zusammenlebens von Mensch und Natur,
- die Erforschung der Möglichkeiten, die dabei gefundenen Erkenntnisse verfügbar und nutzbar zu machen,
- die Erforschung der Möglichkeiten, die gefundenen Bedingungen zur Sicherung der äußeren und inneren Existenz der genannten Lebewesen in ihrem Zusammenleben zu verwirklichen oder zu erhalten, soweit sie bereits vorliegen.

Die Charakterisierung eines Ganzen als einer Totalität steht immer in der Gefahr, daß damit eine Verabsolutierung verbunden ist, die bei ihrer Anwendung auf Einzelfälle Widersprüchlichkeiten erzeugt. So konnte schon Sokrates zeigen, daß irgendeine absolute Geltungsbehauptung durch Gegenbeispiele zu Fall gebracht werden kann. Und Kant wies nach, wie alle seine Vernunftideen Widersprüchlichkeiten hervorbringen, wenn sie auf die Erscheinungswelt angewandt werden. Darum kritisierte er seine eigene Vernunft dahingehend, daß er sich verbot, seine Vernunftideen auf Phänomene der Erscheinungswelt anzuwenden. Er stimmt mit Sokrates darin überein, daß wir es in der sinnlich wahrnehmbaren Welt stets mit Relativitäten zu tun haben, mit einem Beziehungsgefüge von Abhängigkeiten und Bedingtheiten. Unbedingtes läßt sich nicht aufweisen, weil bislang kein Weg des Aufweisens aufgefunden wurde, der nicht für das Aufgewiesene die Bedingungen des Aufweisens mit sich führte, nämlich die Abhängigkeit vom Weg des Aufweisens. Durch die hier verwendete Bestimmung eines Ganzen durch die gegenseitige Abhängigkeit der Teile, wird die Gefahr von Widerspruch erzeugenden Verabsolutierungen vermieden. Darum sind die Existenzsicherungen von Lebewesen stets mit den Bedingungen für das Zusammenleben verbunden, weil Leben immer Zusammenleben bedeutet und eine Optimalisierung auch von Lebensdauern stets an die Erhaltungsproblematik von Lebensgemeinschaften gebunden ist.[31]

---

30 Siehe Albert Schweitzer, *Denken und Tat*, Zusammengetragen und zusammengestellt, von R. Grabs, Meiner Verlag, Hamburg 1954, Kap. XI. Die Ehrfurcht vor dem Leben, Abschnitt: Realistische Weltanschauung. Lebensbejahung, S. 283.

31 Vgl. W. Deppert, Concepts of optimality and efficiency in biology and medicine from the viewpoint of philosophy of science, in: D. Burkhoff, J. Schaefer, K. Schaffner, D.T. Yue (Hg.), *Myocardial Optimization and Efficiency, Evolutionary Aspects and Philosophy of Science Considerations*, Steinkopf Verlag, Darmstadt 1993, S.135–146 oder Teleology and Goal Functions – Which are the Concepts of Optimality and Efficiency in Evolutionary Biology, in: Felix Müller, Maren Leupelt (Hg.), *Eco Targets, Goal Functions, and Orientors*, Springer Verlag, Berlin 1998, S. 342–354.

Nun lassen sich für jedes Lebewesen Gefahren ausmachen, die von anderen Lebewesen ausgehen. Besondere Gefahren für die Menschen sind z.B. bestimmte Bakterien oder Viren, so daß Menschen bestrebt sind, diese zu vernichten. Wenn nun zum Ganzen der Wissenschaften auch gehört, die Bedingungen zur Sicherung der Existenz des Cholera-Bakteriums zu erforschen, dann steht dies sicher nicht im Gegensatz zu dem Auftrag der Wissenschaft. Denn vor Gefahren kann man sich nur dann schützen, wenn man sie genau kennt. Da aber im Vordergrund die Erforschung der Sicherung des menschlichen Lebens steht, ist damit auch verbunden, daß Gefahren, die für Menschen von nicht-menschlichen Lebewesen ausgehen, oft nur durch ihre Tötung bewältigt werden können. Da Töten immer ein irreversibles Handeln ist, der gegen das Prinzip der Gegenseitigkeit verstößt, sollten die für die Menschen gefährlichen Lebewesen nicht vollständig ausgerottet, sondern einige von ihnen unter sicherer Kontrolle so am Leben erhalten werden, daß von ihnen keine Gefahr mehr für die Menschen ausgeht. Da alles Leben in unüberschaubar komplexen evolutionären Prozessen geworden ist, kann es durchaus einmal von Bedeutung sein, die möglichen Informationen erkunden zu können, die selbst in für Menschen gefährlichen Entwicklungssträngen der Evolution verborgen sind.

3.2   Wie sich das Ganze der Wissenschaft aufteilen läßt

So wie sich unser Gehirn holistisch organisiert hat, d.h., daß jeder Teil mit jedem anderen zusammenhängt, so sollten sich auch die Wissenschaften organisieren. Entsprechend hätte sich jede Wissenschaft die Frage vorzulegen, inwiefern sie an der Lösung der Existenzerhaltungsproblematik einzelner Menschen oder an derjenigen ihrer Organisationen beteiligt ist. Damit die Wissenschaft als Ganzes ein Gemeinschaftswerk werden kann, sollten sich die Vertreter der verschiedenen Wissenschaften über das gemeinsame Ziel und die Methoden der Zielerreichung einig sein und außerdem sollten sie auch ihre eigene Rolle innerhalb des Ganzen der Wissenschaften bestimmen können. Ich möchte diese Anforderungen an einen Wissenschaftler als die *Ausbildung eines integrativen Wissenschaftsbewußtseins* bezeichnen.

Da aber alle Einteilungen eines Ganzen stets mit einer gewissen Willkür vorgenommen werden, so sollten auch alle Wissenschaftler in der Lage sein, über die Grenzen ihrer eigenen Arbeit hinaus in anderen Wissenschaftsbereichen tätig zu sein. Es wird sogar erforderlich werden, für bestimmte interdisziplinäre Problemstellungen mit anderen Wissenschaften in einer wechselwirkenden Weise zu neuen Problemlösungsmethoden vorzudringen, die es bisher in keiner der angestammten Disziplinen gegeben hat. Dazu ist an dieser Stelle von Bedeutung, den Begriff der Interdisziplinarität etwas genauer und differenzierter zu bestimmen, als es bisher üblich gewesen ist; denn gemeinhin wird Interdisziplinarität im Sinne einer *Gewerke-Interdisziplinarität* verstanden, so wie die verschiedenen Gewerke der unterschiedlichen Bauhandwerkerberufe zur Erstellung des Rohbaus eines Gebäudes zusammenarbeiten, und dabei ihre zu dem jeweiligen Handwerk gehörenden Tätigkeiten ausführen, ohne diese in irgendeiner Weise verändern zu müssen, und entsprechend wird dann der Innenausbau von den diversen Gewerken der Innenausbau-Handwerker ausgeführt. In der *Gewerke-Interdisziplinarität* lernen die an einem interdisziplinären Projekt beteiligten Disziplinen nicht voneinander oder verändern etwa gar ihre Arbeitsmethodik, da sie nur ihre angestammten Problemlösungsverfahren anwenden. Es gibt aber Problemstellungen, die auf diese Weise nicht zu lösen sind, weil dazu eigentlich eine eigene Disziplin erforderlich wäre. In solchen Fällen muß es zu interdisziplinärer Zusammenarbeit kommen, in der die Disziplinen miteinander wechselwirken und dadurch zu neuen Problemlösungsmethoden vordringen, die es so vorher noch nicht gegeben hat. Diese Art interdisziplinärer Zusammenarbeit soll *wechselwirkende Interdisziplinarität* genannt werden. Wenn hier von Interdisziplinarität gesprochen wird, dann ist stets die Form der wechselwirkenden Interdisziplinarität gemeint, es sei denn, es wird ausdrücklich auf die schlichte Form der Gewerke-Interdisziplinarität verwiesen.

Die Aufteilungen des Ganzen der Wissenschaft sollen hier in herkömmlicher Weise als Fakultäten und ganz bewußt nicht als Fachbereiche bezeichnet werden; denn das Wort ‚Fakultät' stammt von dem lateinischen Wort ‚facultas', was soviel bedeutet wie *umfassende Fähigkeit*, warum von den Fakultäten schon immer die Qualitätssicherung ausgeht und überhaupt nicht von privaten Akkreditierungsgesellschaften. Die Bezeichnungen der systematisch zu ordnenden Fakultäten mögen sein:

I. Grundlagenfakultät,
II. Religiologische Fakultät,
III. Kommunikationswissenschaftliche Fakultät,
IV. Historiologische Fakultät,
V. Fakultät der Wissenschaften der unbelebten Natur,
VI. Fakultät der Wissenschaften der belebten Natur,
VII. Humanwissenschaftliche Fakultät,
VIII. Fakultät für Ernährung, Energiebereitstellung und Naturschutz,
IX. Technische Fakultät,
X. Wirtschaftswissenschaftliche Fakultät,
XI. Staats- und rechtswissenschaftliche Fakultät,
XII. Fakultät für Inter- und Transdisziplinarität.

Die damit gegebene Aufteilung des Ganzen der Wissenschaft ist im nächsten Abschnitt genauer darzustellen.

3.3 Die Funktionsbeschreibungen der Fakultäten

3.3.0 Vorbemerkungen

Um einen sehr globalen Überblick über die Gesamtheit dessen, was sich erforschen läßt, sehr einfach zu gewinnen, läßt sich eine sehr alte Methodik anwenden, die wir bereits von Hesiod kennen, der sich überlegte, welches die allgemeinsten Eigenschaften und Fähigkeiten sind, mit denen sich alles Seiende beschreiben läßt, so daß man mit ihnen die gesamte Götterwelt, die ja alles Seiende repräsentiert, charakterisieren kann. Und das waren die ersten drei Gottheiten, *Chaos, Gaia und Eros*, durch deren Nachkommen er die gesamte Götterwelt in seiner Theogonie beschrieb.

In einem durchaus nicht zu gewagten Akt der Verallgemeinerung ließ sich festhalten, daß diese drei Gottheiten heute als das Begriffstripel {Möglichkeit, Wirklichkeit, Verwirklichendes} verstanden werden können. Daraus lassen sich drei Wissenschaftsbereiche kennzeichnen, die aus diesem Hesiodschen Urtripel, wie wir es genannt haben, entwickelt werden können, so daß sich alle anderen Wissenschaften, durch interdisziplinäre Zusammenarbeit dieser drei „wissenschaftlichen Urbereiche" erschlossen und damit etabliert werden können.

Die Wissenschaften, die sich um das Denkmögliche kümmern, werden sogleich im Rahmen der Grundlagenfakultät zu besprechen sein, während die Wissenschaften, die das Wirkliche beschreiben, sei es als äußere oder als innere Wirklichkeit, sind zum Teil schon durch die bereits bezeichneten ontologischen Wissenschaften zusammengefaßt, während die verwirklichenden Wissenschaften vielfach im axiologischen Wissenschaftsbereich zu Hause sind. Wie sich aber diese drei wissenschaftlichen Urbereiche möglichst genau charakterisieren lassen, soll erst am Ende dieses Bandes und damit auch als eine Art Endergebnis der Arbeit an dem ganzen Werk „Theorie der Wissenschaft" wie eine reife Frucht geerntet werden. Beginnen wir nun mit dieser Arbeit, indem wir die bisher vorgeschlagene systematische Zusammenstellung aller Wissenschaften möglichst genau für jede der vorgesehenen Fakultäten charakterisieren.

3.3.1 Die Grundlagenfakultät

Alles Forschen bedarf eines Anfangs, eines Zieles, eines Arsenals von Forschungswerkzeugen, Kenntnisse ihrer Anwendung und schließlich einer Methodik der Zielerreichung. Dies alles sind Voraussetzungen für wissenschaftliches Arbeiten. Diese übergreifenden Grundlagen allen wissenschaftlichen Forschens sollen in der Grundlagenfakultät erarbeitet und bereitgestellt werden. Nach den herkömmlichen Fachbezeichnungen sollten der Grundlagenfakultät die Fächer ‚Philosophie', die ‚Logik', die ‚Wissenschaftstheorie' und die ‚Mathematik' angehören.

3.3.1.1 Das Fach Philosophie

Philosophieren heißt gründliches Nachdenken, und das bedeutet, so lange nachzudenken, bis verläßliche Beziehungen für das Ordnen von Gedanken, ein tragfähiger Grund für das Aufbauen von Gedankengebäuden, gefunden ist. Diese gedankliche Arbeit ist seit Anbeginn der Philosophie die Tätigkeit der Philosophen. Sie haben sich mit den Problemen ihrer Zeit grundlegend beschäftigt und zu Lösungen beigetragen. Und darum ist es hilfreich, die gedanklichen Arbeiten der Philosophen vergangener Zeiten zu studieren, um von Ihnen zu lernen, in welcher Weise die Probleme unserer Zeit philosophisch, und das heißt: durch gründliches Nachdenken behandelt und womöglich auch gelöst werden können. Dies ist deshalb denkbar, weil die Probleme unserer Zeit nicht selten ihren Ursprung in den philosophisch beeinflußten oder gar hervorgebrachten Denksystemen vergangener Zeiten haben, oder weil das formale Herangehen an Problemsituationen früherer Philosophen uns entscheidende Hinweise für das Lösen von Problemen unserer Zeit geben kann und vor allem auch über das, was überhaupt als möglich erscheint, und was nicht. Denn schon immer war die Unterscheidung von dem Möglichen und dem Unmöglichen eine wichtige Domäne der Philosophie. Erst die Geschichte aber kann die Irrtümer in diesem Denkbereich aufzeigen, etwa wenn sich etwas, das für möglich gehalten wurde, sich aber doch als unmöglich erwies. Dies gilt besonders für den Erkenntnisweg Kants, der uns auffordert, von konkret gemachten Erfahrungen die Bedingungen ihrer Möglichkeit aufzusuchen. Die Philosophie hat sich also vordringlich den grundlegenden Problemen der eigenen Zeit zuzuwenden, um sie einer Lösung näherzubringen, wenngleich die tatsächliche Lösung in den meisten Fällen den Einzelwissenschaften vorbehalten bleiben wird. Aber stets haben wir dabei die Lehren der Geschichte heranzuziehen, um nicht etwa das, was sich inzwischen als unmöglich herausgestellt hat, nun doch noch für möglich zu halten, so daß es uns nicht wieder passiert, die schon in der Antike erkannte Vernunftswahrheit vom Verbot des logischen Widerspruchs, so wie es der philosophische Wirrkopf Hegel meinte, den Widerspruch in der Beschreibung der Wirklichkeit wieder zuzulassen, woraus dann ja die unheilvollen philosophischen Versuche des Marxismus-Leninismus geworden sind, deren Unheil sich immer noch auf Kuba, in Venezuela, in China und besonders fatal noch in Nordvietnam fortsetzt.

Das Hauptproblem der Philosophie ist aber das religionsphilosophische Problem der Sinnstiftung, welches die wichtigste Voraussetzung für die Sicherung der inneren Existenz eines Menschen ist. Daraus ergeben sich die Probleme des Erkennens in den verschiedenen Existenz- und Wirklichkeitsbereichen, in denen wir und andere leben und des Erkennens von Werten und deren Zusammenhängen in ihrer relativen Vielfalt und schließlich die Probleme des sinnvollen Handelns in bezug auf gesetzte sinnvolle Ziele, d.h. in bezug auf die Verwirklichung der sinnvollen Handlungsmöglichkeiten. Dies läßt sich auch so zusammenfassen: Die Philosophie versucht, möglichst sichere Wege zum Auffinden von vertretbaren Inhalten und Formen des Argumentierens über das Tun und Lassen der Menschen zu bestimmen, um den Menschen Handreichungen zum Lösen ihrer Sinnprobleme zu geben und die Sehnsucht nach widerspruchsfreien eigenen Geborgenheitsräumen durch ihre Verwirklichungen zu erfüllen.

Um diese Ziele erreichen zu können, ist das Fach ‚Philosophie' für die Erstellung der Grundlagen aller Wissenschaften verantwortlich. Darum kommt ihr auch die Aufgabe zu, den Aufgabenbereich der Wissenschaften zu umreißen, damit möglichst nichts vergessen wird, was für die Existenz der einzelnen Menschen, ihren vielfältigen Organisationen bis hin zur ganzen Menschheit von Bedeutung ist und als möglich erscheint. Insbesondere hat die Philosophie die wichtigsten Fragen, die sich mit dem Erkenntnisbegriff verbinden, zu beantworten. Dazu hat sie die Grundbegriffe und Denkwerkzeuge der Wissenschaften, die alle Wissenschaften miteinander verbinden, zu klären. Das wichtigste Werkzeug aller Wissenschaften, der Begriff, ist möglichst genau zu bestimmen, um die Grundbegriffe der wissenschaftlichen Tätigkeiten wie die des Erkennens, Erklärens, Verstehens, Voraussagens, des methodischen Arbeitens sowie die Grundbegriffe der möglichen wissenschaftlichen Erkenntnisbereiche, wie Existenz, Gegenstand, System, Regel und Gesetz, Bedeutung, Form und Inhalt darstellen zu können.

Das Wichtigste aber ist die Bereitstellung von Begriffen und Methoden, die dazu dienlich sind, die Gemeinsamkeiten der Menschen und ihrer Vereinigungen hinsichtlich ihrer Einstellungen und ihrer Zielsetzungen herauszuarbeiten, so daß dadurch auch in den Wissenschaftlern der verschiedensten Disziplinen das Bewußtsein entsteht und erhalten bleibt, an dem großen Ziel der inneren und äußeren Existenzsicherung von Mensch und Natur mitwirken zu können, mitwirken zu wollen und auch tatsächlich mitzuwirken.

3.3.1.2 Das Fach Logik

Die Logik hat sich um die Widerspruchsfreiheit der Denksysteme, mit denen wir unsere Welt beschreiben, zu bemühen. Darum geht es in der Logik um möglichst verläßliche Formen des Argumentierens, d.h. des Zusammenbindens von Aussagen. Das Zusammenbinden ist so zu denken, daß es machbar ist, Einzelaussagen so miteinander zu verknüpfen, daß dadurch neue Aussagen entstehen, wobei sich der Grad der Verläßlichkeit der einzelnen Aussagen auf den Verläßlichkeitsgrad der neuen Aussagen durch die Art der Verbindung überträgt. Diese Verbindungsarten sind auf intersubjektive Weise zu vereinbaren. Da alle Wissenschaften ihre Erkenntnisse in Systeme einbauen wollen, deren einzelne Erkenntnisinhalte miteinander argumentativ verbunden sind, so ist es für sie von großer Bedeutung, daß ihnen die Logik so zuarbeitet, daß sie wissen, wie sich einzelne Erkenntnisse so zu Erkenntnissystemen verbinden lassen, daß dabei die Verläßlichkeit der einzelnen Erkenntnisse und des ganzen wissenschaftlichen Erkenntnisgebäudes möglichst keinen Schaden nimmt. Damit das Fach der Logik dies leisten kann, stellt sie an sich die Forderung, daß sie in ihren Methoden des logischen Schließens keine Aussagen über die sinnlich wahrnehmbare Welt benutzt, weil die Verläßlichkeit der empirischen Aussagen niemals den Verläßlichkeitsgrad erreichen kann, wie dies für die vereinbarten Schlußverfahren der Logik möglich ist. Darum gehen diese über alle wissenschaftlich festgestellten Wahrheiten in ihrer Verläßlichkeit hinaus.

Da ein allgemeiner Beweis darüber, daß die Logik keine Aussagen über die Welt enthält, nicht erbracht werden kann, muß sie sich verändern, sobald sich herausstellt, daß in ihr doch Strukturen der Sinnenwelt enthalten sind, wie es z.B. mit dem sogenannten „Tertium non datur" (TND) der Fall war. Da inzwischen eingesehen worden ist, daß wir Aussagen in bezug auf verschiedenste Existenzbereiche zu gewinnen haben, lassen sich verschiedene Logiken unterscheiden, je nachdem in welchen Existenzbereichen sie zur Erstellung von sicheren Aussagensystemen beitragen sollen. Darum ist es wichtig, verschiedene Logiksysteme zu entwickeln, wie etwa die von Paul Lorenzen in Kiel aufgestellte *dialogische Logik*. In welcher Weise die Logik zu verwenden ist, um die verschiedenen Existenz- und Objektbereiche zum Wohle der Menschheit zu erforschen, das führt nun in den Aufgabenbereich der Wissenschaftstheorie.

3.3.1.3 Das Fach Wissenschaftstheorie

Die Wissenschaftstheorie bemüht sich um die Anwendung und Weiterentwicklung der philosophischen Aufklärungsarbeit über die grundsätzlichen Möglichkeiten der Gewinnung von Erkenntnissen in bezug auf verschiedene Objekt- und Existenzbereiche, deren Systematisierung und ihre Zusammenbindung zu Weltbildern. Sie hat für jede dieser möglichen Forschungsbereiche die Kantsche Frage nach den Bedingungen der Möglichkeit von Erfahrungen zu bearbeiten und möglichst in Zusammenarbeit mit den einzelnen Wissenschaften zu beantworten. Diese Frage findet nach dem Vorschlag des Kieler Philosophen Kurt Hübner ihre Antwort durch explizite Festsetzungen, die sich aus dem Erkenntnisbegriff mit großer Konsequenz ergeben. Nach den Vorbildern eines Planck, Einstein, Bohr, Heisenberg oder Schrödinger sollte die Explizitmachung der bisher nur implizit, d.h. unbewußt benutzten wissenschaftstheoretischen Festsetzungen den Wissenschaften einen großen Innovationsschub einbringen.

Die Wissenschaftstheorie hat insbesondere die Aufgabe, die Möglichkeit der interdisziplinären Zusammenarbeit zwischen den einzelnen Disziplinen aufzuzeigen, damit die Fülle von interdisziplinären Problemstellungen in Wirtschaft, Verwaltung und Gesellschaft bearbeitet und gelöst oder wenigstens einer Lösung näher gebracht werden können. Dazu hat die Wissenschaftstheorie die aus der Philosophie stammenden grundsätzlichen Ansätze zu Erkenntnistheorien im Detail weiter auszuarbeiten, um sie dann den Wissenschaftlerinnen und Wissenschaftlern nutzbringend anzubieten. Das betrifft etwa die Unterscheidungen von Begriffsarten und von Begriffssystemen, die Arten der Anordnung von Begriffen und ihrer Metrisierung und insbesondere die genauere Bestimmung des Gesetzesbegriffs, des Erklärungs- und Voraussagebegriffs, der Begründungsendpunkte in Form von mythogenen Ideen, der daraus möglich werdenden Beweisanfänge und der Konstruktionsmöglichkeiten von hierarchischen und ganzheitlichen Begriffssystemen. Dadurch entsteht eine Grammatik aller Wissenschaften, durch deren Beherrschung die Wissenschaftler die Fähigkeit zu interdisziplinärem Forschen und Arbeiten erwerben.

Das Fach Wissenschaftstheorie sollte darum zum Grundstudium aller Wissenschaften gehören, weil erst dadurch die Fähigkeiten und auch der Wille zu interdisziplinärem Arbeiten herangebildet werden. Denn nach herkömmlicher Wissenschaftsauffassung forschen die allermeisten im wissenschaftlichen Neuland ihrer Disziplinen. Und mit jeder Entdeckung von neuen Forschungsfeldern in der eigenen Disziplin entstehen Unterdisziplinen, so daß sich oft die Kollegen innerhalb einer Disziplin nicht mehr verstehen, weil sie in den Unter- … -unter-Disziplinen bereits so viele neue Termini entwickelt haben, die ihren Kollegen in anderen Unter-Disziplinen nicht mehr bekannt sind. Dadurch stehen wir vor einer wachsenden Divergenz der wissenschaftlichen Disziplinen, auf die der erste Präsident der Kieler Universität, Herr Prof. Dr. Gerhard Fouquet, in seiner Ansprache zur

Amtseinführung am 29. Mai 2008 mit Nachdruck einging, indem er betonte, daß ihn und ebenso viele andere „die Sorge" umtreibe,

> „vor dem endgültigen Auseinanderfallen unserer Wissenschaften, als Wissenschaftler des Eigenen kein Verständnis mehr zu entwickeln für die anderen Wissenschaften, keine gemeinsame Sprache mehr zu haben mit der anderer Wissenschaftler und Wissenschaftlerinnen."

Als eine erste Maßnahme zur Begegnung dieser Sorge ist im WS 2008/2009 die viersemestrige Vorlesung „Theorie der Wissenschaft" an der Kieler Universität für Hörer aller Fakultäten eingerichtet worden, die im darauf folgenden Wintersemester wieder mit dem ersten Teil „Die Systematik der Wissenschaft" den zweiten Zyklus begann[32], darum sei hier als eine der wichtigsten Aufgaben des Faches Wissenschaftstheorie hervorgehoben, daß es sich um die Konzipierung und Einrichtung von Konvergenz erzeugenden Studiengängen zu bemühen hat. Der Sokrates-Universitäts-Verein e.V., der sich darum bemüht, eine staatliche anerkannte Universität von lauter pensionierten Professorinnen und Professoren zu werden, hat bereits in dieser Richtung vorgearbeitet und vier Konvergenz erzeugende Studiengänge vorgeschlagen, die zu folgenden Berufsbezeichnungen führen:

1. *Wirtschaftsphilosoph,*
2. *Wirtschaftstheoretiker und Problemlöser,*
3. *Philosophischer Praktiker,*
4. *Wissenschaftsmathematiker.*

Hier könnte es zu einer fruchtbaren Zusammenarbeit zwischen dem Sokrates-Universitäts-Verein e.V. und der Christian-Albrechts-Universität kommen.

Die Bedingung der Möglichkeit zielgerichteten wissenschaftlichen Forschens ist das Sich-Ereignen von Zusammenhangserlebnissen der Forscher, durch die sie eine Ahnung von möglichen Forschungszielen gewinnen. Die Voraussetzung für das Auftreten von Zusammenhangserlebnissen aber ist eine ungezwungene, freiheitliche Forschungssituation, die für alle Wissenschaften einzufordern ist. Darum hat die Wissenschaftstheorie auch für die Einhaltung dieses Wissenschaftsethos Sorge zu tragen, daß jeder Wissenschaftler frei in seinem Forschungsbemühen ist, und nicht zu befürchten hat, daß er gar seine Stellung verliert, wenn er auf seinem Forschungsweg zu Forschungsergebnissen kommt, die irgendwelchen gesellschaftlichen Einrichtungen nicht in den Kram passen.

---

32   Im SS 2011 wird dann der 2. Teil „Das Werden der Wissenschaft", im WS 2011/2012 der 3. Teil „Kritik der normativen Wissenschaftstheorien" und im SS 2012 der 4. Teil „Kritik der Wissenschaften hinsichtlich ihrer Verantwortung für das menschliche Gemeinwesen" folgen.

3.3.1.4 Das Fach Mathematik

Schon Immanuel Kant hat sich um die allgemeine Bestimmung des Faches Mathematik verdient gemacht, indem er der Mathematik die Aufgabe zugewiesen hat, reine begriffliche Konstruktionen zu erarbeiten, die von den Einzelwissenschaften für die Systematisierung ihrer Begriffe und Begriffssysteme verwendet werden können. Dazu zählt z. B. eine Systematik des Aufstellens von Axiomensystemen. Axiomensysteme sind schon von griechischen Philosophen wie etwa Hesiod, Thales von Milet, Empedokles, Platon, Aristoteles oder schließlich Euklides in vielfältigen Hinsichten erdacht worden. Und die Mathematiker haben inzwischen eine große Fülle von Axiomensystemen hinzugefügt. Aber bislang gibt es noch keine systematische Ordnung der vorhandenen und der möglichen Axiomensysteme. Dies scheint daran zu liegen, daß Gottlob Frege für das Axiomensystem der euklidischen Geometrie herausgefunden hat, daß die undefinierten Grundbegriffe der Axiome semantisch durch Zirkeldefinitionen miteinander verbunden sind, und dies bedeutet, daß begriffssystematisch gesehen die Axiomensysteme spezielle ganzheitliche Begriffssystem sind, für deren mathematische Darstellung von den Mathematikern noch kein Verfahren angegeben werden konnte, so daß sie auch nicht in der Lage sind, über die Gesamtheit der möglichen Axiomensysteme irgend eine Aussage zu machen.

Nach Kant bemisst sich der Grad der Wissenschaftlichkeit einer Naturlehre an ihrer Mathematisierbarkeit, was durchaus in der von den Griechen induzierten mittelalterlichen und neuzeitlichen Tradition des more geometrico steht[33], so daß Spinoza sogar versuchte, seine Ethik more geometrico zu axiomatisieren. Heute haben wir das Aufgabengebiet der Mathematik auf die Bereitstellung widerspruchsfreier Begriffskonstruktionen für sämtliche Wissenschaften auszudehnen. Dabei ist die Mathematik freilich nicht mehr wie herkömmlich an irgendeine Form von Arithmetisierbarkeit gebunden, wie es lange Zeit noch von der Geometrie gefordert wurde aber ursprünglich gar nicht intendiert war. Derartige Begriffssysteme sind z.B. für die Pflanzen- und Tierwelt schon von Carl von Linné (1707–1778) entworfen worden oder für die chemischen Elemente von Dmitri Iwanowitsch Mendelejew (1834–1907) und unabhängig von ihm von Lothar Meyer (1830–1895). Sie haben dies aufgrund ihrer biologischen bzw. chemischen Kenntnisse getan. Nach Kants und den modernen Vorstellungen von Mathematik, sollten sich die Mathematiker um derartige generelle begrifflichen Systematisierungsmöglichkeiten bemühen, wie sie etwa auch dringend für die Lösung der vielfältigen Nomenklaturprobleme in nahezu allen Wissenschaften benötigt werden.

Tatsächlich ist die Mathematik die reinste Geisteswissenschaft, die wir kennen. Sie sollte sich darum auch den vielen anderen Geisteswissenschaften anbieten, um ihnen behilf-

---

33 Euklids Axiome der Geometrie der Ebene und deren Ableitungen galten als das einleuchtendste Beispiel für einwandfreies Argumentieren, das von direkt einsehbaren Grundsätzen, den Axiomen, ausging. Und deshalb wollte man schon im Mittelalter möglichst alle Gedankengebäude nach Art der Geometrie (more geometrico) aufbauen, um damit eine vergleichbare argumentative Sicherheit, wie die in der Euklidischen Geometrie, zu erreichen.

lich in der Aufstellung von eindeutig bestimmten Begriffssystemen zu sein. Damit würde auch der Mathematik eine Konvergenz erzeugende Aufgabe zufallen. Die Mathematiker betätigen vor allem ihre *begriffliche* Denkfähigkeit, obwohl sie mit ihren Begriffskonstruktionen auch begriffliche *Gegenstandsbereiche* schaffen, für deren Gegenstände sogar Existenzbeweise geführt werden können, d.h. im Bereich der von ihnen erschaffenen mathematischen Gegenstände denken sie auch existentiell. Grundsätzlich aber liefern sie für jede Wissenschaft die Möglichkeit, eine theoretische Wissenschaft auszubilden. Dies ist bislang weitgehend nur für die Physik und für die Chemie als spezieller Zweig der Physik so betrachtet worden. Später gesellte sich dazu die theoretische Volkswirtschaftslehre und inzwischen gibt es auch zaghafte Ansätze zu einer theoretischen Biologie und Medizin. Der aus Kiel stammende Dietrich Dörner hat inzwischen sogar einen Lehrstuhl für theoretische Psychologie in Bamberg, schließlich hat er in Kiel sogar die Welturaufführung einer künstlichen Seele vorgeführt.

In der hier dargestellten Wissenschaftskonzeption sollte es von jeder Wissenschaft auch eine theoretische Abteilung geben, für die die theoretischen Begriffssysteme von den Mathematikern geliefert werden. Denn alle Menschen und mithin auch alle Wissenschaftler besitzen ein begriffliches und ein existentielles Denkvermögen, warum es auch für die wissenschafts-theoretischen Kategorien, die grundlegenden Festsetzungen einer Wissenschaft, sechs begriffliche und sechs existentielle Festsetzungen gibt. Jede Wissenschaft besitzt darum einen theoretischen und einen anwendenden Teil, und das gilt sogar auch für die Mathematik.

3.3.2 Die Religiologische Fakultät

Der Terminus ‚Religiologie' ist von seiner sprachlichen Zusammensetzung her bewußt aus einem lateinischen (religio) und einem griechischen Term (logos) hervorgegangen; denn neuere Forschungen haben in durchaus überraschender Weise erwiesen, daß der Religionsbegriff bereits bei den Vorsokratikern entstanden ist, wenngleich er nicht als solcher bezeichnet wurde.[34] Durch seine hervorragenden Kenntnisse der griechischen Philosophie hat erst Cicero diesen Zusammenhang entdeckt und als eine besondere Form der Rückbindung bezeichnet. Da die Vorsokratiker als Reaktion auf das allmähliche Verfallen des mythischen Götterglaubens die Vernunft entwickelt haben, läßt sich deutlich beobachten, daß mit dem Erschließen neuer Lebensbereiche für die Vernunft sich neue, bisher unbekannte Möglichkeitsräume der Lebensgestaltung auftaten. Von diesen neuen Möglichkeiten aber war nicht bekannt, ob sie sich als lebensfreundlich oder lebensfeind-

---

34 Vgl. etwa W. Deppert, *Einführung in die Philosophie der Vorsokratiker. Die Entwicklung des Bewußtseins vom mythischen zum begrifflichen Denken,* Vorlesungsmanuskript, Kiel 1999 oder ders. Relativität und Sicherheit. Abgedruckt in: Rahnfeld, Michael (Hg.): *Gibt es sicheres Wissen? Bd. V* der Reihe *Grundlagenprobleme unserer Zeit.* Leipzig: Leipziger Universitätsverlag 2006, ISBN 3–86583-128–1, ISSN 1619–3490, S. 90–188.

lich erweisen würden. Darum mußte, um die Verwendung neuer Möglichkeiten in der Lebensgestaltung verantworten zu können, an etwa Sicheres zurückgebunden werden, was nicht selten, wie etwa bei den Pythagoreern oder auch bei Parmenides, noch mythisches Glaubensgut war. Bei den milesischen Naturphilosophen waren dies allerdings gar keine persönlichen Gottesvorstellungen mehr, so daß die erstaunliche Feststellung zu treffen ist, daß der ursprünglich in Griechenland entstandene Religionsbegriff kein theistischer war, der notwendig an eine persönliche Gottesvorstellung gebunden gewesen wäre.

Religiologie ist also die Lehre von der Rückbindung an letzte, sichere und damit zugleich auch sinnstiftende Überzeugungen, die der Mensch in sich vorfinden kann, und *Religiosität* ist die Fähigkeit des Menschen, Sinnfragen zu stellen und zu beantworten, sei es nun direkt durch eigene Überzeugungen oder indirekt durch die Einsicht, sich jemandem anschließen zu müssen, von dem man überzeugt ist, daß dieser die Sinnfragen beantworten kann. Alle diese Überzeugungen lassen sich prinzipiell nicht begründen oder beweisen, sie sind auch dadurch von ihrem antiken Ursprungsverständnis her als *religiöse Aussagen* zu klassifizieren; denn sie sichern die innere Existenz des Menschen.

Die Religiologische Fakultät hat mithin die generelle Aufgabe, die besonderen Bedingungen zur Erhaltung der inneren Existenz der einzelnen Menschen und der inneren Existenz von kulturellen Lebewesen jeglicher Art zu erforschen. Insbesondere hat sie die Begrifflichkeiten zu schaffen, mit deren Hilfe die Menschen und insbesondere die Wissenschaftler in der Lage sind, ihre eigenen sinnstiftenden Überzeugungen aufzufinden oder fremde Überzeugungen daraufhin zu prüfen, ob sie es vor sich selbst verantworten können, sich diese zu eigen zu machen.

An dieser Stelle wird besonders deutlich, daß die Wissenschaft, erst entstehen und fortschreiten konnte, als die Menschen in ihrer Bewußtseinsentwicklung soweit waren, daß sie keine oder nur noch wenig Unterwürfigkeitsbewußtseinsformen in sich vorfanden, welche sie dazu verpflichteten, das Weltverständnis ihrer religiösen oder politischen Herrscher fraglos zu übernehmen. Leider lief diese Entwicklung der Bewußtseinsformen gar nicht friedlich ab. Diejenigen Menschen, die sich ihrer eigenen inneren Wahrhaftigkeit mehr verpflichtet fühlten als dem Glaubensgehorsam gegenüber ihren kirchlichen Oberhäuptern, hat man allzu oft als Ketzer verbrannt, geköpft oder auf andere grausame Weise umgebracht. So hielten es die kirchlichen Oberhäupter für richtig, Giordano Bruno, der mit seiner unitarischen Glaubensüberzeugung, daß die ganze Welt von dem einen gleichen göttlichen Atem durchdrungen sei, im Jahr 1600 auf dem Marktplatz zu Rom öffentlich am lebendigen Leibe zu verbrennen. Erst durch Giordano Brunos religiöse Überzeugung, daß es nur die eine Welt gibt, welche überall von dem gleichen Puls des Göttlichen durchdrungen ist, wurde die bis dahin religiös-dogmatisch geltende Trennung von dem heiligen Bereich oberhalb des Mondes, der *translunaren Sphäre*, und dem profanen Bereich unterhalb des Mondes auf der Erde, der *sublunaren Sphäre*, in welcher der *status corruptionis* herrsche, in dem darum alles „drunter und drüber" ging, aufgehoben. Die Konsequenz dieser dogmatischen Weltaufteilung war für die Physik, daß der Ablauf der Zeit nur durch die Beobachtung des Wechsels der Sonnen- oder der Sternpositionen in Form der sogenannten Sonnen- oder Sternenzeit bestimmbar war, irdische Vorgänge durften zur Messung von zeitlichen Abläufen nicht benutzt werden, weil sich die dazu benutzbaren Vorgänge im unheiligen Bereich der sublunaren Sphäre ereigneten. Darum hat Giordano Bruno der modernen messenden Physik den Weg bereitet, den Galileo Galilei noch in seinem Gefängnis zu beschreiten begonnen hat; denn er konnte als Gefangener die Schriften des Giordano Bruno studieren und aufgrund Brunos Aufhebung der Teilung der Welt in den translunaren und den sublunaren Bereich der britischen Admiralität vorschlagen, Pendeluhren zur genauen Ortsbestimmung auf See zu benutzen, wenn die Sonne nicht schien oder die Sterne nicht zu sehen waren. Darum haben wir es den Schriften Giordano Brunos, die glücklicherweise nicht mitverbrannt wurden, zu verdanken, daß zu Beginn des 17. Jahrhunderts die messende neuzeitliche Physik entstand und daß damit der Siegeszug der empirischen Wissenschaften überhaupt erst begann.

Damit erweist sich, daß die *neue Wissenschaft der Bewußtseinsgenetik*, durch welche die Abfolge der menschlichen Bewußtseinsformen bestimmt werden, wesentlich in die Religiologische Fakultät zu integrieren ist, weil erst durch sie beschrieben werden kann, wie in den Menschen die Vorstellungen heranwachsen, durch die sie ihr eigenes Leben und das Leben der kulturellen Lebewesen bewußt sinnvoll gestalten können. Mit der Einbeziehung der Bewußtseinsgenetik in die religiologische Fakultät wächst ihr die Behandlung einer Problematik zu, die bislang von der Theologie auf dogmatische Weise gelöst worden wäre. Denn die Bewußtseinsgenetik versucht ja die Entwicklung der menschlichen Bewußtseinsformen zu erforschen. Wo aber sind diese Bewußtseinsformen aufzusuchen, wenn sie noch nicht realisiert sind? Auf diese Frage können wir inzwischen antworten, daß die möglichen Gehirnzustände, und um solche handelt es sich bei den noch nicht realisierten Bewußtseinsformen, in der inneren Wirklichkeit der Systeme enthalten sind, welche wir als die menschlichen Gehirne bezeichnen. Nun sind aber die möglichen Formen nicht beobachtbar, weil sie ja noch nicht der sinnlich wahrnehmbaren Welt angehören. Diese Formen können offenbar nur gedacht werden, aber wer tut das? Die wissenschaftlichen Forscher der Bewußtseinsgenetik? Das können wir gewiß nicht annehmen; denn wenn sie diese Formen schon denken könnten, dann bräuchten sie nicht mehr nach ihnen zu forschen; denn dann wären sie ja bereits in ihrem Denkvermögen enthalten.

Wer oder was denkt die möglichen Zustände unserer Gehirne oder noch allgemeiner gefragt: „Wer oder was denkt die möglichen Zustände der Systeme, die es in der wirklichen Welt in Hülle und Fülle gibt?" Diese Frage treibt mich schon seit geraumer Zeit um, so daß ich dazu sogar einen kleinen Essay geschrieben habe und von welchem ich mir erlaube, ihn hier als Anhang 5 „*Vom Möglichen und etwas mehr*" beizufügen. Das Ergebnis sei hier so zusammengefaßt, daß schon Giordano Bruno mit seiner Idee vom alles durchdringenden Göttlichen, das alles mit einem göttlichen Puls versieht, so daß auch im irdischen Bereich die Zeit korrekt gemessen werden kann, bereits etwas ***Zusammenhangstiftendes*** – wie ich es gern profan bezeichne – geschaffen hat, welches durch seine Zusammenhangstiftung alles durchdenkt, weil denken ja nichts anderes ist, als Zusammenhänge zu schaffen, und das Hervorbringende von Zusammenhängen ist etwas Geistiges, das im Göttlichen als dem Zusammenhangstiftenden mit enthalten ist.

Wem dies zweifelhaft erscheinen sollte, weil man doch die Zusammenhänge, wie etwa nur den Zusammenhang eines Bindfadens in der Außenwelt beobachten kann, dem sei gesagt, daß in dieser Beobachtung in keiner Weise ein Hinweis darüber enthalten ist, wie und wodurch dieser Zusammenhang zustande kommt. Da bleibt stets nur der Hinweis auf die Naturgesetze, denen die materiellen Stoffe in ihrem Verhalten unterliegen, und wodurch die Zusammenhänge in der Welt zustandekommen und auch wieder vergehen. Aber die Naturgesetze lassen sich selbst nicht beobachten, sie sind lediglich ein Konstrukt unseres Geistes, durch welches wir das Weltgeschehen versuchen zu erklären. Auch sie lassen sich lediglich als eine bestimmte Weise des Zusammenhangstiftenden, das wir hier auch als *das Göttliche* bezeichnen, verstehen. Auch Descartes spricht in seiner 6. Meditation von einer denkenden Substanz, die er als *res cogitans* bezeichnet, welche er der nicht denkenden aber ausgedehnten Substanz, der *res extensa*, gegenüberstellt. Er braucht aber noch ein allervollkommenstes Wesen, einen Gott, der diesen beiden Substanzen stets aufs Innigste zusammenfügt, was bei Giordano Bruno bereits in seinem Begriff des Göttlichen geschieht. Wichtig ist hier nur, daß es in der Philosophiegeschichte schon mehrfach gedacht wurde, daß das Denken nicht an etwas Personhaftes gebunden werden muß, so daß wir uns heute durchaus vorstellen können, daß die inneren Wirklichkeiten der unübersehbare vielen Systeme unseres Universums im Göttlichen gedacht werden, da es ja das Zusammenhangstiftende schlechthin ist.

Da auch Einigkeit darüber besteht, daß Wissenschaft jedenfalls ein begründendes Unternehmen ist, so daß jeder Wissenschaftler seine Aussagen zu begründen hat, ist die notwendige Konsequenz aus diesem Wissenschaftsverständnis, daß jede Wissenschaft Begründungsendpunkte oder Argumentationsanfänge (Beweisanfänge) benötigt, um ihrem eigenen Wissenschaftsverständnis gerecht werden zu können. Diese Argumentationsanfänge oder Begründungsendpunkte aber sind grundsätzlich nicht beweisbar oder begründbar, sie haben darum lediglich Überzeugungscharakter und offenbaren damit ihre unhintergehbare religiöse Natur, die freilich auch von den jeweils erreichten Bewußtseinsformen abhängig sind.

Damit hat sich die ***religiologische Fakultät mit den Bedingungen der Möglichkeit von Erfahrung überhaupt und insbesondere mit den Bedingungen der Möglichkeit wissenschaftlicher Erfahrung zu beschäftigen***, was von Kant als ***Metaphysik*** bezeichnet wurde. Diese Zusammenhänge sind heute ungewohnt zu denken. Im Mittelalter aber, für das wir doch anzunehmen haben, daß die christlichen Überzeugungen von der grundsätzlichen göttlichen Außensteuerung des Menschen allgemein verbreitetes Glaubensgut war, ist es ganz selbstverständlich gewesen, daß der Theologie die Priorität zukam und der Philosophie lediglich die Aufgabe zufiel, die Überzeugungskraft des christlichen Glaubens zu bestärken, so daß die *Philosophie als Magd der Theologie* angesehen wurde. Diese Abhängigkeitsform hatte im Mittelalter nach heutiger systematischer Analyse durchaus seine Berechtigung. Nach dem Aufkommen der durch den Orientierungsweg der griechischen Antike initiierten Aufklärung aber, durch die wir der Meinung sind, daß jedem Menschen die Möglichkeit und das Recht zur Selbstbestimmung zukommt, haben sich die eindeutigen Verhältnisse des Mittelalters nahezu umgekehrt, obwohl die grundlegende Bedeutung

der heute erforderlich gewordenen religiologischen Fakultäten beinahe als ein mittelalterliches Relikt der damaligen Bedeutung der Theologie zu deuten ist, nur mit dem Unterschied, daß die Konzeption der Religiologie nun umgekehrt der Philosophie entstammt.

Es mag sein, daß das mehr und mehr aufkommende Gerede von einem angeblichen
Scheitern der Aufklärung, der Versuch ist, die mittelalterlichen Positionen der Theologischen Fakultäten zu rechtfertigen. Ein solches Verkennen unserer geistesgeschichtlich
gewordenen Situation verrät allerdings nur allzu deutlich den Versuch, den nicht mehr
aufrechtzuerhaltenden Allgemeingültigkeitsanspruch des Christentums wieder wenigstens plausibel zu machen. Dies wäre aber zugleich der Versuch, die Voraussetzungen
unserer demokratischen Staatsformen zu untergraben. Denn die Voraussetzung aller demokratischen Staatsformen ist die Aufklärung, die Überzeugung, daß alle Menschen die
grundsätzliche Fähigkeit zur Selbstbestimmung haben, was mit dem Begriff der Würde
des Menschen gleichkommt, der konstitutiv für das Rechtssystem der Bundesrepublik
Deutschland ist oder sein sollte.

Das Aufgabengebiet der religiologischen Fakultät reicht also in die Grundlagen aller
Wissenschaften hinein, so wie es bereits angedeutet wurde, da das religionsphilosophische
Problem der Sinnstiftung sogar als das Hauptproblem der Philosophie dargestellt wurde.
Darum kommt der religiologischen Fakultät nun die Mission zu, die religionsphilosophischen Positionen für die Wissenschaften fruchtbar zu machen. Sie folgt in der Systematik
der Wissenschaften der Philosophie, womit sich die mittelalterlichen Verhältnisse nun
umgedreht haben, was freilich nicht bedeuten darf, daß sich die religiologische Fakultät
als Magd der Philosophie zu begreifen hat; denn grundsätzlich sind alle Wissenschaften
frei darin, ihre Grundlagen selbst aufzusuchen, was ja zu dem von der Wissenschaftstheorie zu propagierenden wissenschaftlichen Ethos gehört.

In der hier zu entwerfenden Systematik der Wissenschaften gibt es grundsätzlich keine
Obrigkeitsstrukturen, sondern nur Strukturen der Gegenseitigkeit mit gegenseitigen Hil-
feleistungen und Handreichungen, die sich aus einer Arbeitsteilung zur Bewältigung der
Problemstellungen der Wissenschaft als einem Ganzem ergeben.

Die Religiologische Fakultät hat sich insbesondere um die Erforschung aller historisch
bestandenen und historisch gewordenen Sinnstiftungssysteme in der ganzen Menschheitsgeschichte zu bemühen und ganz besonders um die Vorstellungen der heutigen Menschen,
durch die sie meinen, Sinn in ihr Leben tragen zu können. Weltweit spielen dabei noch immer die althergebrachten religiösen Konfessionen eine erhebliche Rolle. Aufgrund einer zum
Teil historisch gewachsenen Feindschaft gerade auch zwischen den sogenannten Offenbarungsreligionen, gibt es immer wieder kriegerische Auseinandersetzungen, die im Zeitalter
der Atombomben die Menschheit als Ganzes bedrohen. Es ist darum eine der wichtigsten
Aufgaben der Religiologischen Fakultäten, Wege aufzuzeigen auf denen sich die Religionsgemeinschaften auf der Erde miteinander versöhnen können. Denn tatsächlich geht von
der Feindschaft zwischen den Menschen eine der größten Gefahren für den Bestand der
Menschheit aus. Es ist darum herauszuarbeiten, daß die größtmögliche Sinnstiftung für alle
Menschen auf dem Weg der Versöhnung liegt, wobei es nicht nur um die Versöhnung zwischen den Menschen geht, sondern ebenso um die Versöhnung von Mensch und Natur.

Weil der Religiosität eine fundamentale Rolle für die Sicherung der inneren Existenz der Menschen zukommt, sollte an allen öffentlichen Schulen ein Religionsunterricht für alle Schülerinnen und Schüler erteilt werden, in dem für die jungen Menschen Wege aufgezeigt werden, wie sie ihre Sinnfragen behandeln und auf welchen Wegen sie Antworten auf sie finden können. In Verbindung damit sollen alle Schülerinnen und Schüler von den Forschungsergebnissen der religiologischen Fakultät über die „historisch gewordenen Sinnstiftungssysteme in der ganzen Menschheitsgeschichte", die wir von alters her als Religionen bezeichnen, unterrichtet werden und ganz besonders über „die Vorstellungen der heutigen Menschen, durch die sie meinen, Sinn in ihr Leben tragen zu können". Die Ausbildung der Lehrer für einen solchen Religionsunterricht, in dem besonders die religiösen Versöhnungsmöglichkeiten der vielen historisch gewachsenen Religionsgruppen gelehrt und diskutiert werden, ist wesentliche Aufgabe der *Religiologischen Fakultät*.

Abschließend mag zusammenfassend betont sein, daß die religiologische Fakultät nach dem hier beschriebenen Aufgabenbereich formal wieder die entsprechende hervorragende Rolle zufällt, welche die Theologie vor den Absolutheitsansprüchen der Offenbarungsreligionen gehabt hat. Dies kann auch als eine späte formale Rechtfertigung der vorherrschenden Bedeutung der Theologie verstanden werden, welche sie bis tief ins Mittelalter hinein gehabt hat.

3.3.3 Die Kommunikationswissenschaftliche Fakultät

Eines der wichtigsten Möglichkeiten zur Sicherung der inneren und äußeren Existenz der Menschen und ihrer Gemeinschaftsformen ist das gegenseitige Verständigen und Verstehen durch die Sprache, die erst die Möglichkeit schafft, Vereinbarungen über sinnhaftes Verhalten und über gemeinsame sinnvolle Ziele miteinander zu treffen. Die grundsätzlichen Möglichkeiten, Gedanken und begleitende Gefühle von einem Gehirn auf ein anderes zu übertragen, werden heute zusammenfassend als Kommunikation bezeichnet. Es hat sich in der Menschheitsgeschichte eine große Fülle von Kommunikationsmöglichkeiten herausgebildet. Dabei sind die Kommunikationsinhalte von den Kommunikationsmitteln zu unterscheiden. Grundsätzlich lassen sich über alle Sinnesorgane bestimmte Kommunikationsinhalte vermitteln, und darum sind auch Zusammenhangserlebnisse über alle Sinneskanäle möglich. Die über die verschiedenen Sinne vermittelten Kommunikationsinhalte können sehr unterschiedlich sein und sind teilweise auch grundsätzlich nicht durch einander ersetzbar, obwohl etwa Rudolf Carnap in seinem empirischen Fortschritts-Optimismus noch die Auffassung vertrat, daß grundsätzlich alle wissenschaftlichen Erkenntnisse intersensual vermittelbar seien. Es ist aber definitiv nicht möglich, ein musikalisches Erlebnis für einen Gehörlosen über die Frequenzanalyse der dabei ausgesendeten Schallwellen reproduzierbar zu machen. Außerdem ist bereits hervorgehoben worden, daß die Musik als abstrakteste Kunst, durch andere Kunst- und Kommunikationsarten nicht ersetzt werden kann.

Die Bedeutung der Musik für die Entwicklung der Denkfähigkeit der Menschen ist lange
Zeit unterschätzt oder überhaupt nicht gesehen worden. Entsprechend ist in der Musiktheorie
lange Zeit die wichtige *musiktheoretische Begriffsbildung* **des musikalischen Gedankens**
gar nicht beachtet worden, was leider bis heute noch weitgehend unterbleibt. Musikalische
Gedanken lassen sich *nur* durch Musik vermitteln, so daß erst durch die Idee der vermittel-
baren musikalischen Gedanken die Musik zu einem sehr bedeutungsvollen Kommunikationsmittel wird, was leider von den öffentlichen Medien nicht beachtet wird, sonst würden
sie nicht so viel Musik ohne musikalische Gedanken über die Sender schicken. Ein wirklich
grausiges Beispiel dafür ist das für große Menschenmassen übertragene *akustische Spekta-
kel* des sogenannten „*european songcontest*". Da läßt sich gar nichts nachsingen, es sei denn
es handelt sich nur um sehr kurzatmige mit Tönen versehene Sprachfetzen, die mit einem
Ton, zwei Tönen oder allerhöchstens drei Tönen kurzatmig geplerrt oder gebrüllt werden
können, ein schönes Singen ist das jedenfalls gar nicht.

Außer den menschlichen Kommunikationen gibt es auch Kommunikationen zwischen
anderen Lebewesen und zwar nicht nur zwischen Tieren der gleichen Art, sondern auch
zwischen Angehörigen verschiedener Tierarten. Selbst zwischen Pflanzen kennen wir
inzwischen Kommunikationsformen und insbesondere zwischen Menschen und nahezu
allen Formen von Lebewesen und dies gilt sogar auch für künstliche Formen von Lebewesen. Es sind demnach kaum zu übersehende Kommunikationsformen und –inhalte in
der *Kommunikationswissenschaftlichen Fakultät* zu erforschen. Dies betrifft nicht nur die
natürlichen, sondern ebenso die kulturellen Lebewesen und außerdem auch den Informa-
tionsaustausch mit technischen informationsverarbeitenden Systemen.

In der Kommunikationswissenschaftlichen Fakultät sind alle bisherigen sprachwissen-
schaftlichen Fächer und alle kunst- und musikwissenschaftlichen Fächer enthalten. Alle
Künste und insbesondere die Musik können nicht nur in einem musealen Sinne betrieben
werden. Denn die historische Entwicklungen aller Kunstformen sind auch zugleich Entwicklungen von Kommunikationsformen, die zu erlernen für jedermann und nicht nur
für die Kinder im Kindergarten von großem Gewinn sein können. Zu diesen Kunstformen gehören auch die darstellenden und die sportlichen Kunstformen aber auch die tak-
tilen Künste, die sich mehr im ost-asiatischen Raum entwickelt haben und sicher auch die
Kunstformen der Küche, des Geschmacks und der Gerüche.

Als ein mehr von der Mathematik herkommendes Fach gehört auch die Informatik zum
Fächerkanon der Kommunikationswissenschaften. Sie ist bereits ein Beispiel dafür, wie
die Mathematik durch theoretische Begriffsbildungen auch in den bislang als Geisteswissenschaften bezeichneten Sprach-, Kunst- und Musikwissenschaften segensreich wirksam
werden kann, die bisher – allerdings mehr aus ideologischen Gründen – jeden Kontakt mit
der Mathematik ablehnten. Allerdings ist sie immerhin für statistische Untersuchungen
etwa von Wortgebräuchen und von Wortverbindungen zur Herkunfts-Identifizierung von
Texten auch schon zu Hilfe gezogen worden und wird es sogar in zunehmendem Maße.
Es ist demnach aufgrund von bereits angewandten mathematischen Methoden auch in den
Fächern der Kommunikationswissenschaftlichen Fakultät möglich, theoretische Fachrichtungen von angewandten Fachrichtungen zu unterscheiden.

3.3.4   Die Historiologische Fakultät

Alles, was sich ereignet, geschieht in einer Gegenwart. Die Gegenwart trennt die Vergangenheit und die Zukunft, in beiden geschieht nichts. Aber die Zukunft kann sich in einer Gegenwart dennoch verändern, während dies nicht für die Vergangenheit gilt, deren Erinnerung, Erklärung und Deutung sich allenfalls wandeln können. Die Zukunft kann sich darum ändern, weil sie sich durch die Möglichkeiten für verschiedenste Systemzustände ereignet, die sich in einfachen Fällen quanten-mechanischer Systeme hinsichtlich ihrer Möglichkeitsgrade sogar berechnen lassen. Wenn nun Systeme in einer Gegenwart zerstört werden, dann können diese Systeme ihre in ihr einstmals angelegten Systemzustände nicht mehr verwirklichen, und dadurch ändert sich die Zukunft. Indem wir mögliche Systemzustände in der Gegenwart ändern, können wir die Zukunft gestalten.

Um das, was in der Zukunft geschehen wird, auf sinnvolle Weise bewirken zu können, brauchen wir Vorstellungen darüber, welche in der Zukunft zu erreichenden Ziele überhaupt als sinnvoll erscheinen können. Dazu bekommen wir Handreichungen aus der Religiologischen Fakultät. Und auf welche Weise wir Vereinbarungen mit anderen Menschen oder Vereinigungen treffen können, läßt sich bei der Kommunikationswissenschaftlichen Fakultät nachfragen. Mit welchen Mitteln und Methoden wir jedoch Ziele erreichen können und wie sicher damit die Zielerreichungen sind, das können wir nur aus der Vergangenheit lernen; denn grundsätzlich können wir nur aus Ereignissen und deren Verknüpfungen etwas lernen, die schon stattgefunden haben. Dies gilt so nicht für die Zukunft; denn in ihr findet nichts Beobachtbares statt. Aber immerhin ist die Zukunft von den *inneren Wirklichkeiten der Systeme* direkt abhängig. Da aber die inneren Wirklichkeiten der Systeme aus den möglichen Zuständen der Systeme bestehen, so lassen sich in einer Gegenwart gewiß die möglichen Zustände der Systeme verändern und mithin auch ihre möglichen Zukünfte.

Also können wir aus ihr auch nichts über das gezielte und gewollte Eintreten von Ereignissen lernen. Alle empirischen Wissenschaften lernen aus Experimenten und Theorien, die in der Vergangenheit gemacht worden sind. Daß wir dennoch das aus der Vergangenheit Gelernte zu Voraussagen über die Zukunft benutzen, steht auf einem anderen Blatt, das erst später noch aufzuschlagen ist.

Würden wir unter ‚historiologisch' das Lernen aus der Vergangenheit verstehen, dann müßten wir alle Naturwissenschaften auch zu den historiologischen Wissenschaften zählen. Systematisch wäre dies durchaus zu vertreten. Wir wollen aber die Bedeutung des Wortes ‚historiologisch' so einschränken, daß damit der Erkenntnisgewinn über die Abläufe der politischen, kulturellen und geistesgeschichtlichen Entwicklungen der Menschheit und ihrer diversen Untergruppierungen gemeint ist, ohne daß dabei gezielte Experimente über den Verlauf dieser historischen Abläufe intendiert waren.

Die bisherige Geschichtswissenschaft hat sich weitgehend auf die Erforschung der politischen, der Kultur- und der Sozial-Geschichte beschränkt. Hier sind freilich auch die Wissenschafts-, die Kunst-, die Musik-, die Sport-, die Philosophie-, die Religions- und die Sittengeschichte mit in die Historiologische Fakultät aufzunehmen. Dadurch gibt es ausdrücklich gewollte Überschneidungen mit anderen Fakultäten. Diese Überschneidungen gehören zu den Konvergenz erzeugenden Maßnahmen im Wissenschaftsbetrieb, die das Bewußtsein von der Einheit der Wissenschaft und die interdisziplinäre Arbeitsfähigkeit fördern sollen.

3.3.5 Die Fakultät der Wissenschaften der unbelebten Natur

Die historiologischen Wissenschaften führen uns zurück zu den Anfängen der Menschheit. Diese Anfänge lassen sich nicht explizit darstellen, da sie direkt mit der Entstehung des Lebens auf der Erde verbunden sind. Alles, was wir bisher an Wissen über die Erhaltung von Lebewesen angesammelt haben, deutet darauf hin, daß das Leben auf der Erde aus der sogenannten unbelebten Natur entstanden ist. Darum ist es gerade auch von dem gemeinsamen Ziel der Wissenschaften her gesehen unerläßlich, nicht nur möglichst alles Wissen zusammenzutragen und zu erwerben, was für den Erhalt der Menschheit und der Natur wichtig ist, sondern auch die materielle Basis, aus der alles Leben entstanden ist und von der alles Leben abhängig ist, so gründlich wie möglich zu erforschen.

Diesen beiden Forschungszielen haben sich bisher die Wissenschaftler der Physik, der Chemie, der Kristallographie, der Mineralogie, der Geologie, der Geographie, der Ozeanographie, der Meteorologie und der Astrophysik gekümmert. Sie alle haben theoretische und experimentelle bzw. anwendende Wissenschaftszweige ausgebildet, und es ist bislang nicht zu erkennen, daß aus systematischen Gründen bestimmte wichtige Forschungszweige fehlen, zumal sich zwischen den genannten Disziplinen eine große Anzahl von intermediären Fachkombinationen gebildet haben.

Da alle Forschungsmethoden dieser Wissenschaften historische Wurzeln haben, sollte es in der Fakultät der Wissenschaften der unbelebten Natur viele historische Untersuchungen geben, die in Zusammenarbeit mit der Historiologischen Fakultät und insbesondere mit den Wissenschaftshistorikern und den Wissenschaftstheoretikern erfolgen.

3.3.6 Die Fakultät der Wissenschaften der belebten Natur

Auch diese Fakultät läßt sich durchaus aus den herkömmlichen biologischen und mikrobiologischen Fächern zusammensetzen. Es ist aber dabei auf die besonderen Zusammenhänge hinzuweisen, die sich zu den Fächern der *Fakultät der unbelebten Natur* und auch zu den Fächern der *Kommunikationswissenschaftlichen* sowie der *Wirtschaftswissenschaftlichen* Fakultäten ergeben.

Schon sehr früh ist bei der Naturbeobachtung aufgefallen, daß es da Lebewesen gibt, die sich bewegen, ohne von außen angestoßen worden zu sein, d.h., sie müssen ein Bewegungsprinzip in sich selbst besitzen, das von außen nicht beobachtbar ist. Dieses bewegende Prinzip wurde schon bei den Vorsokratikern als Seele bezeichnet, und Aristoteles hat zur genaueren Beschreibung dieses Prinzips ein neues Substantiv erfunden, das der

Entelechie. Mit diesem Wort kennzeichnet Aristoteles den Begriff der Seele als etwas, welches das angestrebte Ziel in sich selbst hat, man übersetzt das Wort ‚*Entelechie*‘ auch gern mit: ‚*das innewohnende Werdeziel*‘. Aristoteles hat mit dieser Begrifflichkeit eine finalistische Naturwissenschaft begründet, in der alle Veränderungen von einem in der Zukunft liegenden Ziel erklärt werden, das es zu erreichen gilt. Wenn wir heute nach dem Grund einer Handlung fragen, dann wird die Begründung immernoch aus der Angabe eines in der Zukunft liegenden Zieles bestehen, das wir durch die Handlung zu erreichen trachten. Dennoch werden in der gesamten Naturwissenschaft nur noch kausale Erklärungen zugelassen, finale Erklärungen gelten als unwissenschaftlich.

Aufgrund der *Uhlenhorster Deutung der Quantenmechanik* ist inzwischen jedoch das Kausalitätsdogma der Naturwissenschaften aufzugeben und eine Versöhnung von Kausalität und Finalität vorzunehmen, da wir in allen Lebewesen eine *innere, nicht beobachtbare Wirklichkeit* anzunehmen haben, die sich als Konsequenz aus dem Pauli-Prinzip ergibt. Dies hat erhebliche Konsequenzen für die Wissenschaften vom Leben. Im Grunde ist es aber auch längst klar, daß die Darwinsche Evolutionstheorie diese Versöhnung voraussetzt, da in ihr den Lebewesen ein Überlebenswille unterschoben werden muß, der sich als Konsequenz der atomaren und molekularen System-Attraktoren sogar mit Notwendigkeit ergibt. Der Überlebenswille aber ist, wie jeder Wille auf die Erreichung von Zielen, die in der Zukunft liegen, ausgerichtet, also final bestimmt, so wie es einst Aristoteles konzipiert hatte.

Diese Zusammenhänge lassen sich für einen sehr allgemeinen Begriff von Lebewesen aufzeigen, der lediglich dadurch bestimmt ist, daß *Lebewesen ein offenes System mit einem Überlebensproblem darstellen, das sie eine Zeit lang lösen können.* Wie bereits beschrieben, müssen diese Lebewesen wenigstens über *fünf minimale Überlebensfunktionen* verfügen, um ihr Überlebensproblem bewältigen zu können. Und diese Definition von Lebewesen gestattet es nun *natürliche von kulturellen Lebewesen zu unterscheiden*, so daß sich dadurch wiederum fruchtbare Überschneidungen zur Kommunikationswissenschaftlichen und insbesondere zur Wirtschaftswissenschaftlichen Fakultät ergeben. Denn für die Überlebensfunktionen haben sich durch die Evolution der natürlichen Lebewesen eine Fülle von Lösungen ergeben, die im einzelnen zu erforschen im Rahmen der *Fakultät der Wissenschaften der belebten Natur* eine große Anzahl von Anregungen für die Problemlösungen in der Wirtschaftswissenschaftlichen und sogar in der Staats- und rechtswissenschaftlichen Fakultät möglich machen; denn in diesen beiden Fakultäten geht es wesentlich um die *Erhaltungsproblematik von kulturellen Lebewesen*.[35]

Aber auch die Kommunikationswissenschaftliche Fakultät kann eine Menge aus den Forschungen der *Fakultät der Wissenschaften der belebten Natur* lernen; denn durch die Theorie des evolutionär entstandenen Bewußtseins[36] lösen die natürlichen Lebewesen eine

---

35   Dazu finden sich viele Beispiele in: Wolfgang Deppert, *Individualistische Wirtschaftsethik (IWE)*, Springer Gabler Verlag, Wiesbaden 2014.

36   Vgl. dazu etwa W. Deppert, Die Evolution des Bewußtseins, in: Volker Mueller (Hg.), *Charles Darwin. Zur Bedeutung des Entwicklungsdenkens für Wissenschaft und Weltanschauung*,

große Fülle von Kommunikationsproblemen innerhalb ihrer Organismen, die allerdings zum größten Teil noch gar nicht erforscht sind. Natürlich ist auch das Umgekehrte der Fall, daß in den Disziplinen der *Fakultät der Wissenschaften der belebten Natur* eine Menge der Problemlösungsansätze benutzt werden können, wie sie etwa in der *Kommunikationswissenschaftlichen Fakultät*, in der Wirtschaftswissenschaftlichen oder gar in der *Staats- und Rechtswissenschaftlichen Fakultät* gebraucht werden. Auch diese interdisziplinäre Zusammenarbeit kann von großem gegenseitigem Nutzen sein.

3.3.7 Die Humanwissenschaftliche Fakultät

Da Menschen als Lebewesen zu begreifen sind, die aus der biologischen Evolution hervorgegangen sind, ist die Humanwissenschaftliche Fakultät genau genommen eine Unterabteilung der Fakultät der Wissenschaften der belebten Natur. Aber man könnte es freilich auch umgekehrt sehen, daß ja alle anderen Fakultäten aufgrund der Bestimmung des Ganzen der Wissenschaft, alle eine bestimmte Funktion wahrnehmen, um das Überleben der Menschheit und ihrer ungezählten Untergliederungen zu sichern, so daß sie alle Fakultäten in einer bestimmten Beziehung zur Humanwissenschaftlichen stehen. Aus dieser Sicht läge die Humanwissenschaftliche Fakultät im Zentrum aller anderen Fakultäten. Grundsätzlich aber ist die ganzheitliche Konstruktion der Gesamtmenge der Wissenschaften hier so vorgenommen worden, daß es für jede der Fakultäten eine Sicht gibt, aus der jeder eine zentrale Bedeutung zukommt.

Die Humanwissenschaftliche Fakultät umfaßt die Wissenschaften, die die Erscheinungsformen der einzelnen Menschen, Menschengruppen und menschlichen Vereinigungen aller Art erforschen und beschreiben und darüber hinaus die Gefahren kennzeichnen und vor ihnen warnen, die für einzelne Menschen und menschliche Gemeinschaften vom Inneren ihrer Erscheinungswelt ausgehen können. Es ist also wichtig, die *innere Existenz*, für deren Sicherung wesentlich die religiologische und die kommunikationswissenschaftliche Fakultät zuständig sind, vom Inneren der Erscheinungswelt eines Lebewesens zu unterscheiden. Wir bezeichnen diese Gefahren im Falle von einzelnen Menschen als körperliche oder auch psychische Erkrankungen. Ebenso aber sind die Humanwissenschaften auch für die Erforschung und Ausübung der Möglichkeiten zuständig, durch die die einzelnen Menschen oder auch deren Gemeinschaften vor derartigen Gefahren geschützt werden können.

Demgemäß gehören zu den Wissenschaften der Humanwissenschaftlichen Fakultät die Anthropologie, die Humanmedizin, die Naturheilkunde und die Wissenschaft der alternativen Heilmethoden, die leider meist nicht genügend in die Humanmedizin integriert sind, die Psychologie, die Pädagogik, die Pflegewissenschaften, die Soziologie, die Volkskunde und Ethnologie aber auch die Sport- und Rehabilitationswissenschaften und außerdem der große wissenschaftliche Bereich der Friedensforschung, der Verteidigungslehren und des

Angelika Lenz Verlag, Neu-Isenburg 2009, S. 85–101.

Katastrophenschutzes. Ganz neu ist im zweiten Band der *Theorie der Wissenschaft* noch die *Wissenschaft der Bewußtseinsgenetik* hinzugekommen, die für das friedliche Zusammenleben der Menschen noch von allergrößter Bedeutung werden wird.

3.3.8 Die Fakultät für Ernährung, Energiebereitstellung und Naturschutz

Bisher gibt es noch keine Fakultät, die sich um die Lebenserhaltungsfunktion der Energiebereitstellung kümmert. Diese Aufgabe ist der 8. Fakultät, der *Fakultät für Ernährung, Energiebereitstellung und Naturschutz* zugedacht, welche an die Stelle der bisherigen *Agrarwissenschaftlichen Fakultät* tritt, womit deren angestammter Aufgabenbereich erheblich erweitert wird. Die für die Sicherung der dauerhaften Existenzfähigkeit der Menschheit äußerst wichtige Forschungsbereich einer naturschonenden Energiebereitstellung ist bisher keiner Fakultät oder auch nur einem spezifischen wissenschaftlichen Fach zugeordnet worden. Darum werden schon seit geraumer Zeit äußerst wichtige politische Entscheidungen zur naturschonenden Lösung der Energiebereitstellungsproblematik unter Berufung auf ein ideologisch eingefärbtes Halbwissen begründet, was schon seit längerer Zeit nicht nur in Deutschland, sondern weltweit Naturschädigungen hervorgebracht hat, von denen noch niemand weiß, ob sie überhaupt wieder behoben werden können. Es ist also dringend erforderlich, für diese Problematik ein eigenes wissenschaftliches Fach zu schaffen.

Außerdem ist auch für den Naturschutz ein eigenes wissenschaftliches Fach zu etablieren, da alle Menschen von der Natur leben. Es muß ein symbiotisches Bewußtsein im Menschen für das Verhältnis von Mensch und Natur entstehen, damit die Menschen begreifen, daß sie nicht ungestraft mehr die Natur ausbeuten können. Dies betrifft insbesondere auch die Energieversorgung der Menschen. Das Milliarden Jahre alte energetische Gleichgewicht zwischen allen natürlichen Nutzern der Sonnenenergie darf nicht extrem zugunsten der Menschen verschoben werden. Außerdem ist der Natur, wenn irgend möglich, wieder Raum und Fläche zurückgegeben, anstatt immer mehr davon zu beanspruchen. Dies sind nur erste Beispiele für das symbiotische Verhalten gegenüber der Natur, das in vielen anderen Hinsichten noch genauer zu erforschen ist.

Die Pflanzen und Tiere von denen und mit denen wir leben, sind ebenso wie die Menschen von Krankheiten und seelischen Störungen bedroht. D.h. die Tiermedizin gehört ebenso wie ein neu zu schaffendes wissenschaftliches Fach der *Pflanzen- und Symbiose-Medizin* zu der *Fakultät für Ernährung, Energiebereitstellung und Naturschutz*. Außerdem sollten die Erkenntnisprobleme der Gesunderhaltung von kleineren und größeren Öko-Systemen wissenschaftlich bearbeitet werden.

Die wichtigste Aufgabe der *Fakultät für Ernährung, Energiebereitstellung und Naturschutz* aber ist die Erforschung und Sicherstellung der Möglichkeiten zur gesunden Ernährung der Menschen und Tiere, mit denen die Menschen umgehen. Dies ist die elementarste Energiebereitstellung, durch die das tägliche Überleben von Menschen, Tieren und auch

Pflanzen mit Hilfe der Forschungen der *Fakultät für Ernährung, Energiebereitstellung und Naturschutz* abzusichern ist.

3.3.9   Die Technische Fakultät

Damit die bereits aufgezählten Fakultäten überhaupt arbeiten können, ist ein Menge an Gegenständen, Stoffen, Maschinen und überhaupt eine Fülle von Geräten, Werkzeugen und Transportmitteln herzustellen. Die Technische Fakultät ist die Fakultät des Herstellens, so wie sie dies bisher auch getan hat. Auch sie ist eine Fakultät, die „quer" zu allen anderen Fakultäten liegt, da ihre Erzeugnisse von allen anderen gebraucht werden. Die allergrößte Aufgabe der Technischen Fakultät ist, die Versorgung der Menschen mit den aufgrund der Erkenntnisse der *Fakultät für Ernährung, Energiebereitstellung und Naturschutz* erzeugten täglichen Gebrauchsgütern durch die Herstellung der dazu nötigen Verkehrs- und Kommunikationsmittel sicherzustellen.

   Da unsere Sinnesorgane nicht fein genug sind, um all die möglichen Gefahren wahrzunehmen, die auf die Menschen und die Natur zukommen können, ist es eine wichtige Aufgabe der Technischen Fakultät, Wahrnehmungsgeräte für alle mikro- und makrophysikalischen Ereignisse zu entwickeln, damit aus diesen für den Menschen wahrnehmbar gemachten Ereignissen mögliche Gefahren erkannt werden können.

   Da das Wissen über unsere Welt immer weiter anwächst, sind für diese wachsende Wissensfülle Speicherungs- und Wiederzugriffsmöglichkeiten zu schaffen, damit dieses Wissen auch in fernen zukünftigen Zeiten noch verwendbar ist. Besonders ist in dieser Hinsicht eine intensive Zusammenarbeit der Technischen Fakultät mit der Kommunikationswissenschaftlichen Fakultät und der Historiologischen Fakultät wünschenswert.

3.3.10   Die Wirtschaftswissenschaftliche Fakultät

Die Wirtschaftswissenschaftliche Fakultät hat und hatte die Aufgabe, dafür zu sorgen, daß die hergestellten Produkte bis hin zum Verbraucher gelangen. Problematisch ist dabei das Verteilungsproblem, daß wenigstens die lebenswichtigen Produkte für das tägliche Überleben auch bis zum entferntesten Endverbraucher gelangen. Da alle diese Waren einen Wert besitzen, wird der Erzeuger bzw. der Warenvermittler, der Händler, diese Waren nur abgeben, wenn er einen Gegenwert dafür erhält. Und dafür wurde als Gegenwertvermittler das Geld erfunden. Geld muß also mit einer Garantie dafür verbunden sein, daß das Geld ein Wertäquivalent besitzt; denn Geld *ist* selbst kein Wert, sondern *hat* nur einen Wert, schließlich kann man Geld nicht essen oder trinken. Man kann aber für Geld etwas bekommen, das ein Wert *ist*.

   An dieser Stelle sind die bisherigen Wirtschaftswissenschaften in einem Dilemma, weil sie keinen Begriff von einem Wert entwickelt, und weil sie sich schon zu Beginn des 20. Jahrhunderts von der Philosophie abgekoppelt haben, konnten sie auch nicht bei den

Philosophen nachgefragen, was denn unter einem Wert zu verstehen ist. Um dieses Dilemma gar nicht erst aufkommen zu lassen, ist hier schon im Abschnitt 2.5.1 ausgeführt, was hier unter dem Wertbegriff verstanden werden soll:

*Ein **Wert** ist etwas, von dem behauptet wird, daß es in bestimmter Weise und in einem bestimmten Grad zur äußeren oder inneren Existenzerhaltung eines Lebewesens beiträgt.*

Und dabei zeigte sich, daß ein Wert eine wenigstens fünfstellige Relation darstellt. Erst dann, wenn der Wertbegriff eindeutig bestimmt ist, läßt sich auch der Begriff des Geldes eindeutig definieren und von Falschgeld unterscheiden. An dieser Stelle sind die Wirtschaftswissenschaften vor allem in ihrer Ausbildungsfunktion von Managern und Bankiers zu kritisieren, was aber dem Kapitel 4 vorbehalten bleibt.

Hier geht es nur um die Struktur der Wirtschaftswissenschaftlichen Fakultät, die zu erfüllen ist, um ihre Funktion im Ganzen der Wissenschaft wahrnehmen zu können. Und diese Funktion ist wesentlich durch die Maßnahmebereitstellungsfunktion gegeben, die jedes Lebewesen besitzen muß, um erkannte Gefahren abwehren zu können oder auch Schutzvorrichtungen zu entwickeln, durch die bestimmte Gefahren für das Lebewesen erst gar nicht aufkommen können. Die Sachlage ist für die Wirtschaftswissenschaftliche Fakultät sehr komplex und kompliziert, weil es um eine Fülle von miteinander verwobenen kulturellen Lebewesen geht, in deren Zentrum die einzelnen Menschen als kulturelle und natürliche Lebewesen zusammen mit den Lebewesen der Natur stehen, von der wir umgeben sind.

Die Wirtschaftswissenschaftliche Fakultät hat nun die Aufgabe, die Maßnahmen zu erforschen und für deren Verwirklichung zu sorgen, durch die die Verbrauchsgüter und Produktionsmittel, die mit Hilfe der *Fakultät für Ernährung, Energiebereitstellung und Naturschutz* sowie der technischen Fakultät hergestellt worden sind, so zu verteilen, daß sie überall dort, wo sie benötigt werden, ebenso zur Verfügung stehen, wie auch die Gegenwertvermittlungen, durch die die Übernahme dieser Güter vom Verbraucher oder Weiterverwerter möglich wird.

Die einfachste und sicherste Struktur dazu liefert zweifellos das Marktgeschehen durch den Austausch der Waren zwischen Anbietern und Nachfragern. Aber aufgrund der großen Komplexität und Vielgestaltigkeit der beteiligten Lebewesen muß es auch eine Fülle von verschiedenen Märkten geben, die zu definieren und die Möglichkeiten ihrer Erstellung zu studieren und zu realisieren sind. Dazu sind Regelungen der Zugangsberechtigungen und -verpflichtungen zu den Märkten erforderlich. Und da nicht alle Menschen die gleichen Möglichkeiten besitzen, an für sie lebenswichtigen Märkten teilzunehmen, gehören auch die sogenannten Sozialwissenschaften zur *Wirtschaftswissenschaftlichen Fakultät*. In ihnen sind Möglichkeiten darüber zu erforschen, wie es gelingen kann, dort Hilfeleistungen zu erbringen, wo die Möglichkeiten zur lebenswichtigen Marktteilnahme aus welchen Gründen auch immer nicht gegeben sind.

Es ist eine Fülle von Regeln nötig, die das Marktgeschehen und das Sozialverhalten auf den verschiedensten Märkten so organisieren, daß möglichst alle Marktteilnehmer, die Anbieter und die Nachfrager, einen Nutzen von ihrer Teilnahme am Markt haben. Diese Regeln werden im Idealfall durch die Befolgung einer *Wirtschafts- und Unternehmensethik* erfüllt[37]. Sie sind von dem Fach Philosophie aus der Grundlagenfakultät zu erarbeiten, womit sich eine weitere notwendige Zusammenarbeit zwischen den Wirtschaftswissenschaften und der Philosophie auftut. Da nicht immer das Vorliegen und das Befolgen einer Wirtschafts- und Unternehmensethik vorausgesetzt werden kann, bedarf es gesetzlicher Regelungen, die von der 11. Fakultät, der *Staats- und Rechtswissenschaftlichen Fakultät* in Zusammenarbeit mit der *Wirtschaftswissenschaftlichen Fakultät* zu erarbeiten sind.

3.3.11 Die Staats- und Rechtswissenschaftliche Fakultät

Die Staats- und Rechtswissenschaft galt in der griechischen Antike als die königliche Wissenschaft, die etwa von Platon durch seinen sogenannten Philosophen-Königssatz begründet wurde, wonach nur die Philosophen durch ihre Weisheitsliebe und insbesondere durch ihre Ideenschau allein über die verläßlichen Kenntnisse verfügten, die zur Konstitution und Lenkung eines Staates nötig sind.[38] Gewiß ist es heute wohl kaum noch vernünftig, der Platonischen Ideenlehre anzuhängen, und auch hat sich sein Philosophenkönigssatz etwa bei dem römischen Kaiser Nero, der von dem Philosophen Seneca sogar unterrichtet wurde, in verheerender Weise ausgewirkt. Marc Aurel war da leider nur eine durchaus rühmliche Ausnahme. Dennoch aber bleibt die Staats- und Rechtsphilosophie eine der wichtigsten Aufgaben der Philosophie. Denn sicher geht es bei der Staatslenkung und bei der Gesetzgebung stets um ein Ganzes des menschlichen Zusammenlebens, das es zu erhalten gilt. Und schon den Begriff des Ganzen menschlicher Lebensformen und die Frage nach gerechten Gesetzen zu klären, ist auch heute noch Aufgabe der Philosophen, warum eine intensive Verbindung zwischen der Staats- und Rechtswissenschaftlichen Fakultät und dem Fach Philosophie geboten ist.

---

37 Vgl. etwa W. Deppert, „Individualistische Wirtschaftsethik", in: W. Deppert, D. Mielke, W. *Theobald: Mensch und Wirtschaft*. Interdisziplinäre Beiträge zur Wirtschafts- und Unternehmensethik, Leipziger Universitätsverlag, Leipzig 2001, S. 131–196 oder ders. „Weltwirtschaft und Ethik: Versuch einer liberalen Ethik des Weltmarktes, Visionen für die Weltordnung der Zukunft", in : Janke J. Dittmer, Edward D. Renger (Hrsg.), Globalisierung – Herausforderung für die Welt von morgen, Unicum Edition, Unicum Verlag, Bochum 1999, ISBN 3–9802688-9–6, S. 65–101 aber auch Wolfgang Deppert, *Individualistische Wirtschaftsethik (IWE)*, Springer Gabler Verlag, Wiesbaden 2014.

38 Vgl. dazu Platons *Politeia* (Der Staat) Buch VI, irgendeine Ausgabe oder vgl. Xenophon, *Erinnerungen an Sokrates*, viertes Buch (11) übers. Von Rudolf Preiswerk, Philipp Reclam Jun. Stuttgart 1992, S. 117, Sokrates spricht mit dem Jüngling Euthydemos, der Staatsmann werden will: „Sokrates: >>Beim Zeus, du trachtest nach der schönsten Tugend und der größten Kunst: Es ist die Kunst der Könige, und sie heißt auch die königliche Kunst. Aber hast Du schon überlegt, ob es möglich ist, diese Kunst zu beherrschen, ohne daß man gerecht ist?<<"

Die Aufgabe der *Staats- und Rechtswissenschaftlichen Fakultät* ist die Erforschung der möglichen und optimalen Organisationsformen für das Zusammenleben der natürlichen und kulturellen Lebewesen sowie der Regeln für ihr Tun und Lassen. Auch hier könnten derartige Regeln entbehrlich sein, wenn sich die Lebewesen von sich aus an ethische Normen hielten, die wiederum von den Philosophen auszuarbeiten sind. Von alters her wurden die Menschen, die den moralischen Regeln nicht Folge leisteten mit Schimpf und Schande bedacht oder gar aus der betreffenden Gemeinschaftsform vertrieben. Die historische Entwicklung hat jedoch Regeln in Form von staatlich erlassenen Gesetzen hervorgebracht, deren Mißachtung mit Gewaltmaßnahmen geahndet wurden und werden; denn freilich kann sich das Ganze einer menschlichen Gemeinschaft nur dann erhalten, wenn die Regeln, die dazu erforderlich sind, auch eingehalten werden.

Um ein solches Rechtssystem aufzubauen, bedarf es einer grundlegenden Norm, die als Verfassung bezeichnet wird, durch die die Form des Zusammenlebens, die Staatsform, und ihre Änderungsmöglichkeiten festgelegt wird und die außerdem bestimmt, auf welche Weise die Verfassung selbst geändert werden kann, wie Gesetze zustandekommen, wie auch diese geändert werden können und wodurch die Befolgung der Gesetze sichergestellt wird sowie welche Maßnahmen bei Nichtbefolgung der Gesetze zu ergreifen sind. Die Erforschung bestmöglicher Verfassungen ist die Aufgabe der Staats- und Rechtswissenschaftlichen Fakultät.

Grundsätzlich sind Verfassungen und Gesetze so zu formulieren, daß diejenigen, die sich nach ihnen richten sollen, die Texte verstehen können. Ferner sind in den Verfassungen möglichst wenige Prinzipien anzugeben, denen alle Gesetze zu genügen haben, so daß jeder Betroffene weiß, daß er mit dem Rechtssystem nicht in Konflikt gerät, solange er sich gemäß dieser Prinzipien verhält. Dahinter verbirgt sich das Problem der Angabe weniger ethischer Grundprinzipien, da die gesamte Gesetzgebung spätestens seit der Rechtsphilosophie Immanuel Kants als eine verrechtlichte Ethik zu verstehen ist. Hier wird erneut der enge Zusammenhang zum Fach ‚Philosophie' deutlich, in dem die Ethik einen besonderen Forschungsbereich darstellt. Ferner sind Verfassungsänderungen und die gesamte Gesetzgebung auf ihre Konsistenz mit dem Rechtssystem zu überprüfen. Für den Fall, daß Widersprüchlichkeiten auftreten, sind von der Staats- und Rechtswissenschaftlichen Fakultät den Verfassungs- bzw. gesetzgebenden Organen geeignete Änderungsvorschläge zu unterbreiten.

Sicher hat die Staats- und Rechtswissenschaftliche auch die Ausbildung derjenigen Berufe zu betreiben, denen verfassungsgemäß die Rechtspflege im Staatsgebiet anvertraut ist. Diese Berufe seien hier als die *juristischen Berufe* bezeichnet. Sie sind je nach Aufgabenbereich verfassungsgemäß mit einer großen Macht über Menschen ausgestattet. Aufgrund der vielfältigen Lebensbereiche, in denen Menschen tätig und hinsichtlich ihrer Handlungsweisen von Juristen zu beurteilen sind, muß von jedem Juristen erwartet werden, daß er über die dazu nötige Kompetenz verfügt. Um dies sicherzustellen, sollte die Ausbildung der juristischen Berufe grundsätzlich mit einem Vollstudium in einer anderen Fakultät verbunden werden; denn von der hier intendierten Gliederung der Fakultäten sollten darin alle Lebensbereiche erfaßt sein. Entsprechend sollten die Juristen nur in bezug auf die

Lebensbereiche eingesetzt werden, in denen sie ihre Kompetenz durch ein universitäres Examen nachweisen können. Insbesondere sollte mit der Befähigung zum Richteramt ein gründliches rechtsphilosophisches Studium mit einem abschließenden Examen verbunden sein, so daß sie in der Lage sind, gerechte Abwägungen vorzunehmen und es nicht mehr vorkommen kann, daß Richter den Unterschied zwischen einer persönlichen Richtermeinung und einem Gerichtsurteil nicht kennen oder nicht wissen, was die Begriffe ‚Wahrheit' und ‚Gerechtigkeit' bedeuten, obwohl sie mit ihrem Richtereid öffentlich geschworen haben, *„der Wahrheit und der Gerechtigkeit zu dienen".*

Die allermeisten Gerichtsurteile sind vor allem im Strafrecht der Freiheitsentziehung Willkürurteile, weil es für die Verhängung der Dauern von Haftstrafen so gut wie überhaupt keine wissenschaftlichen Untersuchungen gibt, obwohl diese schon aufgrund von Art. 104 GG längst erforderlich gewesen und insbesondere aufgrund des bundesrechtlichen *Strafvollzugsgesetzes* und der länderrechtlichen Strafvollzugsgesetze schon seit den 80-Jahren nötig gewesen wären. Denn danach haben Haftstrafen ausschließlich den Zweck, das von staatlicher Seite friedliche Zusammenleben der Bürgerinnen und Bürger dadurch zu garantieren, daß von Straftätern künftig keine Gefahren mehr für die Organisation des friedlichen Zusammenlebens mehr ausgehen. Dazu sind erhebliche wissenschaftliche Forschungen über die möglichen Behandlungen der Täterinnen und Täter erforderlich, um festzustellen, wie lange diese Behandlungsmethoden anzuwenden sind, damit die zu fordernde Sicherheit für das friedliche Zusammenleben wieder gewährleistet werden kann. Nur nach derartigen wissenschaftlichen Untersuchungen können bestimmte Dauern von Gefängnisstrafen gerechtfertigt werden und nicht, so wie es heute geschieht, durch die reine Willkür der ohnehin nicht selten kenntnisarmen Strafrichter. Solange die vertretbaren Dauern von Gefängnisstrafen durch Erkenntnisse entsprechender kriminologischer Forschungen an den deutschen Juristischen Fakultäten nicht als Entscheidungshilfe für die Strafrichter vorliegen, ist die Bundesrepublik Deutschland in Bezug auf Gefängnisstrafen noch kein Rechtsstaat. Es versteht sich von selbst, daß bei derartigen Forschungen, Rechtsphilosophen, Rechtssoziologen und Rechtspsychologen durch die Kriminologie zu interdisziplinärer gemeinsamer Forschungsarbeit zusammenzuführen sind. Dies ist eine derart umfangreiche wissenschaftliche Aufgabenstellung, welche bewirken könnte, die Juristischen Fakultäten von dem Stigma der Unwissenschaftlichkeit zu befreien.

Mit diesen Ergänzungen in der Juristenausbildung erhielte die Staats- und Rechtswissenschaftliche Fakultät ihre ursprüngliche Würde zurück, die ihr schon in der Antike durch die Bezeichnung der königlichen Wissenschaft zugedacht war.

3.3.12 Die Fakultät für Inter- und Transdisziplinarität

Die zwölfte und letzte Fakultät ist in besonderem Maße der Ganzheit und Einheit der Wissenschaft verpflichtet, indem sie sich um die Erforschung der tatsächlichen Möglichkeiten zu interdisziplinärer Zusammenarbeit innerhalb der einzelnen Fakultäten und zwischen den Disziplinen der verschiedenen Fakultäten zu kümmern hat. Hierbei ist wiederum die direkte Zusammenarbeit mit der Grundlagenfakultät vonnöten, wodurch auch die Gliederung der Fakultäten ihren ganzheitlichen Charakter offenbart, indem die letzte Fakultät wieder an die erste anschließt. Nun erhält aber das Ganze der Wissenschaft erst seine vollständige Bedeutung, wenn die Erkenntnisse der vielen wissenschaftlichen Disziplinen, der Fakultäten und der interdisziplinären Arbeitsgruppen den einzelnen Menschen und den vielfältigen menschlichen Gruppen, Vereinigungen, Betrieben, Gemeinschaften und Gesellschaften bekannt gemacht und auf deren Problemstellungen angewandt werden.

Der Transfer von wissenschaftlichen Erkenntnissen auf die Lebenswelt der Menschen wird *Transdisziplinarität* genannt und ist wesentliche Aufgabe der Fakultät für Inter- und Transdisziplinarität. Diese Aufgabe kann z.B. durch das Verfassen von populärwissenschaftlichen Schriften, von Schulbüchern oder durch das Angebot von allgemeinverständlichen Lehrveranstaltungen oder auch durch das Angebot, sich an politischen und gesellschaftlichen Problemlösungen zu beteiligen, und durch vieles mehr erfüllt werden. Von der 12. Fakultät kann außerdem die Anregung an alle Fakultäten ausgehen, sich ganz allgemein der Öffentlichkeit und deren Medienwelt gegenüber zu öffnen und sich ihrer Probleme anzunehmen, wenn diese in ihren Kompetenzbereich fallen.

Die Kritik der Wissenschaften hinsichtlich ihrer Verantwortung für das menschliche Gemeinwesen

4

4.0   Vorbemerkungen

Kritik sollte grundsätzlich als Freundesleistung verstanden werden. Denn durch Kritik, sind wir in der Lage, mögliche Fehler in unserem bisherigen Tun und Lassen zu erkennen. Dadurch gewinnen wir eine Gelegenheit, die eigenen Tätigkeiten und Zielsetzungen zu verbessern, was dem Kritisierten stets zum Vorteil gereicht. So bitte ich auch die hier vorgetragenen Kritiken zu verstehen. Sie sollen generell einen versöhnlichen Charakter besitzen, weil Konfrontationen nicht weiterhelfen. Falls jemand den hier gewählten Rahmen der Kritik nicht akzeptieren kann, dann können die kritischen Bemerkungen auf ihn freilich nicht angewandt werden. Sie können dann allenfalls dazu dienen, selbst über die eigene Position zu reflektieren und womöglich zu einer Selbstkritik vorzudringen.

Diejenigen aber, die den hier gewählten Rahmen zur Kritik der Wissenschaften grundsätzlich befürworten, mögen sich aufgefordert fühlen, ihn ihrerseits an den Stellen zu kritisieren, an denen sie Argumentationsfehler finden, Fehler in Tatsachenbehauptungen entdecken oder überhaupt Mängel bemerken. Tatsächlich kenne ich zu diesem Unternehmen mit Ausnahme zu Kants letztem Werk „Der Streit der Fakultäten" keine Vorbilder, so daß es sehr wahrscheinlich ist, daß es doch eine große Menge an Ungereimtheiten gibt, die noch auszuräumen sind. Dabei bitte ich jeden Betroffenen um Mithilfe.

Die Kritik der Wissenschaften wird nun nicht in der Reihenfolge der hier gewählten Gliederung der Wissenschaften erfolgen, da diese einstweilen ja nur hypothetischen Charakter besitzt. Ich werde darum meine kritischen Bemerkungen in der Reihenfolge der Fakultäten vornehmen, wie sie im Vorlesungsverzeichnis der Christian-Albrechts-Universität zu Kiel angegeben ist, die durch das Gründungsjahr 1665 zu den 25 ältesten Universitäten Deutschlands gehört.

© Springer Fachmedien Wiesbaden GmbH, ein Teil von Springer Nature 2019
W. Deppert, *Theorie der Wissenschaft*, https://doi.org/10.1007/978-3-658-15124-9_4

4.1   Die Kritik der Theologischen Fakultäten

4.1.0   Kritische Vorbemerkungen

Die erste Kritik richtet sich nicht an die Wissenschaftler, sondern an die Politiker, die die heutige Struktur der Theologischen Fakultäten per Staats-Kirchenvertrag mit der evangelischen Kirche oder per Konkordat mit der Katholischen Kirche eingerichtet haben. Durch diese Verträge ist den beiden Kirchen eine Mitsprache und sogar ein Aufsichtsrecht für die Gestaltung von Forschung und Lehre der jeweiligen evangelischen bzw. katholischen Theologischen Fakultäten eingeräumt. Derartige diktatorische Eingriffe in das Universitätsgeschehen widerstreiten dem Grundgesetz der Bundesrepublik Deutschland und dürfen an den Universitäten nicht geduldet werden. Denn dadurch besitzen die Wissenschaftler der Theologischen Fakultäten gar nicht die grundgesetzlich garantierte Freiheit von Forschung und Lehre, so daß sie nicht die Freiheit besitzen, Ihre Fakultät etwa im Sinne der hier vorgeschlagenen religiologischen Wissenschaften umzugestalten. Ganz abgesehen von der Grundgesetzwidrigkeit dieses Eingriffs in die Freiheit von Forschung und Lehre widerstreiten schon die Staatskirchenverträge und die Konkordate in sehr elementarer Weise dem Grundgesetz und sind damit de jure gemäß Art. 1, Abs. 3 GG sogar null und nichtig; denn sie stehen in eklatantem Gegensatz zum Art. 3 Absatz 3 GG, wo es heißt:

> „Niemand darf wegen seines Geschlechts, seiner Abstammung, seiner Rasse, seiner Heimat und Herkunft, seines Glaubens, seiner religiösen oder politischen Anschauungen benachteiligt oder bevorzugt werden.",

und in den Staatskirchenverträgen und dem Konkordat wird festgelegt, daß die Theologischen Fakultäten der evangelischen und der katholischen Kirche vom Staat bezahlt werden, was eine eindeutige vom Grundgesetz nicht erlaubte Bevorzugung des evangelischen und katholischen Lehr- und Forschungsbetriebs und der darin beschäftigten Bürgerinnen und Bürger unseres Staates an den Universitäten darstellt. Ferner haben die Kirchen durch die Staatskirchenverträge und das Konkordat auch noch das Recht, die Studiengänge und die Forschungsthemen an den Theologischen Fakultäten mitzubestimmen. Leider stehen diese diktatorischen Eingriffsmöglichkeiten der Kirchen in das Universitätsgeschehen nicht nur auf dem Papier, sie sind sogar inzwischen z. B. im Falle des ehemaligen Theologie-Professors Gerd Lüdemann zu einer Wirklichkeit geworden, durch die unser gesamtes Rechtssystem in Frage gestellt ist. Am 18.2.2009 hat die Pressestelle des Bundesverfassungsgerichts die Pressemitteilung 14/2009 mit dem Titel „Verfassungsbeschwerde eines nicht mehr bekennenden Theologieprofessors gegen seinen Ausschluss aus der Theologenausbildung erfolglos" herausgegeben. Der „nicht mehr bekennende Theologieprofessor" ist Prof. Dr. Gerd Lüdemann aus Göttingen. In der Pressemitteilung wird folgendes behauptet:

„Die Wissenschaftsfreiheit von Hochschullehrern der Theologie findet ihre Grenzen am Selbstbestimmungsrecht der Religionsgemeinschaften. Das Grundgesetz erlaubt die Lehre der Theologie als Wissenschaft an staatlichen Hochschulen."

Diese Behauptung, das Grundgesetz erlaube die Lehre der Theologie als Wissenschaft an staatlichen Hochschulen ist durch keinen Artikel des Grundgesetzes abgesichert. Im Gegenteil widerstreitet sie auf elementare Weise den soeben zitierten Gleichheitsgrundsätzen des Art. 3 Abs. 3 GG.

Dieser Gleichheitsgrundsatz ist konstitutiv für das gesamte Rechtssystem der Bundesrepublik Deutschland und wird dennoch vom Bundesverfassungsgericht gröblichst mißachtet; denn soweit in den Konkordaten oder Staats-Kirchen-Verträgen die Einrichtung und die staatliche Finanzierung von konfessionell gebundenen theologischen Fakultäten festgelegt wurden, sind diese Verträge grundgesetzwidrig, weil mit ihnen Menschen mit einem bestimmten Glauben und entsprechend bestimmten religiösen Anschauungen bevorzugt und andere, die einen anderen Glauben und andere religiöse Anschauungen vertreten, benachteiligt werden. Dies aber ist ausdrücklich durch das Grundgesetz in Art. 3 Abs. 3 GG verboten. Die Richter des Bundesverfassungsgerichtes haben nach dem Gesetz über das Bundesverfassungsgericht gemäß § 11 folgenden Eid geschworen:

„Ich schwöre, daß ich als gerechter Richter alle Zeit das Grundgesetz der Bundesrepublik Deutschland getreulich wahren und meine richterlichen Pflichten gegenüber jedermann gewissenhaft erfüllen werde."

Wenn die Bundesrichter in ihrem Urteil gegen Herrn Prof. Dr. Gerd Lüdemann aber behaupten, daß das Grundgesetz die Lehre der Theologie als Wissenschaft an staatlichen Hochschulen erlaube, und zwar in der kirchlich kontrollierten Weise, dann haben sie damit Art. 3 Abs. 3 GG verletzt und sich nicht ihrem Eid gemäß verhalten. Die Behauptung, das Grundgesetz erlaube die Lehre der Theologie als Wissenschaft an staatlichen Hochschulen ist nicht nur unwahr, sondern darüber hinaus ist es eine Verunglimpfung des Wissenschaftsverständnisses, das an den deutschen staatlichen Hochschulen gepflegt wird. Denn in ihnen wird der Begriff der Wissenschaft in keiner Weise so verstanden, daß die Ergebnisse wissenschaftlichen Forschens schon im Voraus von irgend einer Instanz festgelegt werden können. Derartige Wissenschaftsvorstellungen gehören in das Arsenal diktatorischer Staaten, wie wir sie leider in Deutschland schon mehrfach erleiden mußten. Dies bedeutet, daß es sich bei der angeblichen theologischen Wissenschaft dann nicht um eine Wissenschaft handelt, wenn in den theologischen Fakultäten die grundgesetzlich garantierte Freiheit von Forschung und Lehre nicht gilt. Und wenn das so ist, dann können solche theologischen Fakultäten nicht Bestandteile deutscher Universitäten sein. Insbesondere aber kann die Freiheit von Forschung und Lehre nur durch die Treue zur Verfassung beschränkt werden, wie es in Art. 5 Abs. 3 GG festgelegt ist. Das Grundgesetz sieht keine Beschränkung der Freiheit von Forschung und Lehre durch ein „Selbstbestimmungsrecht der Religionsgemeinschaften" vor. Das Selbstbestimmungsrecht der Religionsgemeinschaften wird im Gegensatz dazu nach Artikel 140 GG mit Art. 137 Abs. 3 der Weimarer Verfassung durch die „Schranken des für alle geltenden Gesetzes" beschränkt. Damit aber ist es den Religionsgemeinschaften sogar untersagt, derartige Verträge mit dem Staat abzuschließen, durch welche die für alle geltenden Gesetze insbesondere das Grundgesetz verletzt werden. Und entsprechend ist es den Landesregierungen grundgesetzlich verboten, derartige Verträge mit den Kirchen abzuschließen.

Die politische Konsequenz daraus ist, daß vom Bundestag dringend ein allgemeines Religions- und Weltanschauungsgemeinschaftsgesetz zu beraten und zu beschließen ist, wonach der Staat sein Verhältnis zu allen Religions- und Weltanschauungsgemeinschaften grundsätzlich gemäß des Gleichheitsgrundsatzes Art. 3, Abs. 3, Satz 1 GG regelt und wodurch alle grundgesetzwidrigen Teile der Konkordate und der Staats-Kirchen-Verträge ungültig werden. Das, was für die politischen Parteien längst selbstverständlich ist, daß ihr Verhältnis zum Staat durch ein allgemeines Parteiengesetz bestimmt ist, muß ebenso auch für das Verhältnis zwischen dem Staat und den Religions- und Weltanschauungsgemeinschaften gelten. Schließlich werden im Art. 3, Abs. 3, Satz1 GG die „religiösen oder politischen Anschauungen", aufgrund derer niemand „benachteiligt oder bevorzugt werden" darf, quasi in einem Atemzug genannt. Es wäre Aufgabe der Karlsruher Richter gewesen, diese Forderung an die Legislative zu stellen.

Es ist mir völlig unverständlich, wodurch sich die Bundesrichter des Bundesverfassungsgerichts veranlaßt sahen, das Grundgesetz in ihrem Beschluß vom 28.10.2008 mehrfach zu verletzen, so daß

- die Freiheit von Forschung und Lehre an unseren Universitäten in äußerster Gefahr ist,
- die Hochschullehrer an unseren Universitäten aufgrund ihres Glaubens und ihrer religiösen Überzeugung diskriminiert werden,
- der Gleichheitsgrundsatz unseres Grundgesetzes Art. 3 Abs. 3 mißachtet und
- das Vertrauen in unsere höchste bundesdeutsche Gerichtsbarkeit schwer beschädigt wurde.

Es kann nicht hingenommen werden, daß die Bundesrichter des 1. Senats des Bundesverfassungsgerichtes in ihrem Beschluß vom 28. Oktober 2008 dermaßen eklatant unser Grundgesetz verletzen. Was soll denn gelten, wenn sich nicht einmal die Richter unseres höchsten deutschen Gerichts an das Grundgesetz halten? Bevor dieser rechtlose Zustand etwa durch die Inanspruchnahme von Art. 20 Abs. 4 weiter umsichgreift, sollten die entsprechenden Bundesrichter in Verantwortung für unser deutsches Rechtswesen ihren Beschluß zurücknehmen. Sonst ist die Weiterung des Schadens für unser Gemeinwesen unabsehbar. Ich möchte in jedem Falle die Angehörigen der deutschen Universitäten dazu aufrufen, diesen höchstrichterlichen Versuch, die Freiheit von Forschung und Lehre an unseren deutschen Universitäten grundgesetzwidrig einzuschränken und unseren Wissenschaftsbegriff zu verballhornen, keinen Raum zu geben. Dies könnte dadurch geschehen, daß wir unseren Kollegen an den theologischen Fakultäten zu Hilfe kommen, damit sie das unerträgliche Joch der kirchlich diktierten Bevormundung des wissenschaftlichen

Arbeitens abwerfen können. Wie ich in meiner Kant-Vorlesung mehrfach dargestellt habe, ist es dringend erforderlich, die derzeitige religiöse Krisensituation möglichst objektiv zu erforschen, um der Sinnstiftungsfunktion der menschlichen Religiosität wieder undogmatischen Raum geben zu können. Eine dogmatisch gelenkte Pseudowissenschaft kann diese lebenswichtige Funktion für die einzelnen Menschen und für unser staatlich organisiertes Gemeinwesen freilich nicht erfüllen.

Es sollte doch möglich sein, den Kirchenvertretern klar zu machen, daß es auch ihnen nicht Recht sein kann, wenn sogar unsere höchsten Richter bereit sind, unser Grundgesetz zu verletzen und damit unseren Staat ins Wanken zu bringen, nur weil sie vermutlich die Konsequenz scheuen, die Konkordate und Staats-Kirchen-Verträge für grundgesetzwidrig erklären zu müssen. Gerade die Verantwortungsträger der Kirchen sollten sich davon überzeugen lassen, daß auch sie Mitverantwortung für unseren Staat tragen und daß sie dieser Verantwortung dann gerecht werden können, wenn sie dazu bereit sind, nicht mehr zu rechtfertigende Privilegien aufzugeben, und sich ebenfalls dafür einzusetzen, daß wir möglichst bald ein allgemeines Religions- und Weltanschauungsgemeinschaftsgesetz bekommen, nach dem es freilich keine kirchenhörigen Theologischen Fakultäten mehr geben kann, sondern in denen dann zum Nutzen aller eine freie Forschung über die Religionsdinge – wie Kant gesagt hätte – möglich würde, so, wie es hier in einer *religiologischen Fakultät* vorgeschlagen wird.

4.1.1   Kritik an der bisherigen Arbeit der Theologischen Fakultäten

Wenn ich hier als Wissenschaftstheoretiker versuche, den alten universitären Gedanken der Einheit der Wissenschaft wiederzubeleben und zu erhalten, dann geschieht dies aus Gründen der Sicherung des langfristigen Überlebens der Menschen auf unserer schönen Erde. Dies wird jedoch nicht möglich werden, wenn es uns nicht gelingt, die ideologischen Gräben, die noch aus dem Mittelalter stammen, zu überbrücken oder gar zuzuschütten, wie sie etwa aus der Lehre von den zwei Wahrheiten entstanden sind:
Die ewige theologische Wahrheit und *die vergängliche menschliche Wahrheit*.
Leider stammen die Privilegien der theologischen Fakultäten und ebenso auch die der Juristischen Fakultäten, die den absoluten Wahrheitsanspruch der Theologen durchzusetzen hatten, aus diesen unseligen Zeiten, in denen eine freie Wissenschaft allzulange unterdrückt wurde. Verhelfen wir darum dem Gleichheitsgrundsatz des Grundgesetzes endlich auch an unseren Universitäten uneingeschränkte Gültigkeit!

Die Kritik an der Theologischen Fakultät richtet sich also vordringlich und hauptsächlich an die Institutionen, die es den Wissenschaftlern nicht gestatten, sich um die tatsächlichen religiösen Problemstellungen in unserer heutigen Gesellschaft und in ihren Gemeinschaften, Verbänden und Organisationen zu kümmern. Denn die Wissenschaftler in den Theologischen Fakultäten, die Religionshistoriker, die Religionssystematiker und die Religionsphilosophen haben sicher in ihren Forschungen längst bemerkt, daß das Glaubensgut der Kirchen, das aus der Kindheit der Menschheitsgeschichte stammt, in unseren

Tagen mehr und mehr an Überzeugungskraft verlieren muß. Dies geschieht freilich in der Fülle der verschiedenen persönlichen Verhältnisse auf sehr unterschiedliche Weise, warum dieser Ablösungsprozeß von den herkömmlichen Glaubensinhalten mit aller Vorsicht und Ermutigung zu eigenständigen Glaubensüberzeugungen begleitet werden sollte. Stattdessen aber wird den Jugendlichen vor allem im Religionsunterricht die Diskrepanz zwischen dem konfessionell verordneten Glaubensgut und der tatsächlichen Lebenswelt, in der dies nahezu keine Rolle mehr spielt, deutlich vor Augen geführt. Diese gesellschaftlichen Fakten können den wissenschaftlich arbeitenden Theologen nicht verborgen geblieben sein.

Die geistesgeschichtlichen Konsequenz des Weges zu religiöser Eigenständigkeit hat spätestens mit der Aufklärung begonnen und hat nun zu einer schwerwiegenden religiösen Krise geführt, deren Folgen vor allem in der zunehmenden Veräußerlichung des Lebensvollzuges nicht zu übersehen ist und sicher auch in der weltweiten Finanzkrise ihren Ausdruck findet. Diese Krise wird dadurch verschärft, daß es an den Universitäten durch die dogmatischen Festlegungen des wissenschaftlichen Betätigungsfeldes der Theologischen Fakultäten keinerlei institutionell organisierte wissenschaftliche Bemühungen gibt, durch die untersucht werden könnte, wie sich die zunehmende Sinnstiftungskrise in der Bevölkerung bewältigen ließe.

Da das geistesgeschichtlich bedingte Heraufkommen einer immer weiter zunehmenden religiösen Krise schon lange zu erkennen war, hätten die Theologen aus ihrer Verantwortung gegenüber den Menschen in unserem Staat, von deren Steuergeldern sie bezahlt werden, etwas unternehmen müssen, wodurch Auswege aus dieser Krise sichtbar werden könnten; denn durch die historische Gewordenheit ihrer Position in der Universität kommt ihnen diese Aufgabe zu. Dazu hätte es wenigstens zu einem Befreiungsversuch von der kirchlichen Vormundschaft auch von Seiten des Dekanats der Theologischen Fakultät kommen müssen. Auch hätte es Solidaritätsbekundungen dem Kollegen Prof. Dr. Gerd Lüdemann gegenüber geben müssen. Es scheint aber bei den Kollegen der Theologischen Fakultät eine derartige existentielle Verunsicherung aufgrund der katastrophalen rechtlichen Lage vorzuliegen, daß sich niemand getraut hat, derartige Befreiungsversuche auch nur zu denken. Demnach scheint sich an dem obrigkeitshörigen Selbstverständnis der Theologischen Fakultät, das schon Kant in seinem „Streit der Fakultäten" heftig kritisiert hat[39], kaum etwas geändert zu haben. Dies aber ist mindestens ebenso zu kritisieren, wie es einst Kant getan hat.

Die Theologischen Fakultäten betreiben seit altersher die Ausbildung ihrer Geistlichen und aufgrund der Konkordate und der Staats-Kirchenverträge nun auch die Ausbildung der Religionslehrer an den öffentlichen Schulen sowie die Ausbildung des lehrenden Personals an den theologischen Fakultäten. Diese Ausbildung ist bezüglich der Lehrinhalte an die Bekenntnisse der jeweiligen Kirchen gebunden, welche in den Theologischen

---

39   Vgl. Immanuel Kant „Der Streit der Fakultäten", Felix Meiner Verlag, Hamburg 1959. Im Teil II des ersten Abschnitts spricht Kant z. B. vom „alten Kirchenglauben, der jetzt ein Ende haben sollte". S. 32.

Fakultäten ihr Mitsprache-Recht haben. Eine derartig konfessionsgebundene Ausbildung beinhaltet nicht die Vermittlung der Kenntnisse über Geschichte und Inhalte der mannigfaltigen Religionen, die sich auf der Erde entwickelt haben.

Wir brauchen aber vor allem an den öffentlichen Schulen einen integrativen Religionsunterricht für alle Schüler, der zum besseren Verständnis der Menschen beiträgt, die heute aus den verschiedensten Kulturen und religiösen Traditionen mit einander zusammenleben. Damit dies möglich wird, müssen verständige Politiker die gesetzlichen Bedingungen schaffen. Dies ist immerhin schon in Brandenburg mit dem LER-Unterricht als ordentlichem Lehrfach für alle Schüler gänzlich unabhängig von irgendwelchen Konfessionszugehörigkeiten bereits sehr erfolgreich geschehen, und es ist unverständlich, warum nicht alle anderen Länder längst diesem positiven Beispiel gefolgt sind, um ihrem grundgesetzwidrigen Zustand in bezug auf die Abhaltung von konfessionsgebundenem Religionsunterricht zu beenden.[40]

4.2 Die Kritik der juristischen Fakultät

4.2.0 Kritische Vorbemerkungen

Das unter Abschnitt 3.3.11 *Die Staats- und Rechtswissenschaftliche Fakultät* Gesagte ist hier voll zu beachten, daß es nämlich die Aufgabe der juristischen Fakultäten ist, *die möglichen und optimalen Organisationsformen für das Zusammenleben der natürlichen und kulturellen menschlichen Lebewesen sowie die Regeln ihres Tuns und Lassens* so zu erforschen, daß die dadruch vorgeschlagenen Gesetzeswerke im Sinne der Rechtsphilosophie Immanuel Kants als eine verrechtlichte Ethik zu verstehen sind. Mit diesen schönen Formulierungen tut sich aber mit den Untersuchungen im Band III zur Notwendigkeit der neuen Wissenschaft der *Bewußtseinsgenetik* eine Problematik von einem bisher – wie ich meine – nicht gekanntem Ausmaß auf. Denn bei den bisherigen Regelungen des Verfassungsrechts und der bürgerlichen Gesetze sowie der Gesetze des öffentlichen Rechts wurde stets davon ausgegangen, daß von ihrem Mündigkeitsdatum an alle Bürgerinnen und Bürger mit dem gleichen Bewußtsein ausgestattet sind, wobei stets offen blieb, was unter Bewußtsein denn überhaupt zu verstehen ist, weil man meinte, es gäbe darüber eine stillschweigende, weil nur intuitiv erfaßbare, Übereinstimmung.

Diese Annahme hat sich inzwischen als fehlerhaft erwiesen; denn ausgerechnet der sich später wieder zum Katholizismus bekennende Philosoph Kurt Hübner stößt mit seiner Feststellung, daß die Menschen der mythischen Zeit ein zyklisches Zeit-Bewußtsein hatten, also ein ganz anderes Bewußtsein als wir es heute haben, die Erforschung des Bewußtseins an, durch welche inzwischen anzunehmen ist, daß die Kulturstufen in der

---

40 Vgl. Sabine Gruehn und Kai Schnabel: *Schulleistungen im moralisch-wertbildenden Bereich. Das Beispiel Lebensgestaltung-Ethik-Religionskunde (LER) in Brandenburg*. In: <u>Franz Weinert</u>: *Leistungsmessung in Schulen*. Beltz: Weinheim 2002.

Menschheitsgeschichte durch bestimmte Formen des Bewußtseins hervorgebracht wurden, welche allem Anschein nach, in der gleichen kulturgeschichtlichen Reihenfolge von unseren Kindern, Jugendlichen und auch noch von den älteren Heranwachsenden durchlebt werden müssen, weil die für die Bewußtseinsformen nötigen neuronalen Verschaltungen im Gehirn, sich ebenso nacheinander nur stufenweise ausbilden können. Diese Entwicklung der Bewußtseinsformen ist in der Menschheitsgeschichte durchaus nicht synchron in den verschiedenen Völkern und Erdteilen verlaufen, so daß sich in Deutschland so wie in ganz Europa die Frage auftut, wodurch läßt sich feststellen, wann und ob überhaupt unsere Bürgerinnen und Bürger die Bewußtseinsformen erreicht haben, daß sie im herkömmlichen Sinn als mündige erwachsene Bürgerinnen und Bürger zu betrachten sind, auf die die bürgerlichen und die Strafgesetze angewandt werden können.

In den modernen demokratischen Staatsverfassungen wird davon ausgegangen, daß die Bürgerinnen und Bürger ihres Staates in einer selbstverantwortlichen Bewußtseinsform leben, was aber etwa für die islamischen oder auch für die kommunistisch organisierten Staaten so nicht gilt, warum in ihnen es keine Selbstverständlichkeit ist, die Menschenrechtserklärung der UNO anzuerkennen. Nun läßt sich aus den ersten Einsichten einer erst einmal theoretisch konzipierten Bewußtseinsgenetik bereits erkennen, in welcher Stufung von Bewußtseinsformen sich die Menschheitsentwicklung vollzogen haben wird. Denn die *Definition des Bewußtseins* als der *Verschaltungsorganisation der fünf Überlebensfunktionen der Lebewesen*, eröffnet die Unterscheidung der Bewußtseinsformen nach der Ausbildung der im Bewußtsein verschalteten Überlebensfunktionen. Dementsprechend haben sich die Bewußtseinsformen durch die Ausdifferenzierung, der Wahrnehmungs-, der Erkenntnis-, der Maßnahmen- und der Energiebereitstellungsfunkionen entwickelt.

Mit Hilfe der vielfältigen Kombinationsmöglichkeiten der verschiedenen Bewußtseinsformen läßt sich durch die neue Forschungsrichtung der Bewußtseinsgenetik die Fülle der verschiedenen kulturellen und künstlerischen, sowie der technischen und wissenschaftlichen Entwicklungen aber auch die Abfolge der gesellschaftlichen, staatlichen und rechtlichen Formen in der Menschheitsgeschichte analysieren und durchschauen. Aber dabei kommt wegen der stufenweisen Entwicklungsvorgänge die Gefahr auf, daß sich Menschen in einen ungerechtfertigten Hochmut hineinsteigern, wenn sie meinen, daß ihr Bewußtsein besonders weit entwickelt sei, was aber keineswegs aufgrund ihrer eigenen Leistung zu begründen wäre.

Das Ergebnis dieser ersten Überlegungen zur Verantwortung der juristischen Fakultät läßt sich nun damit zusammenfassen: Die bisherige Annahme, daß alle mündigen Bürgerinnen und Bürger mit dem gleichen Bewußtsein ausgestattet sind, läßt sich nicht mehr aufrecht erhalten. Daraus folgt, daß wir einerseits in unserer Gesetzgebung sehr viel mehr Einzelfall-Untersuchungen zulassen müssen, als dies bisher vorgesehen war und andererseits, daß wir trotz der großen Vielgestaltigkeit der menschlichen Lebensformen, wir allgemeine Prinzipien brauchen, welche zu befolgen sind, wenn wir die Menschheit und die Natur als ein Ganzes verstehen und erhalten wollen. Dazu wird es nötig sein, bestimmte Bewußtseinsformen, die dem friedlichen Zusammenleben der biologischen und der kulturellen Lebewesen dienlich sind, versuchen zu erkennen und in ihrer Ausbildung zu befördern und bestimmte Bewußtseinsformen, die aus der Vergangenheit stammen und als gewälttätige Bewußtseinsformen dem Geist der Friedlichkeit entgegenstehen, möglichst wenig Raum für ihre Entfaltung zu geben. Von solchen Bewußtseinsformen wird im folgenden Kapitel die Rede sein.

4.2.1 Kritik am Festhalten von Bewußtseinsformen der mittelalter- lichen Untertanenzeit

Die Unterwürfigkeit gegenüber dem Gesetzgeber und Herrscher hat die juristische Fakultät ebenso wie die Theologische Fakultät aus der Historie ererbt. Auch diese heute als gänzlich inhuman geltende Unterwürfigkeit hat Kant in seiner letzten Schrift aus dem Jahr 1798 *Der Streit der Fakultäten* beschrieben und grundlegend kritisiert. Kant schreibt dazu:

> „Es wäre lächerlich, sich dem Gehorsam gegen einen äußeren und obersten Willen darum, weil dieser angeblich nicht mit der Vernunft übereinstimmt, entziehen zu wollen. Denn darin besteht eben das Ansehen der Regierung, daß sie den Untertanen nicht die Freiheit läßt, nach ihren eigenen Begriffen, sondern nach Vorschrift der gesetzgebenden Gewalt über Recht und Unrecht zu urteilen."[41]

Immerhin aber sei es mit der „Juristenfakultät für die Praxis doch besser bestellt als mit der theologischen":

> „daß nämlich jene einen sichtbaren Ausleger der Gesetze hat, nämlich entweder an einem Richter, oder in der Appellation von ihm an einer Gesetzkommission und (in der höchsten) am Gesetzgeber selbst, welches in Ansehung der auszulegenden Sprüche eines heiligen Buchs der theologischen Fakultät nicht so gut wird."[42]

Diesen Vorteil, den Kant hier beschreibt, haben sich die Juristen heute tatsächlich sehr zu eigen gemacht, indem sie gern auf sogenannte höchstrichterliche Urteile verweisen, die aber in dem Falle, daß sich die Urteile nicht auf Recht und Gesetz stützen, auch nur richterliche Privatmeinungen sind und den Status eines allgemeinen Urteils nicht erreichen können, wenn es sich bei der Höchstrichterlichkeit nicht um das Bundesverfassungsgericht handelt. Dabei wird dem aus mythisch-mittelalterlicher Zeit stammenden Unterwürfig-keitsbewußtsein erstaunlich viel Raum gegeben, was wir heute genauso kritisieren müssen, wie es bereits Kant getan hat. Aber es bleibt bei den Juristen nicht nur das Gehabe, sich auf höchstrichterliche Urteile zu beziehen, anstatt auf die eigene Urteilskraft zu vertrauen, sondern sie pflegen vermutlich ganz bewußt aus jener Untertanenzeit stammende

---

41   Vgl. ebenda S. 17.
42   Vgl. ebenda.

Sprachgebräuche, die längst in der Umgangssprache nicht mehr üblich sind, ja dieser sogar heftig widerstreiten. Da steht etwa in einer Rechtsmittelbelehrung eines richterlichen Urteils, daß Sie gegen dieses Urteil binnen 14 Tagen *Erinnerung einlegen* können. Eine derartige Formulierung ist in der Umgangssprache völlig unverständlich. Erinnerungen kann man haben, wachrufen oder gar pflegen, aber ganz gewiß nicht einlegen, wie z.B. frische kleine Gurken, damit sie nicht schlecht werden. Und wenn man dann etwa versucht, diese Formulierung als die Möglichkeit zu einem Widerspruch zu verstehen, da man nach dem Sprachgebrauch einen Widerspruch *einlegen* könnte und verfährt dann so, Widerspruch gegen das betreffende Urteil zu erheben; dann könnte es sein, daß diesem Widerspruch nicht statt gegeben wird, worüber man dann vom Gericht die Formulierung zugeschickt bekommt, daß der Erinnerung *nicht abgeholfen werden konnte*. Was für ein sprachlicher Unsinn!

Abgeholfen werden kann nur von Mißständen aber doch nicht von Erinnerungen, es sei denn auf dem brutalen Wege der *Gehirnwäsche*, aber die beantragt man gewiß nicht. Wie sind derartige sprachlichen Verirrungen in der offiziellen Juristen- oder gar der Richtersprache zu erklären? In der Zeit des Feudalismus war es ganz unmöglich, den Herrschen zu widersprechen und sei es auch nur einem Grafen. Widerspruch ließ sich nur ganz vorsichtig dadurch andeuten, indem man die herrschaftliche Person daran erinnerte, daß da noch einem Mißstand abzuhelfen sei. Und genau diese Hörigkeits-, Untergebenheits- oder Unterwürfigkeitssprachformen haben die Juristen in ihrer Juristensprache sorgsam erhalten. Warum? Vermutlich ganz unbewußt, um die ihnen historisch zugespielte Obrigkeitsrolle zu erhalten. Kant kannte diese Rolle, da sie von theologischen und juristischen Vasallen des preußischen Königtums gegen ihn gespielt wurde, und er hat versucht, dieser Kampffront gegen die von ihm wesentlich mitinczenierte Aufklärung durch die Kritik in seinem Werk „Der Streit der Fakultäten" entgegenzuwirken, allerdings nicht mit dem erhofften Erfolg; denn sonst hätten sich die aus dem Mittelalter übernommenen Sprachformen der Juristen nicht erhalten können, die ja bis zu dem brutalen sprachlichen Instrumentarium der mittelalterlichen Folterknechte reichen, die sich sogar im allgemeinen amtlichen Schriftverkehr vermehrt durchgesetzt haben, wenn in einem gelben Brief eine Vollstreckungankündigung einer Finanzbehörde angekündigt wird, kann man fragen, wo wohl das Substantiv „*Vollstreckung*" oder das Verb „*vollstrecken*" herkommt. Die heutige Umgangssprache liefert dazu keinen einsichtigen Erklärungshintergrund.

Wer etwas über den Ursprung eines Wortes etwas wissen möchte, der schaut gern im *Etymologischen Wörterbuch* von Friedrich Kluge aus dem Verlag Walter de Gruyter nach. Aber der „*Kluge*" von 1960 sagt eigenwilligerweise zu den Worten „*vollstrecken*" und „*Vollstreckung*" gar nichts aus. Immerhin gibt Lutz Mackensen in seinem „*Ursprung der Wörter*" im VMA-Verlag Wiesbaden 1985 an, daß das Wort „vollstrecken" aus der 2. Hälfte des 15. Jahrhunderts mit der Bedeutung des fertigen Streckens stamme, und in dem grundsätzlich gegen die Folter gerichteten Werk von Johann Ludwig Wiederholdt „*Christliche Gedanken von der Folter oder peinlichen Frage*", das 1739 in Wetzlar im Verlag von Nicolaus Ludwig Winckler erschienen ist, wird auf Seite 100 beschrieben, wie der Richter den „*Scharffrichter*" herbeiholen läßt, damit dieser die *Vollstreckung der*

Folter vornimmt. Das Verlangen nach der vollen Streckung auf den Folterinstrumenten der *„Streckbank"* oder der *„Streckleiter"* bedeutete immer die Hinrichtung, und deshalb wurde das Wort *„Vollstrecken"* auch in den europäischen Sprachen stets für Hinrichtungen bzw. für Exekutionen benutzt. Daß dieses Wort heute von Juristen und exekutiv tätigen Personen des öffentlichen Dienstes immernoch verwendet wird, ist eine Schande für alle vollziehenden Berufe und kann gar nicht heftig genug kritisiert werden, weil wir die schweren Erbteile des Mittelalters an Gewalt anwendenden Bewußtseinsformen endlich los werden wollen.

4.2.2 Kritik an den juristisch legitimierten gewalttätigen Bewußtseinsformen

Die hier beschriebenen stark zu kritisierenden mittelalterlichen Sprachtraditionen, die vor allem den feudalistischen juristischen Bereichen entstammen, haben sich besonders in den Berufen verfestigt, die der exekutiven Staatsform angehören. Dies betrifft einerseits die sich in der Sprache ausdrückenden gewalttätigen Bewußtseinsformen, indem etwa Vollstreckungsankündigungen mit der Androhung von *Erzwingungshaft* verschickt werden. Nun ist aber Erzwingungshaft eine eindeutig bestimmte Form von Folter, die in Deutschland verboten sein sollte, spätestens seit der Ratifizierung der *Antifolter-Konvention der Vereinten Nationen* (UNO) durch die Bundesrepublik Deutschland am 1. Oktober 1990. Dennoch ist es in Deutschland auf ebenso rechtswidrige wie unerklärliche Weise an der Tagesordnung, Menschen in Erzwingungshaft zu nehmen, wodurch Deutschland seinen Status als Rechtsstaat immer wieder auf's Neue verliert. Und niemand aus den rechtswissenschaftlichen Fakultäten richtet sich ausdrücklich dagegen.

Grundsätzlich ist an dieser Stelle kurz auf die althergebrachten Formen von kurz- oder langfristigen Inhaftierungen oder gar lebenslangen Gefängnisstrafen einzugehen. Einerseits ist die Errichtung und der Unterhalt von Gefängnissen für den Staat sehr teuer und andererseits ist der erzieherische Erfolg dieser Strafanstalten extrem minimal. Im Kriminologischen Arbeitskreis Schleswig-Holsteins, dem als Mitglied anzugehören, ich die durch den Präsidenten des Oberlandesgerichtes in Schleswig vermittelte Ehre hatte, wurde immer wieder festgestellt, daß die Rückfallquote stetig steigt und daß die Straftaten der Wiederholungstäter immer brutaler werden, so daß die Gefängnisse aufgrund der rückfällig werdenden ehemaligen Gefängnisinsassen sogar zu einer Bedrohung für die Bevölkerung geworden sind.

Ferner ist zu bedenken, daß jede Gefangennahme eine schwere Würdeverletzung darstellt, wenn der hier verwendete Würdebegriff verwendet wird. Außerdem werden die Gefangenen der Mitwirkung in der tätigen menschlichen Gemeinschaft entzogen, wodurch ihr nicht selten ein großer Schaden erwächst. Grundsätzlich sollen ja Strafen dazu dienen, um weitestgehendst sicherzustellen, daß die Menschen die Regeln zum friedlichen Zusammenleben auch einhalten. Daß das aber mit Gefängnisstrafen gelingen kann, in denen man es vor allem mit Personal zu tun hat, das ganz bewußt dazu angehalten wird, ihr ge-

walttätiges Bewußtsein wachzuhalten und nicht abzulegen, das ist mehr als fraglich, sondern wahrscheinlich sogar unmöglich. Dazu bedarf es ganz anderer Formen des Freiheits-
entzugs durch welche den Gefangenen Erlebnisse ermöglicht werden, in denen sie freudig
erleben können, wie gut es ihnen selber tut, wenn sie sich genau an Regeln des friedlichen
Zusammenlebens halten und daß dadurch sogar ihre eigene Kreativität angefacht wird.
An solche Formen des Freiheitsentzuges haben vielleicht schon die Mütter und Väter des
Grundgesetzes gedacht, als sie im Art. 104. Abs1 GG bestimmte Formen des Freiheitsentzuges für die Gesetze forderten, durch welche der Freiheitsentzug überhaupt gerechtigt
werden kann. Darum soll es im folgenden Abschnitt darum gehen, in welcher Weise dieser
Art. 104 Abs. 1 GG von der heutigen Rechtsprechung weitgehend mißachtet wird.

4.2.3 Kritik an mangelhaften Begründungen von Gerichtsurteilen zur Freiheitsentziehung

Es gibt eine Fülle von richterlichen Verfügungen zur Freiheitsentziehung, welche dem
Art. 104 Abs. 1 GG widerstreiten; denn darin heißt es:

> „(1) Die Freiheit der Person kann nur auf Grund eines förmlichen Gesetzes und nur unter
> Beachtung der darin vorgeschriebenen Formen beschränkt werden. Festgehaltene Personen
> dürfen weder seelisch noch körperlich mißhandelt werden."

Es werden aber immer wieder Gefängnisstrafen gegen Menschen aufgrund der Abga-
benordnung (AO) verhängt, obwohl in diesem Gesetz kein Wort über die Formen der
Freiheitsbeschränkung zu finden ist, so daß nach Art 104, Abs. 1 GG es nicht erlaubt ist,
Gefängnisstrafen nach der AO zu verhängen. Einer der populärsten Fälle dazu war die
Verurteilung des berühmten Fußballmanagers von *Bayern München* Ulrich Hoeneß, der
am 13. März 2014 von der fünften Strafkammer des Landgerichts München II nach §370
Abs. 1 AO *„wegen sieben Fällen der Steuerhinterziehung"* zu einer Freiheitsstrafe von
drei Jahren und 6 Monaten verurteilt wurde. Der §370 Abs. 1 AO lautet:
„(1) Mit Freiheitsstrafe bis zu fünf Jahren oder mit Geldstrafe wird bestraft, wer

1. den Finanzbehörden oder anderen Behörden über steuerlich erhebliche Tatsachen un-
   richtige oder unvollständige Angaben macht,
2. die Finanzbehörden pflichtwidrig über steuerlich erhebliche Tatsachen in Unkenntnis
   lässt oder
3. pflichtwidrig die Verwendung von Steuerzeichen oder Steuerstemplern unterlässt
4. und dadurch Steuern verkürzt oder für sich oder einen anderen nicht gerechtfertigte
   Steuervorteile erlangt."

Auch in diesem Paragraphen sind, so wie in der ganzen Abgabenordnung (AO) nicht, keinerlei Angabe gemacht über die nach Art. 104 Abs. 1 GG verlangten „vorgeschriebenen

Formen" der Freiheitsbeschränkung. Er durfte also nicht angewendet werden. Das *Institut für Rechtsphilosophie des Sokrates Universitäts Vereins e.V. (SUV)* hat sich darum an das *Bayerische Staatsministerium der Justiz* gewandt, um zu erwirken, daß das Urteil wegen gravierender Rechtsfehler zurückgenommen wird. Daraufhin hat sich ein Briefwechsel mit dem „Vorsitzenden Richter am Landgericht" entsponnen, in dem stets die gleichlautende Antwort präsentiert wurde, es sei ihnen „*wegen der verfassungsrechtlich gewährleisteten richterlichen Unabhängigkeit verwehrt, gerichtliche Verfahren zu überprüfen oder gerichtliche Entscheidungen abzuändern, aufzuheben oder auch nur zu bewerten.*" Die Gerichte wären „*nach Art 97 Abs. 1 des Grundgesetzes und nach Art. 85 der Verfassung des Freistaates Bayern unabhängig und nur dem Gesetz unterworfen.*"

Und was geschieht, wenn Richter dem Gesetz nicht folgen? In der Tat gar nichts! Richter sind offenbar wie im Feudalismus noch immer Obrigkeiten, denen man sich zu unterwerfen hat, was freilich gänzlich dem Geist der Aufklärung widerspricht, der aber spätestens seit Kant im Bewußtsein auch der Juristen eingezogen sein sollte, was aber offenbar jedenfalls im *Bayerischen Staatsministerium der Justiz* nicht der Fall ist. Da aber nur der examinierte Jurist Richter werden kann, der seinen Richtereid abgelegt hat, entsteht die Frage, was geschieht mit einer Richterin oder einem Richter, wenn er diesen Eid bricht? Für die Ahndung eines solchen Tatbestandes gibt es meines Wissens bislang keine Vorschrift.

Der Richtereid, der in öffentlicher Sitzung von einer Juristin oder einem Juristen abzulegen ist, bevor sie Richterin oder er Richter werden kann lautet ohne die religiöse Beschwörungsformel gemäß § 38 des deutschen Richtergesetzes:

> „Ich schwöre, das Richteramt getreu dem Grundgesetz für die Bundesrepublik Deutschland und getreu dem Gesetz auszuüben, nach bestem Wissen und Gewissen ohne Ansehen der Person zu urteilen und nur der Wahrheit und Gerechtigkeit zu dienen."

Demnach wird dieser Eid schon dann gebrochen, wenn relevante Grundgesetzbestimmungen wie etwa Art. 104 Abs. 1 GG bei einer Verurteilung zu einer Gefängnisstrafe nicht beachtet werden oder wenn durch eine richterliche Entscheidung, keine Revision des Urteils zugelassen wird, obwohl noch Wahrheitsfindungsfragen offen sind, und entsprechendes gilt für die richterlich verhinderte Klärung von Gerechtigkeitsfragen. Bei den ungezählten Richtereidsverletzungen, die immer wieder vorkommen, müßte nach allgemeinem Rechtsverständnis so verfahren werden, daß eine Richterin oder ein Richter mit einer Richtereidsverletzung seinen Richtereid zurücknimmt und damit die Vorraussetzung dafür verliert, Richterin oder Richter sein zu können und mithin diesen Beruf nicht mehr ausüben darf. All solche Fragen werden meines Wissens nach nicht an den juristischen Fakultäten verhandelt, weshalb sie darum stark zu kritisieren sind.

Die Erhaltung derartiger *Gewalt anwendenden Bewußtseinsformen* wird aber nicht nur im Geiste gepflegt, sondern leider immernoch auch in den *Bewußtseinsformen der äußeren Gewaltanwendung*. Da werden den Polizisten – wie gerade während der polizeilichen Übergriffe aus Anlaß des G20-Gipfels in Hamburg erlebbar gemacht – brutale Klammergriffe antrainiert, durch die sie innere körperliche Schädigungen bewirken, wie z.B. ein *Vorhof-Flimmern im Herzen*, welches die Gefahr von Infarkten drastisch erhöht, was vermutlich immer wieder bei Gefangennahmen geschieht.

Und die Verbindung von Bewußtseinsformen der äußeren und der inneren Gewaltanwendung wird vom höchsten deutschen Gericht wie im Fall des Lüdemann-Prozesses sogar noch gepflegt, wenn – wie soeben geschildert – das Bundesverfassungsgericht durch seine gesetzgebende Gewalt auch die Nichtbeachtung des Grundgesetzes zum Gesetz erhebt. Alle Juristischen Fakultäten hätten dagegen protestieren müssen, was sie meines Wissens nach nur mit einer Ausnahme nicht getan haben. Und diese Ausnahme ist der Lehrstuhl für Öffentliches Recht und Rechtsphilosophie am Juristischen Seminar der Christian-Albrechts-Universität zu Kiel, den Prof. Dr. Dr. h.c. mult. Robert Alexy damals innehatte. An diesem Lehrstuhl wurden meines Wissens nach kritische Arbeiten zu den Lüdemann-Urteilen verfertigt.

Daß die Richter-Problematik in nahezu allen Rechtsbereichen so angestiegen ist, liegt vor allem an ihrer mangelhaften Ausbildung. Da werden z.B. bedenkenlos Menschen vorverurteilt und ihr Lebensweg ruiniert, wenn sie lediglich der Behauptung ohne Beweismittel ausgesetzt sind, eine Sexualstraftat begangen zu haben. Den betreffenden Staatsanwälten und Richtern kommt nicht einmal der Gedanke, daß sie mit ihrem Verhalten die Würde von Menschen in extremer Weise verletzen und damit zugleich auch unsere Rechtsordnung schwer beschädigen, die nach Art. 1 GG auf dem Schutz der Würde des Menschen aufruht, obwohl sie geschworen haben, die Rechtsordnung der Bundesrepublik Deutschland zu bewahren. Und warum tun sie das? Weil sie gar keine Vorstellung davon vermittelt bekommen haben, worin die Würde des Menschen besteht, wie man sie verletzen, heilen und schützen kann.

Wer klagt die betreffenden Staatsanwälte und Richter an, die unsere Rechtssicherheit in sträflicher Weise verunsichern? Da scheint definitiv eine *Institution zum Schutz des Grundgesetzes* zu fehlen; denn das Bundesverfassungsgericht ist es nicht; da es nur auf Antrag und nicht aufgrund eigner Verantwortung tätig werden kann. Aber wie es scheint, haben diese Leute gar kein Unrechtsbewußtsein, weil sie eben nicht einmal zu wissen scheinen, was die Würde des Menschen überhaupt bedeutet. Das Entsprechende gilt bei Wirtschaftsrechts-, Familienrechts-, Verwaltungsrechts- und Vereinsrechtsprozessen. Die Richter richten in Sachgebieten, auf denen sie ahnungslos sind, da ihnen eine Fachausbildung fehlt, einen unermeßlichen Schaden an, der letztlich darauf zurückzuführen ist, daß sie nicht ordentlich ausgebildet worden sind. Diese schwerwiegenden Vergehen an der inneren Existenz von Menschen und an der Rechtssicherheit in unserem Staat sollten mit Hilfe der Definition eines neuen Straftatbestands geahndet werden, der als *Mißbrauch richterlicher Gewalt* zu kennzeichnen wäre.

Die in der Funktionsbeschreibung der Staats- und Rechtswissenschaftlichen Fakultät im Abschnitt 3.3.11 aufgestellten Forderungen an die Ausbildung sind bisher nur in sehr kümmerlichen Ansätzen, was etwa das Wirtschaftsrecht angeht, verwirklicht. Da die Gesetzgebung faktisch von schlecht ausgebildeten Juristen aus den verschiedensten Parteien ausgeht, leidet die Bundesrepublik Deutschland in zunehmendem Maß an Autoimmuner-

krankungen, die durch Fehler im Grundgesetz, schlechte Gesetze oder schlechte Richtersprüche entstanden sind und fortlaufend neu entstehen.[43]

Die Juristischen Fakultäten verstehen sich in Deutschland nach eigenem Bekunden als
Ausbildungsstätte „des juristischen Nachwuchses für Wirtschaft und Gesellschaft", wie es
in der Beschreibung des Profils der juristischen Fakultät in Kiel heißt. In Hamburg gibt es
sogar ein Hamburgisches Juristenausbildungsgesetz, das im §1 Abs. 1 festlegt:

„(1) Die juristische Ausbildung dient der Vorbereitung auf alle juristischen Berufe."

Damit degradieren sich die Juristischen Fakultäten freiwillig, wie etwa in Kiel, oder anderswo gezwungenermaßen wie in Hamburg zu Berufsschulen. Und wir haben uns ernsthaft zu fragen, was sie dann noch an den Universitäten zu suchen haben. Die Begründung,
daß sie mit die ältesten Fakultäten an den Universitäten sind, kann da ebensowenig hinrei-
chen, wie bei den Theologischen Fakultäten. Berufsausbildungsstätten ohne wissenschaftliche Forschung sollten sich an Universitäten nicht mehr unterbringen lassen.

4.2.4 Zu der Verantwortung der Rechtswissenschaften für das menschliche Gemeinwesen

Wissenschaftliche Forschung ist ein methodisch organisiertes Erkenntnisstreben über
wohlbestimmte Objektbereiche. In diesem Sinne sind die Rechtsphilosophie, die Rechts-
soziologie, die Rechtspsychologie, die Rechtsmedizin oder die Kriminologie gewiß
wissenschaftliche Disziplinen. Aber die juristische Ausbildung berührt diese wissenschaftlichen Disziplinen nur am Rande, und nicht selten sind diese Fächer nicht einmal
examensrelevant. Was an Wissenschaft an den juristischen Fakultäten offensichtlich fehlt,
ist die Verantwortung für das menschliche Gemeinwesen, indem darüber geforscht wird,
wie das Rechtssystem verbessert werden kann, welche Verbesserungen das Grundgesetz
erfahren müßte, welche Gesetze nicht mit dem Grundgesetz zusammenstimmen und welche Gesetze sich überhaupt widersprechen. Ferner wäre laufend zu erforschen, ob denn
die Gesetze den Zweck, den sie vom Gesetzgeber erhalten haben, erfüllen oder ob sie gar
dem Wohl und der Weiterentwicklung demokratischer Staaten zuwiderlaufen, wie etwa
die Gesetze, welche Autoimmunerkrankungen des Staates hervorrufen.

Wie ich von einem namhaften Juristen erfuhr, ist die Strafrechtsreform daran geschei-
tert, daß die Strafgesetze ein unentwirrbares Knäuel von widersprüchlichen Gesetzen
sind. Das wird so bleiben, solange die Juristen nicht ihre Verantwortung dem Volk gegenüber übernehmen, von dem sie bezahlt werden. Die Juristischen Fakultäten haben die
Pflicht, zu erforschen wie sich unser Rechtssystem verbessern läßt. Schließlich steht für
die Menschen die Demokratie noch immer auf dem Prüfstand, und es darf nicht dazu

---

43 Dazu finden sich weitere Ausführungen in der Ausarbeitung von W. Deppert, „Die unitarische
    Gerechtigkeitsformel", die hier im Anhang 2 abgedruckt ist.

kommen, daß sich die Mehrheit von der Überzeugung abwendet, daß die Demokratie die einzige zukunftsweisende Staatsform ist. Die Anzahl der Nichtwähler nimmt laufend zu, sie bilden inzwischen längst die stärkste Fraktion.

Wer auch immer Gesetze beschließt – das Volk oder ihre Vertreter – ihre Stimmigkeit untereinander und mit dem Grundgesetz sowie die Kontrolle, ob verabschiedete Gesetze ihre gewünschte Wirksamkeit entfalten oder nicht oder ob sie sich gar als kontraproduktiv erweisen, dies alles und vieles mehr sind wichtigste Forschungsaufgaben, von denen sich nicht erkennen läßt, daß sich die juristischen Fakultäten darum genug kümmerten. Immerhin gab es zu Kaisers Zeiten tüchtige beherzte Juristen, die in dieser Weise tätig geworden sind und die das BGB erarbeitet haben, das nicht nur in Deutschland, sondern weltweit bis heute große Anerkennung erfahren hat. Das war ein Ergebnis solider wissenschaftlicher Arbeit mit einem großen Erkenntnisgewinn. Derartige wissenschaftliche Anstrengungen scheinen den juristischen Fakultäten fremd geworden zu sein, obwohl solche wissenschaftlichen Arbeiten den Verbleib der juristischen Fakultäten an den Universitäten rechtfertigten.

Wäre es nicht fatal, wenn dieser Hinweis den inzwischen zunehmenden Feinden der Demokratie als Argument diente, wieder zur Monarchie zurückzukehren, da in ihr rechtswissenschaftliche Leistungen erbracht worden sind, die offenbar in einer Demokratie nicht möglich sind? Und wenn wir nur oberflächlich die Gründe der zunehmenden Staats-, Parteien- und Wahlverdrossenheit aufsuchen, dann stellt es sich schnell heraus, daß es vor allem die jämmerlichen Kompetenzen der Juristen sind, durch die einzelnen Bürgern, ihren wirtschaftlichen und kulturellen Vereinigungen und schließlich dem ganzen staatlich organisierten Gemeinwesen ein unermeßlicher Schaden zugefügt wird, so daß wir inzwischen von diversen Autoimmunerkrankungen des Staates sprechen müssen, für deren Existenz ausschließlich Juristen verantwortlich sind.

Den Juristen und insbesondere den Richtern ist in unserem Grundgesetz leider die größte unwiderrufliche Macht über Menschen zugesprochen. Durch die Juristen wird sogar die Gewaltenteilung aufgehoben, weil sie sich trotz ihrer mangelhaften Ausbildung zum Schaden des ganzen Volkes, in dessen Namen sie noch immer auftreten dürfen, den Vollzug der gesetzgebenden, der ausführenden und der rechtsprechenden Gewalt anmaßen. Außerdem versuchen Bundesrichter und Jura-Professoren in grundgesetzwidriger Weise die Einlösung des Grundgesetzauftrages des Art. 146 GG zu verhindern, wonach das Grundgesetz an dem Tage seine Gültigkeit verliert, *„an dem eine Verfassung in Kraft tritt, die von dem deutschen Volke in freier Entscheidung beschlossen worden ist."* Fürchten sie etwa um ihre Privilegien? Läßt sich der Artikel 146 GG anders verstehen, als daß das Grundgesetz noch keine Verfassung ist? Sicher nicht! Das bedeutet, daß die Bundesrichter ihren Richtereid brechen, wenn sie sich nicht dem Grundgesetz gemäß für die Möglichkeit einsetzen, daß das deutsche Volk endlich eine Verfassung beschließen kann.

Woran aber liegt es, daß in den demokratisch verfaßten Staaten die juristischen Fakultäten kaum noch juristische Wissenschaft und Forschung betreiben? Weil das weitreichende Grundlagen-Problem aller derzeit existierenden Demokratien bislang nicht gelöst ist, das sogenannte **Kompetenzproblem der Demokratie.** Dies war im Prinzip schon im

antiken Griechenland bekannt; denn wenn Demokratie als die staatliche Gemeinschaftsform gedacht wird, in der das Volk diejenigen wählt, die die Gesetze des Zusammenlebens
erarbeiten und beschließen sollen, dann ist gar nicht sichergestellt, daß auf diese Weise die
Fachleute in der Legislative sitzen, die auch gelernt haben, wie Gesetze zu machen sind,
damit durch Gesetze auf widerspruchsfreie Weise das Allgemeinwohl gefördert wird. Die
dazu ausgebildeten Spezialisten sind die sogenannten Juristen, welche die Spezialisten des
Rechts und der Gerechtigkeit sind, da sie gelernt haben sollten, wie sich gesetzliche Regelungen so gestalten lassen, daß *das Wohl des Einzelnen mit dem Wohl der Gemeinschaft
harmonisch miteinander verbunden* wird, so daß im Staat *Gerechtigkeit* herrscht.[44] Warum werden Juristen heute nicht mehr in dieser Weise ausgebildet, daß sie über derartige
Kenntnisse und Fähigkeiten verfügen?

Durch diese Frage tritt ein Verfassungsfehler des Grundgesetzes zu Tage, der darin
besteht, daß das Grundgesetz den Juristischen Fakultäten der Universitäten keine Rechte
einräumt oder gar Pflichten auferlegt, juristische Forschungsergebnisse direkt zur Gesetzgebung in die gesetzgebenden Organe des Bundes und der Länder einzubringen. Man
stelle sich vor, in einer juristischen Fakultät wurde festgestellt, aus welchen Gründen ein
bestimmtes Wirtschaftsgesetz dazu geführt hat, daß eine ganz bestimmte Autoimmunerkrankung des Staates bedauerliche staatsschädigende Wirkungen ausübt, und die juristische Fakultät macht Vorschläge zur Änderung des betreffenden Wirtschaftsgesetzes.
Das Grundgesetz sieht für die juristische Fakultät keine Möglichkeit zur Einbringung von
Gesetzesänderungsvorlagen in den Bundestag vor, so daß es für die juristische Fakultät
nicht einsichtig ist, warum sie sich überhaupt die wissenschaftliche Mühe machen sollte,
derartige Forschungen zu betreiben, also unterbleiben sie und entsprechend auch die Ausbildung zu juristischen Forschern.

Darum werden an Universitäten Juristen nur ausgebildet, um die bestehenden Gesetzeswerke kennenzulernen und möglicherweise auch auszulegen. Eine wissenschaftliche
Ausbildung zur Erforschung neuer Gesetze, wie sie in den Naturwissenschaften stattfindet, gibt es allenfalls in der Rechtsphilosophie, die aber in den juristischen Seminaren ein
untergeordnetes Dasein fristet.

An diesem bedauerlichen Ausbildungsstand in den juristischen Fakultäten wird sich
erst etwas ändern, wenn wir durch die Verwirklichung des Art. 146 GG eine Verfassung
bekommen, in der die Beteiligung von wissenschaftlichen Fachkräften an der Gesetzgebung ausdrücklich vorgesehen ist.

---

44 Zu dieser Definition von Gerechtigkeit vergleiche W. Deppert. Individualistische Wirtschaftsethik (IWE), Lehrbuch des Springer Gabler Verlages, Wiesbaden 2014, S.51.

4.3   Die Kritik der Wirtschafts- und Sozialwissenschaftlichen Fakultät

Schon in der Darstellung der Funktionen einer Wirtschaftswissenschaftlichen Fakultät im Abschnitt 3.3.10 wurde deutlich gemacht, daß die Wirtschaftswissenschaften durch ihre frühe Abkopplung von der Philosophie Grundlagenprobleme haben, mit denen sie nicht sorgsam genug umgegangen sind. Ihre Einstellung der Philosophie gegenüber läßt sich in etwa so formulieren:

> *„Wir brauchen uns um unsere Grundlagen nicht zu kümmern; denn wir sind ja längst ein wohletabliertes Universitätsfach sogar mit einer eigenen Fakultät. Die Begriffe machen wir spontan so, wie wir meinen, sie gerade zu gebrauchen, um die Möglichkeiten zu Nutzenmaximierungen beschreiben zu können. Dazu benutzen wir die Begriffe, mit denen wir schon immer umgegangen sind. In welcher Weise unsere Begriffe auf Grundbegriffen aufruhen, durch die wirtschaftswissenschaftliche Erkenntnisse erst möglich werden, indem sie dazu tauglich sind, die Wirtschaftswissenschaften als ein menschliches Gemeinschaftsunternehmen zu verstehen, durch das die Existenz der Menschen gesichert wird, darüber haben wir allerdings noch nicht nachgedacht.“*

Nach Immanuel Kant sollte sich jedoch jeder Wissenschaftler um die metaphysischen Grundlagen seiner Wissenschaft bemühen, durch die seine Wissenschaft überhaupt erst möglich wird, da sie aus den Bedingungen der Möglichkeit wissenschaftlicher Erfahrung bestehen. Andernfalls tut sich die Gefahr auf, daß die Wissenschaft ihren Sinn verliert und zu bodenloser Spekulation verführt. Ein solches wildes Spekulationstheater ist uns gerade in Form der internationalen Finanzkrisen vorgeführt worden.

Tatsächlich aber sind die Volkswirtschafts- und die Betriebswirtschaftslehre noch sehr junge Wissenschaften, deren philosophische Grundlagen nur sehr mager ausgeführt worden sind. Einige begriffliche Grundlagen wurden von wenigen Philosophen gelegt, wie etwa Adam Smith oder John Stuart Mill, aber schon bald ging der Kontakt zur Philosophie verloren, ähnlich wie in vielen anderen Wissenschaften auch. Eine schon mehrfach angedeutete Anregung für die Wirtschaftswissenschaftliche Fakultät mag darin bestehen, daß sie den hier verwendeten Begriff der *kulturellen Lebewesen* aufnimmt, da alle Wirtschaftsunternehmen als kulturelle Lebewesen anzusehen sind, für die zu überlegen ist, in welcher Weise in ihnen die fünf Überlebensfunktionen eingerichtet sind und ausgeübt werden. Dabei sind einige Begrifflichkeiten umzudeuten, etwa die Energiebereitstellung als Kreditbeantragung und -bewilligung, usf. Der zentrale Begriff der Wirtschaftswissenschaften sollte der Wertbegriff[45] sein, da es in den Wirtschaftswissenschaften doch wesentlich um das Verteilungsproblem von Werten geht, die allerdings von anderen Berufen

---

45   Vgl. dazu W. Deppert: *Individualistische Wirtschaftsethik.* In: W. Deppert, D. Mielke, W. Theobald (Hrsg.): *Mensch und Wirtschaft. Interdisziplinäre Beiträge zur Wirtschafts- und Unternehmensethik.* 1. Band der Reihe *Wirtschaft mit menschlichem Antlitz,* Leipziger Universitätsverlag, Leipzig 2001, ISBN 3–934565–69–7, S. 157 ff.

erzeugt worden sind. Dennoch aber ist der Wertbegriff in den Wirtschaftswissenschaften nahezu ungeklärt. Erst aus einem Wertbegriff läßt sich ein fundierter Nutzenbegriff ableiten; denn der *Nutzenbegriff* ist als *Zuwachs des Wertevorrats* oder als *Minderung eines Wertemangels* zu verstehen. Der Geldbegriff ist ebenso von Wert- und Nutzenbegriffen abzuleiten, weil Geld stets eine erklärte Wert- bzw. Nutzenäquivalenz darstellt, da Geld ursprünglich zu dem Zweck erfunden wurde, eine Vereinfachung des Tauschhandels zu bewirken. Ein Grundfehler in unserer heutigen Volkswirtschaftslehre besteht in der fehlenden Definition des Wertbegriffs. Dadurch kommt es zu dem begrifflichen Kurzschluß, daß das Geld selbst als Wert betrachtet wird und entsprechend der Nutzen als Erhöhung der verfügbaren Geldmenge. Auf diese Weise ist mit dem Wert- und entsprechend mit dem Geldbegriff eine Zirkularität verbunden, durch die sich eine in die Geldmengenkatastrophe führende Geldschöpfungsspirale von Krediten von Krediten von Krediten usf. ergibt. Der Fehler, der das bewirkt, liegt lediglich im undefinierten Wertbegriff.

Wenn man den hier im Abschnitt 2.5.1 definierten Wertbegriff zugrundelegt, dann läßt sich daraus so, wie oben angegeben, ein gut verwendbarer Nutzenbegriff bestimmen, durch den, aufgrund der Trennung von inneren und äußeren Werten, auch innerer von äußerem Nutzen unterschieden werden kann. Die fehlende Unterscheidung von inneren und äußeren Werten und entsprechend von innerem Nutzen und äußerem Nutzen ist der zweite große Fehler in den Wirtschaftswissenschaften.

Durch den hier angegebenen Wertbegriff läßt sich für den Geldbegriff die Forderung durchsetzen, daß Geld stets eine Wertäquivalenz garantieren muß. Firmen, deren Existenz sich nur auf die Hoffnung von Spekulationsgewinnen gründet, können für ihre Firmenanteilsscheine keine Wertäquivalente ausweisen und produzieren damit Falschgeld in dem hier definierten Sinne von Geld, wenn sie Firmenanteile verkaufen, wie es etwa Investmentbanken tun. Wir haben bisher aufgrund der fehlenden Wert- und damit der unklaren Gelddefinition die Produktion von Falschgeld nur in Form von falschen Münzen oder falschen Geldscheinen verboten, nicht aber in Form von Geldschöpfungen von Kreditbanken, wenn sie für ihre Geldschöpfungen keine Wertäquivalente ausweisen können. Dadurch haben sich sogar den Kettenbriefen ähnliche Iterationen von Falschgeld von Falschgeld von Falschgeld aufgebaut, wodurch die weltweite Finanzkrise entstanden ist. Und es ist sicher ein irrwitziger Skandal, wenn nun dieses Falschgeld durch richtiges Geld, nämlich durch reale Steuergelder eingelöst wird.

Zur Bewältigung der Finanzkrise lassen sich durch die Verwendung des angegebenen Wertbegriffs nun wirksame politische Steuerungsmaßnahmen ergreifen, die etwa darin bestehen können, Banken gesetzlich den Handel mit sogenannten Wertpapieren zu verbieten, die nach der oben genannten Definition von Werten keine Werte repräsentieren. Um die Spekulationen in bezug auf Devisenschwankungen zu unterbinden, sollten Aktienverkäufe erst dann gesetzlich zugelassen werden, wenn ihr Wertäquivalent durch Eintragung in ein Grundbuch gesichert ist, falls es sich bei der Aktie auch um einen Anteil von Grund und Boden der entsprechen Aktiengesellschaft handelt, oder durch die Eintragung in ein dem Grundbuch ähnlichen *Eigentumsicherungsbuch*. Dann sind damit auch die extrem schädlichen Sekundenverkäufe unterbunden, da die Eintragung in die *Eigentum-*

sicherungsbücher stets eine gewisse Zeit in Anspruch nehmen, wie dies für Grundbuch-
eintragungen ja gut bekannt ist. Diese Verhältnisse genauer zu erforschen, ist Aufgabe
der Disziplinen der Wirtschafts- und Sozialwissenschaftlichen Fakultät. Die Gesetzes-
vorlagen zu erarbeiten, die zur Neuregelung der Kreditvergaben aufgrund der gefundenen
Forschungsergebnisse erforderlich wären, das wäre dann die Aufgabe der Juristischen Fakultät, die den hilflos wirkenden Regierenden sehr zu Hilfe käme, wenn sie nur endlich
die Möglichkeit hätte, ihre Gesetzgebungskompetenz in die Entscheidungsgremien der
Legislative einzubringen.

Dies ist ein – wie ich meine – sehr handgreifliches Beispiel dafür, wieviel Schaden
vermieden werden könnte, wenn sich die Wissenschaften einerseits mehr für ihre philosophische Grundlegung interessierten und andererseits den interdisziplinären Kontakt
zu anderen Fakultäten – wie hier zur juristischen Fakultät – suchten, was freilich nur
dann möglich ist, wenn auch diese ihre Verantwortung für das gemeinsame Ganze unseres
menschlichen Gemeinwesens erkennen. Außerdem aber könnten wir von den Universitäten
her auf diese Weise die Politiker davon überzeugen, welch großen Nutzen sie aus den interdisziplinären Arbeitsergebnissen der Universitäten ziehen könnten, so daß sie die finan-
ziellen staatlichen Aufwendungen zum weiteren Ausbau der Universitäten aufgrund ihres
eigenen Interesses freiwillig vergrößern würden, anstatt diese immer weiter zu schmälern.
Um derartige Ziele erreichen zu können, bedarf es eines neuen Selbstverständnisses von
uns Wissenschaftlern an den Universitäten, welches darin besteht, unsere wissenschaftlichen Tätigkeiten so auszurichten, daß wir dadurch unserer Mitverantwortung für unser
menschliches Gemeinwesen wenigstens versuchen gerecht zu werden, wozu es bisweilen
noch keine demokratische Organisationsform der Wissenschaftler gibt, die in Form einer
allgemeinen deutschen Wissenschaftlerkammer erst noch aufzubauen ist.[46] Erst dann wird
es möglich sein, den Art. 5 Abs. 3 GG im akademischen Leben zu verwirklichen; denn
natürlich bedarf die darin geforderte Freiheit von Forschung und Lehre einer von den
Wissenschaftlern selbst erstellten Organisationsform, durch die geregelt wird, auf welche
Weise die Freiheit der Forschung und die Freiheit der Lehre stattfinden und gesichert werden kann. Solange sich die Wissenschaftler nicht selbst in einer Wissenschaftlerkammer
darum kümmern, war es nötig gewesen, diese Organisationsaufgaben einer staatlichen
Stelle zu übertragen, welche sich als der deutsche Wissenschaftsrat in Köln etabliert hat.

Der Wissenschaftsrat hat sich unbestreitbar verdient gemacht, indem er die nach dem
zweiten Weltkrieg darnieder liegende Wissenschaft wieder auf die Beine gebracht hat,
nun aber könnte er sich weitere große Verdienste für die Förderung der deutschen Wissenschaft erwerben, wenn er die Gründung einer allgemeinen deutschen Wissenschaftskam-

---

46   Erste Versuche in dieser Richtung sind vom Sokrates-Universitäts-Verein e.V. (SUV) unternommen worden, indem dieser schon 2013 einen Aufruf zur Vorbereitung der Gründung einer
vorläufigen allgemeinen deutschen Wissenschaftskammer vom 11. bis 13. Okt. 2013 in Kling-
berg/Scharbeutz/Ostsee sogar auch in der Zeitschrift *Forschung und Lehre* des Deutschen
Hochschulverbandes bekannt gemacht und eine Tagung dazu in Klingberg/Scharbeutz durchgeführt hat. Leider war die Resonanz mager, aber das Konzept beginnt sich doch allmählich
herumzusprechen.

mer aktiv betriebe und dessen Arbeitsfähigkeit dadurch sicherstellte, daß er die eigenen Abteilungen in den neu gegründeten Wissenschaftsrat integriert und dadurch die finanzielle Anschubsfinanzierung sichert.

4.4 Die Kritik der Medizinischen Fakultät

Immanuel Kant beschreibt in seinem Werk *Der Streit der Fakultäten* die „Eigentümlichkeit der medizinischen Fakultät" auf folgende Weise[47]:

„Der Arzt ist ein Künstler, der doch, weil seine Kunst von einer Wissenschaft der Natur abgeleitet werden muß, als Gelehrter irgendeiner Fakultät untergeordnet ist, bei der er seine Schule gemacht haben und deren Beurteilung er unterworfen bleiben muß. Weil aber die Regierung an der Art, wie er die Gesundheit des Volks behandelt, notwendig großes Interesse nimmt: so ist sie berechtigt durch eine Versammlung ausgewählter Geschäftsleute dieser Fakultät (praktische Ärzte) über das öffentliche Verfahren der Ärzte durch ein *Obersanitäts-kollegium* und Medizinalverordnungen Aufsicht zu haben. Die letzteren aber bestehen wegen der besonderen Beschaffenheit dieser Fakultät, daß sie nämlich ihre Verhaltensregeln nicht, wie die vorigen zwei obern [[die Theologische und die Juristische Fakultät]], von Befehlen eines Oberen, sondern aus der Natur der Dinge selbst hernehmen muß – weshalb ihre Lehren auch ursprünglich der philosophischen Fakultät, im weitesten Verstande genommen, angehören müßten –, nicht sowohl in dem, was die Ärzte tun, als was sie unterlassen sollen …
Diese Fakultät ist also viel freier als die beiden ersten unter den obern und der philosophischen sehr nahe verwandt; ja was die Lehren derselben betrifft, wodurch *Ärzte* gebildet werden, gänzlich frei,weil es für sie keine durch höchste Autorität sanktionierte, sondern nur aus der Natur geschöpfte Bücher geben kann, auch keine eigentlichen Gesetze (wenn man darunter den unveränderlichen Willen des Gesetzgebers versteht), sondern nur Verordnungen (Edikte), welche zu kennen nicht Gelehrsamkeit ist, als zu der ein systematischer Inbegriff von Lehren erfordert ist, den zwar die Fakultät besitzt, welchen aber (als in keinem Gesetzbuch enthalten) die Regierung zu sanktionieren nicht die Befugnis hat, sondern jener überlassen muß, indessen sie durch Dispensatorien und Lazarettanstalten den Geschäftsleuten derselben ihre Praxis im öffentlichen Gebrauch nur zu befördern bedacht ist."

Dieses Kant-Zitat enthält einerseits eine Kritik, die auch heute noch gilt und andererseits gibt sie den historischen Grund dafür an, warum die Medizin ganz besonders zu kritisieren ist. Kants Kritik bezieht sich darauf, daß die Medizin ursprünglich aus der Philosophie entstanden ist, und daß die Mediziner diesen Ursprung vergessen zu haben scheinen, was auch heute noch – wie sich sogleich noch deutlich zeigen wird – zu kritisieren ist, damit die Medizin, ihrem Gesunderhaltungsauftrag besser gerecht werden kann. Aus diesem philosophischen Ursprung, auf den sich Kant bezieht, aber entstammt eine einseitige Abhängigkeit der medizinischen Wissenschaften von den Naturwissenschaften, die Kant auch noch für notwendig hält, die heute aber zu kritisieren ist, weil sich in dieser

---

47   Vgl. Immanuel Kant, *Der Streit der Fakultäten*, hersgg. Von Klaus Reich, Meiner Verlag Hamburg 1959, S. 18f.

einseitigen Abhängigkeitsbetrachtung ein veraltetes Weltbild verbirgt, das sich heute nicht mehr rechtfertigen läßt.

Erstaunlicherweise entstammt dieses Weltbild noch dem Mythos, das bis heute dennoch zielführend für die Naturwissenschaften und insbesondere für die Physik geblieben ist. Es handelt sich dabei vor allem um die Idee einer hierarchisch strukturierten Welt, die sich in dem aus dem Mythos stammenden Kosmisierungsprogramm erhalten hat. Das *Kosmisierungsprogramm* besteht aus der Behauptung, daß alle Ordnung aus dem Kosmos kommt. Darum hatten die mythischen Götter dort ihren Wohnsitz, weil es auf der Erde im Vergleich mit dem steten Gleichmaß der Himmelsbewegungen drunter und drüber ging. Nach *Mircea Eliade* wird in der Zeit des Mythos *"die unbebaute Gegend (-) zuerst "kosmisiert" und erst dann bewohnt"*.[48] Dies bedeutet, daß die mythischen Menschen die einzig verläßlichen Ordnungen in dem für sie göttlichen Geschehen des Umlaufs der Gestirne erblickten. Erst wenn die göttliche Ordnung des Kosmos auf die *„wilden, unbebauten Landstriche"* projiziert wurde, konnte der Mensch sie bebauen. Selbst die Gliederung und Organisation der Staaten, insbesondere der Königreiche wurde nach *kosmischen Zahlenverhältnissen* etwa mit Hilfe der heiligen Zahlen 12 und 7 vorgenommen, die man den Umlaufverhältnissen der Gestirne entnahm. Der Glaube an die ordnende Kraft des Kosmos ist zum Kosmisierungsprogramm geworden, dessen erkenntnisleitende Funktion sich trotz des Wechsels von religiösen und philosophischen Vorstellungen über die Jahrhunderte bis in unsere Zeit erhalten hat. Das aus dem Mythos stammende Kosmisierungsprogramm findet im Kovarianzprinzip der Allgemeinen Relativitätstheorie Einsteins seinen exaktesten Ausdruck.[49] Denn das *Kovarianzprinzip Einsteins* besagt: *Eine gesetzesartige Aussage ist nur dann ein mögliches Naturgesetz, wenn sie in allen Bezugssystemen auf die gleiche Form gebracht werden kann*, wozu Einstein den Tensorkalkül einsetzte. Ein Naturgesetz hat demnach den Kosmos als ein Ganzes zu charakterisieren. Besäße hingegen ein Gesetz nicht in allen möglichen Bezugssystemen die gleiche Form, dann wäre es nur für einige Bezugssysteme gültig und wäre damit kein *kosmisches Gesetz*, das für den ganzen Kosmos gilt. Und da mit dem Kosmisierungsprogramm die Forderung erhoben wird, daß *alle Naturgesetze kosmische Gesetze* sein müssen, wären derartige Gesetze, die die Kovarianzforderung nicht erfüllen, auch keine Naturgesetze. Da aber schon die thermodynamischen Gesetze stets abhängig von bestimmten Systemen sind, weil viele thermodynamische Begriffe wie etwa der Temperatur- oder der Druckbegriff durch Mittelwertbildungen definiert sind, ist das Kovarianzprinzip längst in arge Bedrängnis geraten.

Das aus dem Mythos stammende Weltbild einer Ordnungshierarchie hat sich im Christentum fortgesetzt und hat im Verständnis der Mediziner dazu geführt, daß sie der

---

48   Eliade, Mircea, *Der Mythos der ewigen Wiederkehr*, Düsseldorf, 1953, S. 20f.

49   Vgl. Wolfgang Deppert, 1986a, Kritik des Kosmisierungsprogramms, in: Hans Lenk, (Hrsg.), *Zur Kritik der wissenschaftlichen Rationalität, Festschrift für Kurt Hübner*, Freiburg 1986, S. 505–512 und Wolfgang Deppert, *Zeit. Die Begründung des Zeitbegriffs, seine notwendige Spaltung und der ganzheitliche Charakter seiner Teile*, Steiner Verlag, Stuttgart 1989, S. 22–25.

Meinung sind, daß alle Vorgänge des menschlichen Körpers ausschließlich durch physikalisch-chemische Gesetzmäßigkeiten bedingt und damit auch durch diese kosmischen Gesetzmäßigkeiten zu erklären sind. Bis heute wird man bei der DFG wohl kaum einen medizinischen Forschungsantrag bewilligt bekommen, der nicht irgendein medizinisches Phänomen durch physikalisch-chemische Gesetzmäßigkeiten erklären möchte, wobei ja die chemischen Gesetze nur besondere physikalische Gesetzmäßigkeiten der Atomhüllen darstellen.

Dieser sogenannte *physikalistische Reduktionismus* ist schon seit längerer Zeit heftig kritisiert worden, und ich meine, daß er seit meiner Kieler Habilitationsschrift aus dem Jahre 1983[50] in bezug auf den *physikalischen Zeitbegriff* auch nicht mehr aufrechtzuerhalten ist. Denn schon die Tatsache, daß alle Organismen eine eigenständige zeitliche Rhythmik etwa in Form der sogenannten *circadianen Rhythmen* ausbilden, weist darauf hin, daß jedes Lebewesen von eigenen Gesetzen regiert wird, die nachweislich keine physikalistischen Naturgesetze sind, die zu kennen aber für den Mediziner von höchster Bedeutung ist. Diese Zusammenhänge sind bisher lediglich ein wenig von den Pharmakologen aufgegriffen worden, indem sie sogar eine Fachrichtung der *Chronopharmakologie* etabliert haben. Aber in deren Untersuchungen wird noch keine körpereigene *metrische Systemzeit* verwendet, sondern noch immer die physikalische Zeit, was freilich nur zu sehr überschlägigen Ergebnissen führen kann. Und gewiß gibt es auch einige Ansätze zu einer *Chronomedizin*, aber auch diese wird noch weitgehend im Rahmen des physikalistischen Zeitbegriffes betrieben.

Es muß heute als erwiesen betrachtet werden, daß jedes *natürliche Lebewesen* eigene zeitliche, räumliche und spezifische materiale Gesetzmäßigkeiten hervorbringt, und da es sich dabei um Naturwesen handelt, haben wir diese Gesetze auch als *Naturgesetze* zu verstehen, womit der *Physikalistische Reduktionismus* widerlegt ist. Und die Medizin ist dahingehend zu kritisieren, daß sie sich nicht längst aufgemacht hat, um die *körpereigenen Gesetzmäßigkeiten* zu studieren und auf geeignete Weise zu bestimmen und zu beschreiben.[51]

Da nun die eigenständigen Rhythmen sogar in jedem Organ aufgebaut werden, bedarf es einer Synchronisationsleistung des Gesamtorganismus, und es läßt sich bereits theoretisch voraussagen, daß es *Desynchronisationskrankheiten* gibt[52], die sich dadurch zu erkennen geben, daß der Gesamtorganismus nicht in der Lage ist, seine Synchronisationsleistungen zu erbringen etwa hinsichtlich des zeitlichen Gleichgewichts der Neubildung von Zellen und der *Apoptose* (Selbsttötungsprogramm der Zellen, das in den Krebszellen

---

50 Das Buch dazu erschien erst 1989 im Steiner Verlag Stuttgart unter dem Titel „*Zeit. Die Begründung des Zeitbegriffs, seine notwendige Spaltung und der ganzheitliche Charakter seiner Teile*“.

51 Das hat sich inzwischen ein wenig geändert, da sich einige Wissenschaftler aufgemacht haben, körpereigene Rhythmen zu studieren, wofür sie im Jahr 2017 sogar einen Nobelpreis erhalten haben.

52 Vgl. ebenda unter dem Stichwort ‚Desynchronisationskrankheiten‘.

ausgeschaltet ist). Typischerweise werden diese *Desynchronisationskrankheiten* an einzelnen Organen beginnen, wie dies etwa bei den Krebserkrankungen der Fall ist. In diesen Betrachtungsbereich gehören auch die sogenannten *Selbstheilungskräfte*, von denen wir heute wissen, daß sie in jeder einzelnen Zelle angelegt sind, die aber für mein Dafürhalten von der Schulmedizin ebenso knapp behandelt werden, wie die sogenannten psychosomatischen Erkrankungen. Dies alles sind Forschungsfelder, die von einigen Ausnahmemedizinern schon einmal angegriffen und ins Bewußtsein der Mediziner gehoben wurden, wie etwa die *Psychosomatik* von Arthur Jores, die aber wieder aufgegeben wurden, weil sie sich schwer mit der Dogmatik des physikalistischen Reduktionismus vereinbaren ließen oder die durch Selbstheilungskräfte bewirkte *Salutogenese* von Aaron Antonovsky, die von den Medizinern aus eben diesen Gründen nicht weiter verfolgt wird.

Dieser selbstverschuldeten Beschränktheit der Schulmediziner ist es auch anzulasten, daß sie nicht in der Lage waren, die vielfältigen psychosomatischen Überlegungen in der Geistesgeschichte zur Kenntnis zu nehmen, um aus ihnen zu lernen. So sind die ersten beiden Schriften Friedrich von Schillers der Psychosomatik, dem Zusammenhang von Körper und Geist gewidmet. Diese Schriften sind, die „*Philosóphie der Physiologie*" (1780), wovon leider nur der erste von fünf Teilen erhalten ist und die „*Versuche über den Zusammenhang der thierischen Natur des Menschen mit seiner geistigen*" (1780). In diesen Schriften wird gezeigt, warum die beiden Naturen des Menschen, die körperliche und die geistige unlöslich miteinander verbunden sind und in steter Wechselwirkung miteinander stehen. Als ein Beispiel zitiert Schiller sogar die Stelle aus den Räubern, an der deutlich wird, daß die verdorbene Geistigkeit des Franz Moor den Ruin seiner körperlichen Natur nach sich gezogen hat. Tatsächlich liefert Schiller bereits eine erstaunlich gut ausgearbeitete Theorie der Psychosomatik, wodurch sich große Teile seines dichterischen Werkes als Exemplifikationen dieser Theorie verstehen lassen. Entsprechend finden wir bei nicht wenigen Dichtern deutliche Darstellungen von psychosomatischen Zusammenhängen, wie etwa in Goethes *Faust*, in Storms *Schimmelreiter* und besonders auch in Kellers autobiographischem Roman *Der grüne Heinrich*.

Es wäre durchaus ein sehr erfolgversprechendes Forschungsvorhaben für die medizinische Forschung, in den Werken der Dichtkunst die dargestellten psychosomatischen Zusammenhänge genauer zu betrachten, um möglicherweise sogar spezifische psychosomatische Gesetzmäßigkeiten herauszufinden, da die Dichtwerke ja auf ungezählten Beobachtungen der Menschenwelt beruhen.

Für besonders kritikwürdig halte ich den Umgang mit den Heilpraktikern jeglicher Provenienz. Sie leben von ihren Heilerfolgen, und ohne diese Heilerfolge könnten sie wirtschaftlich nicht existieren, und oft genug leben sie sogar von den sogenannten *austherapierten* Fällen, in denen die Schulmedizin nicht helfen konnte. Auch hier ist eine mangelhafte Lernbereitschaft der sogenannten Schulmediziner aufgrund eines gänzlich unbegründeten Hochmuts zu kritisieren. Die Schulmedizin könnte sehr viel weiter kommen, wenn sie die Heilerfolge der Heilpraktiker ernst nähme und eine zum Wohl der kranken Menschen erforderliche wissenschaftliche Zusammenarbeit mit den Heilpraktikern aufnähme, was freilich auch zur Folge haben müßte, daß die Leistungen der Heilpraktiker

auch von den Krankenkassen und von der sogenannten Beihilfe der Länder für ihre er-
krankten Beamten anzuerkennen sind. Ohnehin ist der Begriff ‚Schulmedizin' obsolet
geworden, da dieser längst zum Inbegriff eines dogmatischen und mithin unwissenschaft-
lichen Hochmuts geworden ist, für den an wissenschaftlichen Hochschulen und Universitäten kein Platz mehr ist. Außerdem könnte die Gesundheitspolitik ihre Finanzierungspro-
bleme moderater lösen, wenn sie den wissenschaftstheoretisch längst unbegründeten und
ethisch verwerflichen Alleinvertretungsanspruch der Schulmediziner endlich aufgeben
würden; denn die von Heilpraktikern verwendeten Heilmittel lassen sich sehr viel preis-
günstiger erwerben. Der international sehr bekannte Philosoph und Wissenschaftstheoretiker Paul Feyerabend hat diese Forderungen in seinem Hauptwerk *Wider den Methodenzwang* (Suhrkamp, Frankfurt/M. 1975) schon vor 42 Jahren gut begründet aufgestellt.

An dieser Stelle ist eine dringende Zusammenarbeit zwischen Medizinern und Philosophen anzuraten. Denn die Philosophen haben die Erkenntnistheorie weiter vorangetrie-
ben, daß sich die medizinische Erkenntnisproblematik dadurch erheblich aufhellen läßt.
Dazu mag noch das Beispiel der begrifflichen Werkzeuge genannt sein, mit denen die
medizinische Wissenschaft hantiert.

Aufgrund des Schlepptaus der hierarchischen Weltsicht, in dem sich die Medizin immer noch befindet, benutzen sie in ihrer Wissenschaft ausschließlich *hierarchische Begriffssysteme*, wie es auch die Naturwissenschaftler insbesondere in den Fächern Physik
und Chemie tun. Nun ist es aber eine altbekannte und schon von Kant in seiner *Kritik der
Urteilskraft* im Unterkapitel „*Kritik der teleologischen Urteilskraft*" beschriebene Tatsache, daß Organismen hinsichtlich der existentiellen Abhängigkeit ihrer Organe keine
Hierarchien ausbilden, sondern gegenseitige, existentielle Abhängigkeiten. Das läßt sich
daran erkennen, daß etwa in einem Säugetier alle Organe zugrunde gehen und damit auch
das Säugetier als Ganzes, wenn man nur ein Organ entfernt, etwa das Herz, das Hirn, die
Haut, die Leber, den Magen, die Lunge, das Blut oder die beiden Nieren, usf. Alle Organe,
und die hier aufgezählten sind ja noch nicht alle, stehen in gegenseitiger existentieller
Abhängigkeit. Dasselbe gilt für die Bestandteile der Organe und wieder dasselbe für die
Bestandteile einer einzigen Zelle.

In der Medizin gibt es aber keine Begriffssysteme mit denen sich die ganzheitlichen
Lebensformen beschreiben ließen. Dazu wären ganzheitliche Begriffssysteme erforderlich, von denen weiter oben schon die Rede war. Die Formen ganzheitlicher Begriffssysteme und deren Verbindungen untereinander zu erforschen, wäre nach der hier vertretenen
Auffassung der Funktion von Mathematik von Mathematikern zu leisten, was bisher leider
noch nicht der Fall ist. Um das gesamte begriffliche Handwerkzeug einer Disziplin bereitzustellen, wäre eine theoretische Abteilung dieser Disziplin erforderlich, die sich aber in
der Medizin noch nicht gebildet hat, so daß für die Philosophie und die Wissenschaftstheorie in der Medizin kaum ein Ansprechpartner vorhanden ist. Zum Teil war dies bisher
über die Medizingeschichte möglich, was in Kiel leider auch der Vergangenheit angehört.
Immerhin gibt es mit Prof. Jochen Schaefer sogar einen Kieler Kardiologen, der die Notwendigkeit einer theoretischen Medizin schon lange erkannt hat, und der schon vor mehr
als 30 Jahren das „*Internationale Institut für theoretische Cardiologie*" *(IIftC)* gegründet

hat, von dem durch seine vielen internationalen Tagungen sehr viel begriffliche Aufbauarbeit nicht nur für die Kardiologie geleistet worden ist.

Kant hat dem Staat zwar noch das Recht zu *Medizinalverordnungen* zugesprochen, dabei aber übersehen, daß der wissenschaftliche Fortschritt oft schneller wächst, als Medizinalverordnungen geändert werden. Dadurch entstehen nicht selten schwere Mängel in der Krankenversorgung. Der Kieler Arzt und Suchttherapeut *Gorm Grimm* (1942 – 2008) hat darum unter schwersten persönlichen Kränkungen und unter ungerechtfertigten gerichtlichen Verfolgungen leiden müssen, weil es für ihn selbstverständliche Pflicht war, Kranken zu helfen, auch wenn er dabei gegen gänzlich veraltete Medizinalverordnungen verstieß. Aber gerade deshalb kommt ihm das große Verdienst zu, in ganz Deutschland die *Substitutionsmethode* erst mit *Codein* und dann mit *Methadon* eingeführt zu haben. Bis zu seinem selbst gesetzten Lebensende war er für die *Streichung des Betäubungsmittelgesetzes*, weil es neuen Heilmethoden für Drogenkranke entgegensteht. Auch in dieser Hinsicht sollte es eine Zusammenarbeit zwischen Medizinischer und der Juristischer Fakultät geben, deren Notwendigkeit aber gar nicht im Blick zu sein scheint.

Ein weiterer Kritikpunkt an der Medizinischen Fakultät ist durch das Studienplatzvergabeverfahren der ZVS gegeben. Immerhin haben sich hier bereits Mediziner für eine Veränderung eingesetzt, da die besonders guten oder gar sehr guten Abiturzeugnisse kaum eine Qualifizierung für spätere gute medizinische Wissenschaftler oder Ärzte abgeben. Dadurch wird lediglich der Tatsache Vorschub geleistet, daß viele junge Leute heute den Beruf mit den besten Verdienstmöglichkeiten wählen, was freilich gar keine Qualifikation für den Arztberuf abgibt. Dadurch wird aber die Tendenz zur Verwendung von möglichst vielen Apparaten verstärkt, weil sich mit der Apparatemedizin am allermeisten Geld verdienen läßt, was die Verteuerung des Gesundheitswesens beliebig in die Höhe treibt. Hier hat die Medizinische Fakultät erheblich am ärztlichen Selbstverständnis zu arbeiten, wobei wiederum eine Zusammenarbeit mit den Philosophen angeraten ist.

Das Entsprechende gilt für die inzwischen kaum noch in Frage gestellte Anbindung der Medizin an die pharmazeutische Industrie. Da wird erschreckend viel probiert, ohne eine solide wissenschaftliche Forschung. Dies gilt besonders für die Psychiatrie, in der Mittel zum Ruhigstellen verabreicht werden, ohne dabei zu berücksichtigen, daß durch diese Mittel ungezählte Gehirnbereiche geschädigt werden, die schließlich sogar zu extremen Persönlichkeitsveränderungen führen. Dabei werden Bewußtseinsformen verändert, ohne daß die Pharmazeuten oder die medizinischen Anwender überhaupt eine Vorstellung von einer möglichen *Bewußtseinstheorie* besitzen, weil diese sogar für unmöglich gehalten wird, wobei man sich auf Theorien von Francis Crick und seinem Schüler Christof Koch stützt[53], die tatsächlich versuchen, immer wieder ihre karge Einsicht zu vermitteln, daß das Bewußtsein weiterhin ein wissenschaftlich unlösbares Rätsel bleiben werde.

---

53 Vgl. Francis Crick, *WAS DIE SEELE WIRKLICH IST, Die naturwissenschaftliche Erforschung des Bewußtseins*, Artemis & Winkler Verlag, München 1994 oder Christof Koch, *Bewusstsein, ein neurobilogisches Rätsel*, Elsevier GmbH, Spektrum Akademischer Verlag, München 2005.

Immerhin haben sich im Bereich der Medizin-Ethik schon einige interdisziplinäre Aktivitäten ergeben, in denen aber leider die Philosophen weitestgehend ausgesperrt bleiben, solange sie nicht in den theologisch-ideologischen Kanon mit einstimmen. Darum sind in den sogenannten Ethik-Kommissionen vor allem Theologen, Juristen und kirchlich gebundene Philosophen vertreten, was etwa neuerlich zu der absurden Konsequenz führte, daß eine Frau erst darum kämpfen mußte, um eine vom Samen ihres inzwischen verstorbenen Mannes befruchtete Eizelle austragen zu dürfen. Und es waren Mediziner, die ihr dieses Menschenrecht auf Nachkommen versagten. Und auch hierin sind Mediziner zu kritisieren, wenn sie den Willen zum Leben mißachten und entsprechend den Willen zum Nichtmehrlebenwollen. Leider leidet auch die Sterbehilfe-Diskussion zu sehr an ideologischen Verbrämungen, indem gerade alte Menschen, die unheilbar unter schwersten Schmerzen erkrankt sind und durch die Apparatemedizin künstlich zum Weiterleben gezwungen werden, weil sich gerade durch dieses rein technifizierte Am-leben-Halten besonders viel Geld verdienen läßt. Diese Menschenquälerei durch Mediziner wird mit theologisch-ideologischen Scheinargumenten ethisch und juristisch gerechtfertigt, obwohl es sich dabei um unterlassene Hilfeleistung zur Befreiung von unerträglicher Lebensqual handelt. Auch in dieser Hinsicht sollte sich die Medizin von dogmatischen Zwängen befreien.

Weil es offenbar noch sehr viel gänzlich Neues in der Medizin zu erforschen gibt, wenn sich die Medizin von der erkenntnistheoretisch nicht mehr zu rechtfertigenden dogmatischen Bindung an die physikalische Forschung gelöst hat, können die derzeit praktizierenden Ärzte den Mut fassen und das beherzigen, was Kant zu Anfang des gebrachten Zitats so ganz selbstverständlich sagt, daß nämlich der Arzt ein Künstler ist. Und ein Künstler braucht Intuition, die kann der Arzt vielleicht durch physikalische Messungen unterstützen; denn gewiß bleibt die Physik eine unentbehrliche Grundlagenwissenschaft, aber oft wird es entscheidend für eine gelingende Therapie sein, daß sich der Arzt auch wieder für Zusammenhänge, wie sie etwa in der Krankengeschichte eines Patienten anklingen, interessieren darf, weil er sich vom Dogma des physikalistischen Reduktionismus befreit hat.

4.5   Die Kritik der Philosophischen Fakultät

4.5.1   Konsequenzen aus Kants *Der Streit der Fakultäten*

Eines der allerletzten Werke Kants ist sein Buch „Der Streit der Fakultäten", das von Klaus Reich im Felix Meiner Verlag mit großer Sorgfalt im Jahre 1959 wieder herausgegeben worden ist, so daß ich mich in meinen Zitaten auf diese Ausgabe (Nachdruck 1975) beziehe. Darin arbeitet Kant heraus, daß für ihn die Philosophische Fakultät der Hort der eigentlichen Wissenschaft ist, da nur in ihr frei geforscht werden kann. Er schreibt[54] (der Zusatz in eckigen Klammern ist von mir):

---

54   Vgl. Immanuel Kant, *Der Streit der Fakultäten*, hersgg. Von Klaus Reich, Meiner Verlag Hamburg 1959, S.20f.

„Man kann die untere Fakultät [[und das ist zu dieser Zeit die Philosophische Fakultät]] diejenige Klasse der Universität nennen, die oder sofern sie sich nur mit Lehren beschäftigt, welche nicht auf den Befehl eines Oberen zur Richtschnur angenommen werden... In Ansehung der drei obern dient sie dazu, sie zu kontrollieren und ihnen eben dadurch nützlich zu werden, weil auf *Wahrheit* (die wesentliche und erste Bedingung der Gelehrsamkeit überhaupt) alles ankommt; die *Nützlichkeit* aber, welche die oberen Fakultäten zum Behuf der Regierung versprechen, nur ein Moment vom zweiten Range ist. Auch kann man allenfalls der theologischen den stolzen Anspruch, daß die philosophische ihre Magd sei, einräumen (wobei doch noch immer die Frage bleibt: ob diese ihrer gnädigen Frau *die Fackel vorträgt* oder *die Schleppe nachträgt*), wenn man sie nur nicht verjagt, oder ihr den Mund zubindet; denn eben diese Anspruchslosigkeit, bloß frei zu sein, aber auch frei zu lassen, bloß die Wahrheit zum Vorteil jeder Wissenschaft auszumitteln und sie zum beliebigen Gebrauch der oberen Fakultäten hinzustellen, muß sie der Regierung selbst als unverdächtig, ja unentbehrlich empfehlen."

Der Wahrheitsanspruch, den Kant an die Wissenschaften der Philosophischen Fakultät bindet, in der die Trennung von Geistes- und Naturwissenschaften noch nicht vorgenommen ist, gilt grundsätzlich für alle freien Wissenschaften. Es ist ein sehr hoher Anspruch, der sich nur dann einlösen läßt, wenn die Begründungsstruktur der Wissenschaften nachgefragt und beachtet wird; denn darüber läßt sich immernoch Einigkeit erzielen, daß die Ergebnisse der Wissenschaften begründet sein müssen, was freilich wiederum auch für die Begründungen und deren Begründungen zu gelten hat, so daß alle Wissenschaften in das Dilemma eines unendlichen Begründungsregresses geraten. Der unendliche Begründungsregreß läßt sich nach Vorschlag von Kurt Hübner durch Festsetzungen beenden, wenn sie als Begründungsendpunkte begriffen werden, von denen Hübner in einem Gespräch vorgeschlagen hat, sie *mythogene Ideen* zu nennen, weil in ihnen Einzelnes und Allgemeines in einer Vorstellungseinheit zusammenfallen, so wie dies im mythischen Denken üblich war, weil die Menschen in der Kulturstufenzeit des Mythos noch gar nicht in der Lage waren, Einzelnes und Allgemeines zu unterscheiden.[55]

Kants Wahrheitsanspruch an die Wissenschaften ist mithin eine Aufforderung an alle Wissenschaften, ihre Festsetzungen explizit anzugeben, was bis heute in kaum einer Wissenschaft auch nur ansatzweise erfolgt ist. Dadurch aber kämen wir zu einem exzellenten Wissenschaftsbetrieb, der – wie bereits erwähnt – eine Fülle von wissenschaftlichen Innovationen erwarten läßt. Diese aufbauende Kritik trifft die Naturwissenschaften ebenso wie die Geisteswissenschaften.

---

55 Vgl. den 1997 in Eichstätt gehaltenen Vortrag „Zur Bestimmung des erkenntnistheoretischen Ortes religiöser Inhalte", der hier im Anhang 3 abgedruckt ist.

4.5.2 Die frühere Einheit von Geistes- und Naturwissenschaften in der Philosophie, ihre spätere Trennung und der Bedeutungsverlust der Geisteswissenschaften

Weil die Wissenschaften aus den von den Philosophen bearbeiteten Erkenntnisproblemen entstanden sind, gehörten diese Wissenschaften ursprünglich auch alle in das wissenschaftliche Bearbeitungsfeld der Philosophischen Fakultäten der Universitäten. In der Kieler Philosophischen Fakultät ist erst vor etwa 50 Jahren die jetzige Mathematisch-Naturwissenschaftliche Fakultät aus der Philosophischen heraus entstanden und damit von den übrigbleibenden Geisteswissenschaften getrennt worden. Dies war eine Konsequenz des Kieler Philosophen Wilhelm Dilthey, der die Trennung von Natur- und Geisteswissenschaften beschrieben und propagiert hatte. Darum werden die derzeitigen Philosophischen Fakultäten oft auch als die Ansammlung der Geisteswissenschaften verstanden, was gewiß nicht sehr glücklich ist, weil die Mathematik ja die reinste Geisteswissenschaft ist, die nun fälschlicherweise in die Naturwissenschaft integriert wird. Hier in Kiel ist mit der Philosophischen Fakultät eine sehr bunte Mischung von Wissenschaften entstanden, die fast alle etwas mit der inneren Existenz des Menschen zu tun haben, die Kunstwissenschaften, die Sprachwissenschaften, die historischen Wissenschaften, die Psychologie, die Pädagogik und auch die Wissenschaften vom Zusammenleben der Menschen, die sogenannten Sozialwissenschaften und natürlich auch die Philosophie selbst. Ferner gehören auch noch die Sportwissenschaften zur Philosophischen Fakultät, was man inzwischen über die fernöstlichen Sportrichtungen, die das mentale Training ausüben und in allen Sportarten propagieren, auch ganz gut rechtfertigen kann. Freilich läßt sich an dieser sehr bunten Mischung etwas kritisieren, was aber mit der hier angegebenen Systematik von 12 Fakultäten bereits indirekt schon geschehen ist. Deshalb will ich mich hier in meiner Kritik auf wenige Disziplinen beschränken und nur ganz allgemein kritisieren, daß die meisten der an der Kieler Universität in der Philosophischen Fakultät zusammengefaßten Disziplinen sich nicht genügend Mühe gegeben haben, um ihre Bedeutung für das Ganze der Wissenschaft und mithin für die Überlebensproblematik der Menschheit herauszuarbeiten und in der Öffentlichkeit einsichtig zu machen. Dazu sei hier ein Beispiel angegeben, das die Bedeutung der Intelligenzentwicklung in den Völkern betrifft durch ihren sprachlichen Kontakt mit anderen Völkern betrifft.

Es ist längst erwiesen, daß das Lernen von Kommunikationsmitteln insbesondere von Sprachen oder von musikalischen Ausdrucksmöglichkeiten die intellektuellen Fähigkeiten eines Menschen enorm steigern, ganz zu schweigen von der Steigerung der friedfertigen Verständigungsmöglichkeiten. Sicher ist es erforderlich, zum besseren Verstehen der Menschen auf der ganzen Erde eine Sprache zu haben, die sie alle sprechen und schreiben können. Wenn diese Sprache aber die lebendige Sprache eines jetzt lebenden Volkes ist, dann wird dieses Volk in seiner intellektuellen Entwicklung mehr und mehr zurückbleiben. Wenn dieses Volk aber außerdem das militärisch mächtigste Volk auf der ganzen Erde ist, dann wird von diesem Volk eine Gefahr für die ganze Menschheit in zunehmendem Maße ausgehen, da natürlich ein intellektuell unterentwickeltes Volk sich kaum noch Regierungen mit friedenstiftendem Weitblick wählen wird, sondern viel eher ziemlich primitive Machtmenschen, wie es drei Mal bereits geschehen ist und wie es zweimal schon zu brutalen kriegerischen Auseinandersetzungen geführt hat, an denen wir alle immer noch schwer mitzutragen haben. Aus dieser Einsicht ist nun folgender Schluß zu ziehen: Die Weltsprache, die als Verständigungsmittel für alle Menschen dient, darf nicht die Sprache eines in der Gegenwart existierenden Volkes sein, weil dieses Volk durch das nicht vorhandene Erfordernis, andere Sprachen zu lernen, geistig so schwer geschädigt wird, daß alle anderen Völker darunter zu leiden haben und der Weltfrieden und mithin das Überleben der ganzen Menschheit auf dem Spiele steht.

Es bietet sich nun an, eine Sprache als Weltsprache zu wählen, die heute nicht mehr von einem Volk gesprochen wird, die aber dennoch für die kulturelle Entwicklung der Menschheit von größter Bedeutung gewesen ist, und das ist die *lateinische Sprache*. Außerdem hat gerade das Lateinische aufgrund der einstigen Vormachtstellung des Römischen Reiches in sehr vielen Sprachen deutliche Spuren hinterlassen.

Um eine Strategie zu entwickeln, wie sich ein solcher Plan, das Lateinische zur Weltsprache zu machen, verwirklichen ließe, könnte eine große interdisziplinäre Zusammenarbeit von Soziologen, Politikwissenschaftlern, Historikern und natürlich sehr vielen Sprachwissenschaftlern entstehen; denn diese Vorstellungen müßten ja in allen Völkern in ihren Sprachen bekannt gemacht werden. Nahezu alle Disziplinen der Philosophischen Fakultät hätten damit so viele neue Aufgaben, durch die sich ihre Wichtigkeit unterstreichen ließe. Besonders viel hätten die Lateiner zu tun, um etwa ein bestimmtes mittelalterliches Latein so zu gestalten, daß man es als Weltsprache anbieten kann, und daß dadurch die gesamte antike und mittelalterliche Literatur lesbar wird. Außerdem sollte damit begonnen werden, auch wieder an den Schulen Latein *zu sprechen*, so daß dafür Sprachkurse zu entwickeln sind, u.s.f. Nur diese eine Idee könnte den Geisteswissenschaftlern wieder den längst nötigen Ansehensgewinn eintragen, so daß wir nicht mehr um Institutsschließungen bangen müßten. Es gibt also ganz sicher Möglichkeiten, die Bedeutungen der vielen Disziplinen der Philosophischen Fakultät in der Öffentlichkeit überzeugend darzustellen.[56]

4.5.3 Wiedervereinigungsversuche unter den Wissenschaften

Ob es eine verborgene innere Sehnsucht nach der einstigen Verbundenheit aller Wissenschaft unter dem gemeinsamen Dach der Philosophie war, welche bewirkte, daß einige Wissenschaftler gerade in den *normativen Wissenschaftstheorien* – die zweifellos philo-

---

56 Wenn sich die Europäer heute so wundern, daß die US-Amerikaner nach ihrem doch sehr gescheiten Präsidenten Obama sich einen Präsidenten gewählt haben, der ganz gewiß nicht über die intellektuellen Fähigkeiten wie sein Vorgänger verfügt, so ist dies vermutlich bereits eine Konsequenz der hier beschriebenen Zusammenhänge und wir sollten darum den Amerikanern helfen und mit ihnen sprachlich nur noch lateinisch verkehren, damit wir sie dazu bringen, endlich noch eine zweite Sprache zu lernen, durch die sie ihre eigene intellektuelle Entwicklung sogar nachweislich nachhaltig befördern können.

sophischen Ursprungs waren – meinten, mit ihnen ein neues schützendes Gebälk für alle Wissenschaften entdeckt zu haben, das wird sich gewiß nicht klären lassen; denn dies ist ja immerhin ein Anspruch, der von den normativen Wissenschaftstheorien selbst auch ausgegangen ist. Im Zuge dieses Vorhabens scheint mir eine weitere Kritik an all den Wissenschaften angebracht zu sein, die meinen, mit Hilfe der normativen Wissenschaftstheorie des *Kritischen Rationalismus* ihr wissenschaftliches Arbeiten verbessern zu können. Das Gegenteil wird nämlich der Fall sein. Der dritte Band des hier fortgeführten wissenschaftstheoretischen Werkes „Kritik der normativen Wissenschaftstheorien" hat nämlich gezeigt, daß gerade der *Kritische Rationalismus* das wissenschaftliche Arbeiten sehr viel mehr behindert als befördert, wenn es denn überhaupt eine Förderung gibt, die nicht auch ohne den Kritischen Rationalismus längst bekannt wäre.[57] Außerdem könnte gerade auch zu diesen Wissenschaften ein aufgefrischter engerer Kontakt zu den Philosophen sehr nützlich sein. Damit dies aber auch tatsächlich zu einer fruchtbaren Zusammenarbeit führen kann, ist noch die Disziplin der Philosophie selbst gründlich zu kritisieren, was aber kurz noch zurückgestellt werden mag, weil es noch einen weiteren Wiedervereinigungsversuch der verschiedenen Wissenschaften gibt, der sich auf die Erlernbarkeit der wissenschaftlichen Ergebnisse der heranwachsenden Menschen sogar weltweit bezieht und der darum den pädagogischen Wissenschaften entspringt: *Das sogenannte PISA-Studien-Konzept.*

Damit ist versucht worden, den Stand des Erlernens von Wissen und von Fähigkeiten, die auf dem Wege zum Erwachsenwerden für die Heranwachsenden bedeutsam sind, weltweit nach bestimmten Altersklassen getrennt zu vergleichen. Dazu mußte dieses Wissen und die zu erlernden Fähigkeiten, die ja den verschiedenen Wissenschaften entstammen, nach verschiedenen Fachrichtungen aufgeteilt und durch bestimmte Typen von Frage- und Problemstellungen abfrag- und prüfbar gemacht werden. Dieses Verfahren berücksichtigt keinerlei länderspezifische Unterschiede in der generellen Entwicklung der Bewußtseinsformen und derjenigen, die in bestimmten Lebensjahren erreicht werden, wovon freilich die Lernfähigkeit stark abhängt, außerdem wird bei der Fächeraufteilung vorausgesetzt daß es keinerlei Probleme damit gibt, die Wissenschaft als ein Ganzes in allen Ländern zu begreifen, das sich nach den in der Untersuchung verwendeten Lernfächern eindeutig aufteilen ließe und als ob die Bedeutungseinschätzungen der Fächer in allen Ländern die gleiche wäre, was freilich gar nicht der Fall ist. Die entsprechenden Vorbehalte bestehen hinsichtlich der in allen Ländern in gleicher Weise verwendeten Frage- und Problemformen zum Abfragen des Wissens- und des Fähigkeitsstandes der Schülerinnen und Schüler, so daß es zu vielerlei Kritik des PISA-Studien-Konzepts gekommen ist[58]

---

57 Diese Vorlesungsinhalte sind mit dem password ‚treppedew' im Blog >wolfgang.deppert.de< zu finden.

58 Vgl.: 1. Jongebloed, Hans-Carl, Vermessen – oder: Diagnostik als Bildungsprogramm, in: Susanne Lin-Klitzing,
David Di Fuccia, Gerhard Müller-Frerich (Hrsg.): Zur Vermessung von Schule. Empirische Bildungsforschung und Schulpraxis, Bad Heilbrunn 2013, S. 93 – 111 und 2. Jongebloed, Hans-Carl und Kralemann, Björn:

Die angekündigte Kritik der Philosophie beginnt ersteinmal mit einem historischen Lob; denn die Philosophen haben seit der Antike gründliche Grundlagenarbeit für die möglichen Erkenntnisse über das Sein und das Sollen und das sinnvolle Wollen geleistet. Auf diesem soliden Fundament, das vor allem Immanuel Kant noch mit ganz neuen Einsichten befestigt und ausgebaut hat, haben besonders die Naturwissenschaften im 19. und 20. Jahrhundert enorme Erfolge feiern können, so daß dadurch die Mutter der Wissenschaften, die Philosophie, immer mehr in ihrer Bedeutung und in ihrem Ansehen ins Hintertreffen geraten ist. Die Philosophen haben sich mehr und mehr ins Abseits begeben, indem sie selbst die Auffassung vertraten, nichts Wesentliches mehr zum Fortgang der Wissenschaft leisten zu können. Sie waren der Meinung, sie könnten die Erkenntnisse der Naturwissenschaften allenfalls analysieren, auch um den Geisteswissenschaften die naturwissenschaftlichen Erkenntnismethoden anzudienen, was die Psychologen und teilweise auch die Pädagogen und die Soziologen gern mit sich geschehen ließen. Darüber haben die Philosophen versäumt, ihren ursprünglichen Aufgaben nachzugehen: *das gründliche Nachdenken über die grundlegenden Probleme ihrer eigenen Zeit.* Stattdessen haben sie sich entweder als *Schleppenträger der Naturwissenschaften* oder als *Museumswärter eines geistesgeschichtlichen Museums* betätigt, um dann ihre kläglichen Ergebnisse in journalistisch eleganten Formulierungen oder in populistischen Schlagworten zu verbrämen.

Die Philosophie hatte in den Zeiten ihre große Bedeutung, in denen sich die Philosophen mit den grundlegenden existentiellen Problemen ihrer Zeit beschäftigt haben. Dies ist heute weitgehend nicht mehr der Fall, warum die Philosophen gegenwärtig in der öffentlichen Meinung nahezu in der Bedeutungslosigkeit versunken sind. Denn, um sich den grundlegenden Problemen der eigenen Zeit zuwenden zu können, ist es erforderlich, sich auf den verschiedensten wissenschaftlichen Gebieten grundlegendes Wissen und von den damit verbundenen Problemstellungen angeeignet zu haben. Erst dann wird es möglich sein, den übergroßen Fundus an historisch durch die Philosophen bearbeiteten Problemstellungen auf unsere Zeit anzuwenden und womöglich auch eigene Problemlösungsansätze zu erarbeiten. Es gibt in unserer Zeit leider nur ganz wenige Philosophen, die diesen Anspruch an sich selbst gestellt und wenigstens teilweise auch erfüllt haben. Für Kiel kann ich immerhin gleich drei Philosophen nennen: Paul Lorenzen, meinen verehrten Lehrer Kurt Hübner und auch Hermann Schmitz, die sich dieser Aufgabenstellung bewußt unterzogen haben, deren Vorarbeit aber erst dann fruchtbar werden wird, wenn sich die Philosophen unter großem Arbeitsaufwand wieder den Grundlagenproblemen des menschlichen Gemeinwesens und deren Wissenschaften mit möglichst vielen Detailkenntnissen zuwenden, um ihre Mitverantwortung für das Ganze der Wissenschaften begreifen und ihr auch annähernd gerecht werden zu können.

Die Bestimmung des Schwierigkeitsgrades von Aufgaben unabhängig von zielgruppenspezifischen Verteilungen der
Lösungswahrscheinlichkeiten, unveröffentlichter Forschungsbericht, Kiel 2015.

Das Dilemma der heutigen Universitäts-Philosophen, die sich in ihrer Arbeit weitgehend nur noch auf die Darstellung der Philosophiegeschichte beschränken, läßt sich scherzhaft mit folgenden Worten wiedergeben:

So wie die Musikgeschichte keine Musik ist, die Kunstgeschichte keine Kunst und die Sportgeschichte kein Sport, so ist auch die Philosophiegeschichte keine Philosophie!

Gewiß gehört die Kenntnis der Geschichte dieser Fächer wesentlich zur Ausübung der Fächer dazu, deren Geschichte darum auch zu studieren ist, aber die Ausübung eines Faches ist doch etwas ganz anderes als nur dessen Geschichte zu betreiben. Wenn die gegenwärtigen Philosophen wenigstens dies aus der Geschichte der Philosophie entnähmen, daß die Philosophie nur in den Zeiten bedeutend war, als sich die Philosophen um die Lösung der Grundlagenprobleme der eigenen Zeit kümmerten, dann kämen sie vielleicht doch auf den Gedanken, daß sie sich doch um die Lösung der Probleme kümmern sollten, von denen Menschen in unserer Zeit bedrängt werden wie etwa das Sinn-Problem, das die Menschen haben, die aufgrund ihrer weiterentwickelten Bewußtseinsform nicht mehr an die Offenbarungsreligionen glauben können und darum auch nicht mehr an die mit ihnen verbundenen ethischen Forderungen. Dadurch hat sich im wirtschaftlichen und politischen Verhalten das Problem des ausschließlichen Strebens nach äußeren Gütern oder nach äußerer Anerkennung aufgetan; denn durch die Offenbarungsreligionen haben die Menschen auf die Außensteuerung vertraut, welche durch Gebote und Verheißungen an sie herangetragen worden ist, so daß die Formen der Bedeutung von Äußerlichkeiten erhalten blieben, nachdem die Glaubensinhalte der Offenbarungsreligionen verloren gegangen sind. Darum bedarf es längst einer philosophisch gründlichen Erarbeitung einer Ethik, die nicht mehr aus Forderungen gegen andere besteht, sondern nur noch aus Forderungen an sich selbst, um durch durch diese Forderungen möglichst sicherzustellen, daß die eigenen Handlungen auch sinnvoll sind.[59]

Ferner gibt es eine Fülle von politischen Problemen bei der politischen Vereinigung der Länder Europas. Wie sich durch philosophische Gedankenarbeit zeigen läßt, ist dies ein Vorgang im Rahmen der kulturellen Evolution, die nur dann zu einem Fortschritt führt, wenn wenigstens die beiden Prinzipien des principiums individuationis und des principiums societatis miteinander harmonisch durch ein principium coniunctionis verbunden werden, wodurch gesellschaftlich gerechte Zustände erreicht werden.[60] Und deshalb kann die politische Europäisierung der europäischen Länder nur gelingen, wenn die politische Vereinigung Hand in Hand geht mit einer Stärkung der Regionen, so daß etwa die Katalonen und die Basken in Spanien oder die Venezianer in Italien oder auch die Friesen und Sorben in Deutschland von Europa die Rechte zu mehr Selbständigkeit bekommen, indem ihnen die politische Möglichkeit gegeben wird, sich an der Gestaltung Europas im

---

59 Vgl. dazu die Begründungen einer individualistischen Ethik in: W. Deppert, *Individualistische Wirtschaftsethik (IWE)*, Springer Gabler Verlag, Wiesbaden 2014.

60 Vgl. ebenda S. 51.

Rahmen der Europäischen Union zu beteiligen. Die Konzepte dazu zu durchdenken und auszuarbeiten sind typische Aufgaben der gegenwärtigen Philosophen.

Aber auch in ihrem angestammten Arbeitsfeld der Grundlegung und Gründung neuer Wissenschaften gehen von seiten der gegenwärtigen Philosophen kaum Anregungen aus, ein Umstand, der hier schon mehrfach beklagt und sogar zu erklären versucht wurde, der dennoch unbedingt unter der Rubrik der Kritik an der gegenwärtigen Philosophie erneut zu betonen ist.

4.6   Die Kritik der Mathematisch-naturwissenschaftlichen Fakultät

Die Mathematisch-naturwissenschaftliche Fakultät hat die „Vorschläge zur Sicherung guter wissenschaftlicher Praxis", die von der DFG herausgegeben wurden, zur wissenschaftlichen Qualitätssicherung übernommen und ebenso die „Regeln guter wissenschaftlicher Praxis", die am 28. Mai 2002 vom Senat der Christian-Albrechts-Universität zu Kiel verabschiedet wurden. Gewiß enthalten diese Ausarbeitungen sehr wertvolle Regeln für das Bewahren des Wissenschaftsethos der Wahrhaftigkeit und weiterer Verantwortlichkeiten der Wissenschaft für die Heranbildung des wissenschaftlichen Nachwuchses, wie den wissenschaftlichen Austausch und für die nötigen wissenschaftlichen Transferleistungen und vieles mehr. Aber es steht darin kein Wort über die bereits zu Beginn der Kritik der Philosophischen Fakultät dargelegte wissenschaftliche Notwendigkeit zur Explizitmachung der eigenen wissenschaftstheoretischen Kategorien, wie Hübner seine Festsetzungen auch nennt, oder wie sie im Teil 1 dieses wissenschaftstheoretischen Vorlesungszyklus heute als Begründungsendpunkte in der Form von mythogenen Ideen noch genauer beschrieben worden sind. Dies ist eine Kritik, die nahezu den ganzen Wissenschaftsbetrieb an den Universitäten trifft, und die deshalb schon seit gut 30 Jahren zu erheben ist, weil diese Forderungen schon 1978 mit dem Erscheinen von Kurt Hübners „Kritik der wissenschaftlichen Vernunft" im Alber Verlag Freiburg in aller Deutlichkeit dargestellt worden sind. Daß dies von den Wissenschaften nicht wahrgenommen worden ist, liegt sicher an der beschriebenen Abnabelung der Wissenschaften von der Philosophie und Wissenschaftstheorie, die sich nun schon seit längerer Zeit als eine generelle Stagnation in der wissenschaftlichen Grundlagenforschung bemerkbar macht.

Daß die reinste Geisteswissenschaft, die wir überhaupt haben, *die Mathematik*, in Kiel mit der Naturwissenschaft verbunden ist, liegt sicher daran, daß sich heute Physik, Chemie, Mineralogie, Meteorologie usw. nicht mehr ohne gründliche Kenntnisse der Mathematik studieren lassen. Da gibt es historisch gewachsene Zusammenhänge, die mit dem bereits erwähnten einstigen hierarchischen Weltbild direkt verbunden sind. Inzwischen aber ist längst klar, daß auch die Wirtschaftswissenschaften und alle Wissenschaften, die statistische Methoden verwenden, ohne Mathematik nicht mehr auskommen können. Nach Kant gilt dies generell für alle Wissenschaften; denn für ihn besteht die Tätigkeit der Mathematiker *im Konstruieren mit Begriffen der reinen Anschauung.*[61] Nun haben wir Kants Anschauungs- oder Sinnlichkeitsbegriff so zu verallgemeinern, daß damit alle möglichen Existenzbereiche gemeint sind, die wir mit bestimmten Begriffen zu beschreiben suchen.

Die antiken Philosophen und Mathematiker haben mit der Axiomatik ein mächtiges Verfahren entwickelt, mit dem einerseits Existenzbereiche des Denkens geschaffen und andererseits auch ihre begrifflichen Beschreibungsformen konstruiert werden. Da nun alle Wissenschaften – auch die Geisteswissenschaften – Denkgebäude aufbauen, in denen auf systematische Weise Gegenstände des Denkens mit Hilfe von konstruierten Begriffen verbunden werden und da alle Wissenschaften daran interessiert sind, widerspruchsfreie Gedankensysteme aufzubauen, so brauchen sie eine möglichst solide Zuarbeit für das Konstruieren widerspruchfreier Begriffssysteme. Dazu hat der Kieler Philosoph, Logiker und Mathematiker Paul Lorenzen und seine Schüler im Rahmen seines Konstruktivismus zweifellos wertvolle Vorarbeit geleistet, die jedoch meines Wissens nach von den Mathematikern nicht weiter verfolgt wurde, vermutlich deshalb, weil dieser Konstruktivismus mit einem ideologischen Allgemeingültigkeitsanspruch verbunden ist, der aufgrund der Komplexität des wissenschaftlichen Arbeitens kaum oder gar nicht überleben konnte. Es existiert in Kiel da immerhin noch ein wöchentlich aktives *Zentrum für Konstuktivistische Erziehungeswissenschaften (ZKE)* im Institut für Pädagogik unter der Leitung von Prof. Dr. Peter Krope. Dies ist aber keine Leistung der mathematisch-Naturwissenschaftlichen Fakultät, sondern eine Leistung von Schülern des Mathematikers Prof. Dr. Paul Lorenzen, der vor seinem Weggang nach Erlangen, an der Kieler Universität von 1956 bis 1962 gelehrt hat.

Die hier in dem Wissenschaftstheorie-Zyklus vorgestellte gegenseitige Beziehung von hierarchischen und ganzheitlichen Begriffssystemen fällt nach dem Kant'schen verallgemeinerten Begriff von Mathematik in deren Aufgabenbereich; denn es hat sich ja gezeigt, daß die undefinierten Grundbegriffe aller Axiomensysteme ganzheitliche Begriffssysteme sind, da jeder Definitionsversuch – wie bereits Frege gezeigt hat – in Zirkeldefinitionen endet, welche das Kennzeichen von ganzheitlichen Begriffssystemen ist. Indem nun eine Klassifikation und Systematik der möglichen Axiomensysteme erstellt würde, so wäre dies zugleich eine Systematik der möglichen ganzheitlichen Begriffssysteme und deren Verhältnisse untereinander. Eine solche Theorie ganzheitlicher Begriffssysteme wäre dringend erforderlich für die begriffliche Begründung einer theoretischen Biologie und Medizin und da auch insbesondere einer theoretischen Gehirnphysiologie.

Bisher sind die Erforschung dieser Grundlagen einer theoretischen Biologie noch von keiner Wissenschaft wahrgenommen worden. Aufgrund der Kant'schen Auffassung von den Aufgaben der Mathematik liegt es nun nahe, diesen Aufgabenbereich der Mathematik zuzuweisen; denn die Mathematik sollte sich schon als die allgemeinste Strukturwissenschaft verstehen, so daß sie grundsätzlich für alle wissenschaftlichen Fächer die theoretischen Begriffssysteme bereitstellen sollte. Auch die grundsätzlichen Möglichkeiten der

---

61   Vgl. Immanuel Kants Vorrede zu „Metaphysische Anfangsgründe der Naturwissenschaft", Felix Meiner Verlag, Hamburg 1997, insbesondere S. 6–8.

Schaffung von Begriffssystemen, in denen Begriffsisotope enthalten sind, könnte auch alle empirischen Wissenschaften von der theoretischen Seite her unterstützen.

Von diesen Anregungen zur Erweiterung des mathematischen Aufgabengebiets könnten alle Wissenschaften hinsichtlich der Klarheit und Eindeutigkeit ihrer wissenschaftlichen Problemstellungen und ihrer Erkenntnisgewinne erheblich profitieren, was wiederum zu einer größeren Exzellenz der wissenschaftlichen Ergebnisse führen würde. Es ist dies für die Mathematiker viel weniger als eine Kritik, sondern als eine Bitte und Anregung zu verstehen, die zu einer enormen Integration des mathematischen Arbeitens im Ganzen der Wissenschaften führen könnte.

Aber auch diese Art von Exzellenzinitiative wird nur möglich sein, wenn die Mathematik mit der Philosophie und Wissenschaftstheorie wieder mehr zusammenarbeitet und entsprechend mit den vielen Einzelwissenschaften, wie etwa mit der Biologie, der Medizin und den Neurologen; denn beim Aufstellen von abstrakten Begriffssystemen ist es sehr hilfreich, wenn die Objektbereiche möglichst gut bekannt sind, auf welche diese Begriffssysteme angewandt werden sollen. Und natürlich ist dies auch eine Aufforderung an diese Wissenschaften, sich an den Versuchen zur Etablierung von theoretischen Wissenschaften in all diesen Fächern aktiv forschend zu beteiligen, nur dann wird es den Mathematikern möglich sein, der Forderung Kants nachzukommen und für alle empirischen Wissenschaften die Grundlagen von theoretischen Wissenschaften bereitzustellen.

4.7   Die Kritik der Agrar- und Ernährungswissenschaftlichen Fakultät

4.7.0   Kritische Vorbemerkungen

Die Agrar- und Ernährungswissenschaftliche Fakultät kann sich die allgemeine Kritik am Wissenschaftsbetrieb sicher auch zu eigen machen. Insbesondere läßt sich die Kritik darauf beschränken, die Anregungen aufzugreifen, die in der Funktionsbeschreibung 3.3.8 der hier als *Fakultät für Ernährung, Energiebereitstellung und Naturschutz* bezeichneten Fakultät niedergelegt sind.

Aber auch die Übernahme der Verantwortung für den Aufgabenbereich der im bisherigen Rahmen bestimmten Agrar- und Ernährungswissenschaftlichen Fakultät läßt viel zu wünschen übrig. Denn es hat eine erhebliche Entfremdungen in der Nutzung von großen Bodenflächen für die agrarische Nutzung und leider auch für die Herstellung der menschlichen Ernährung gegeben und insbesondere in den Möglichkeiten, die Menschen mit gesundem tierischen Eiweiß zu versorgen, wenn etwa nur an die Verwendung von Pestiziden zur sogenannten Schädlingsbekäpfung oder an die Auswüchse in der Massentierhaltung gedacht wird.

4.7.1 Kritik am allgemeinen Umgang mit Lebewesen

Die Agrar- und Ernährungswissenschaftliche Fakultät hat es vor allem mit der Erzeugung von Produkten zu tun, welche direkt oder indirekt von biologischen Lebewesen stammen. Die biologischen Lebewesen haben durch die Jahrmillionen währenden biologischen Evolutionen eine Fülle von Fähigkeiten zur Sicherung des Überlebens erworben. Dazu gehört, daß die Lebewesen durch das Evolutionsprinzip *principium societatis*, welches zu deutsch das Vergemeinschaftungsprinzip heißt, nicht nur versuchen die äußere Existenz ihres eigenen Individuums zu erhalten, sondern zugleich auch stets die Existenz der Lebensgemeinschaft, in der und von der sie leben. Dadurch ist in der Natur ein Gleichgewicht der gegenseitigen Abhängigkeiten entstanden, in das wir Menschen nur mit äußerster Vorsicht eingreifen sollten, um die Natur nicht nachhaltig zu schädigen. Zu diesen Eingriffen gehören der Einsatz von Chemikalien in der Landwirtschaft zur Reduzierung der sogenannten Schädlinge oder Unkräuter aber auch der Einsatz von erbbiologisch (genmanipuliert) veränderten Lebewesen, seien es nun Pflanzen oder auch Tiere. Zu dem biologischen Gleichgewicht der Natur gehören aber nicht nur die Lebewesen auf der Erde und in der Luft, sondern ebenso die Lebewesen, die *in* der Erde leben. Darum ist der Erhalt des natürlichen Gleichgewichts unter den Lebewesen auch von einer angemessenen Bodennutzung abhängig, die im folgenden Abschnitt zur Diskussion steht.

4.7.2 Kritik der agrarischen Bodennutzung

Die Idee von sogenannten Umweltorganisationen, nachwachsende Pflanzen wie Raps und Mais zur Produktion von Treibstoffen für Verbrennungsmotoren anzubauen, hat zu mehrfachen Umweltkatastrophen geführt, vor denen Mitglieder der Agrar- und Ernährungswissenschaftlichen Fakultät zumindest hätten warnen müssen.

Derartige Warnungen sind gegenüber der Bundesregierung nicht bekannt geworden, die den Anbau von Pflanzen zur Erzeugung des sogenannten *Biodiesel*s sogar subventioniert hat. Nur in der Bevölkerung hat man abschätzig von der Vermaisung der Landschaft gesprochen, da sich in den wichtigsten Agrarländern der Bundesrepublik Deutschland zum Teil kilometerweit ein Maisfeld an das andere reihte, entsprechendes läßt sich im Frühling von den gelben Rapsfeldern sagen, die sich so weit erstrecken, wie das Auge reicht. Schließlich haben einige verantwortungsvolle Vogelkundler festgestellt, daß im Norden Deutschlands die Käuze aussterben, da sich ihr wichtigstes Futter, die Feldmäuse, in den großen Maispflanzen so gut verstecken können, daß die Käuze auf Mäuse keinen Zugriff mehr haben, was die erste Umweltkatastrophe in der Vogelwelt bedeutet. Schlimmer aber waren die herbstlichen Sandstürme, die plötzlich in Schleswig-Holstein zu beobachten waren, da der Mais mit seiner großen Biomasse, sehr viel Biomasse dem Boden entnimmt und im wesentlichen nur noch Sand zurückläßt. Die Vermeidung einer solchen Entfremdung der agrarischen Nutzung von großen Bodenflächen gehört meines Erachtens mit in

den Verantwortungsbereich der Agrar- und Ernährungswissenschaftlichen Fakultät, die
meines Wissens aber nicht wahrgenommen worden ist.

Entsprechendes gilt für die etwa in Bayern bereits üblich gewordene großflächige Bodennutzung durch Sonnenkollektoren, obwohl doch den Verantwortlichen bekannt sein
sollte, daß die Sonnenkollektoren bei weitem nicht an den Nutzungswirkungsgrad der
Sonnenenergie vom Chlorophyll der Pflanzen heranreichen, warum ja große Forschungen
dazu betrieben werden, um herauszufinden, was sich beim Bau der Sonnenkollektoren
vom Blattgrün der Pflanzen lernen läßt. Und dort, wo früher auf vielen Hektar Waldbo-
denfläche Schonungen für Bäume angelegt wurden, um sie wieder in Wäldern nachpflan-
zen zu können, da finden wir hektarweise Sonnenkollektoren aufgestellt, so daß sich dort
kaum noch irgendwelche Bodenfauna oder Bodenflora entwickeln kann. Derartige Überlegungen und vor allem wissenschaftliche Untersuchungen zu einer verantwortungsvollen
Nutzung der verfügbaren Bodenflächen, sollten in den Aufgabenbereich der Agrar- und
Ernährungswissenschaftlichen Fakultät gehören.

4.7.3 Kritik des Einsatzes von Pflanzen- und Schädlingsver-
nichtungsmitteln

Aus vielfältigen Überlegungen in den ersten drei Bänden der *Theorie der Wissenschaft*
ist immer wieder deutlich geworden, daß sinnvolles Handeln stets mit einem Leben för-
dernden Handeln einhergeht. Wenn nun in der pharmazeutischen Industrie Chemikalien
zu dem Zweck erfunden werden, um ganz bestimmte Lebewesen zu vernichten, dann
sollten bei verantwortungsvollen Wissenschaftlern ersteinmal die Alarmglocken läuten.
Freilich ist es bisweilen nötig, ganz bestimmte Lebewesen zu töten, um anderes Leben zu
erhalten. Aber wir wissen doch auch, daß durch die biologische Evolution, die Lebewesen
der Natur in einer sehr komplizierten gegenseitigen Abhängigkeit miteinander verbunden
sind, so daß unkontrolliertes Töten von Lebewesen ganz verheerende Auswirkungen auf
die umgebende Natur haben kann. So scheint das neuerliche massenhafte Zugrundegehen
von Bienenvölkern durch die nicht genügend erforschten Wirkungen von bestimmten in
der Landwirtschaft verwendeten Insektiziden bedingt zu sein. Ähnliche Verdachtsmo-
mente gibt es auch für das Sterben von Hummeln, die ja auch für die Landwirtschaft von
großer nützlicher Bedeutung sind. Die Menge an negativen Beispielen für den Einsatz von
Pflanzen- oder auch Schädlingsvernichtungsmitteln in der Landwirtschaft ist zu groß, als
daß sie hier alle im Einzelnen aufgeführt werden könnten.

Es soll in diesem Abschnitt nur darauf hingewiesen werden, daß die Wissenschaftler
in der Agrar- und Ernährungswissenschaftlichen Fakultät noch sehr viel mehr auf die Gefahren hinweisen sollten, welche grundsätzlich mit dem Einsatz von Pflanzen- und Schäd-
lingsbekämpfungsmitteln in der Landwirtschaft verbunden sind, weil die Komplexität der
Lebensgemeinschaften in der Natur sehr akribische Langzeituntersuchungen erfordert,
damit der Einsatz von irgendwelchen Giften in der Landwirtschaft möglichst nicht mehr
mit unübersehbar vielen gefährlichen Nebenwirken verbunden ist.

4.7.4   Kritik an der Massentierhaltung

Die Erforschung der möglichen Versorgung der Bevölkerung mit tierischen Produkten ist eine der angestammten Aufgaben der Agrar- und Ernährungswissenschaftlichen Fakultät. Ohne eine organisierte Zusammenarbeit mit den Biologen hat man in der Vergangenheit sehr wohl genau gewußt, daß die in der Landwirtschaft für den menschlichen Verzehr produzierten tierischen Nahrungsmittel dann am hochwertigsten sind, wenn die Tiere möglichst unter Bedingungen aufwachsen und am Leben gehalten werden, die so weit wie möglich an die Lebensbedingungen heranreichen, in denen sie sich in der Natur evolutionär entwickelt haben. Freilich gab es in dieser Entwicklung keine Tier-Ställe, aber diese entsprachen immerhin in gewisser Weise den geschützten Plätzen, die sich die Tiere zum Ausruhen und Schlafen in der freien Natur selber suchen. Und in der Tageszeit haben die Bauern selbstverständlich den Kühen, Schweinen, Puten, Gänsen, Enten und Hühnern reichlich Platz zum Auslaufen in der frischen Luft zur bereitgestellt.

Dieses Wissen scheint in der modernen Massentierhaltung ganz verloren gegangen zu sein. In der Massentierhaltung werden Puten, Gänse, Enten und Hühner in Silos gehalten, in denen sie in ihrem ganzen Leben niemals die Sonne zu sehen bekommen. Und um Krankheiten zu vermeiden, werden sie mit Antibiotika vollgestopft, deren Restbestände die Menschen dann in dem Fleisch mitverzehren, das ihnen auf den Supermärkten zu sehr günstigen Preisen verkauft wird. Und die Menschen wundern sich, daß sie mehr und mehr an Autoimmunerkrankungen leiden, die vor allem durch die Einnahme von zu vielen Antibiotika entstehen. Entsprechendes gilt für die Hühnereier, in denen ebenso die Chemikalien enthalten sind, welche den Hühnern über ihr Futter einverleibt werden.

Über die Gefahren der Massentierhaltung für die Menschen, welche Produkte aus der Massentierhaltung verzehren, hätten die Agrar- und Ernährungswissenschaften längst informieren und etwa Gesetzesentwürfe zur Gefahrenvermeidung erarbeiten und in die legislativen Institutionen einbringen müssen, was meines Wissens nach aber nicht geschehen ist.

4.8   Die Kritik der Technischen Fakultät

4.8.1   Allgemeine Vorbemerkungen

Die allerersten Kulturleistungen in der Menschheitsgeschichte scheinen von technischer Art gewesen zu sein wenn man an die Erzeugnisse der Steinzeit denkt, mit deren Hilfe Nahrung beschafft wurde, Feuer gemacht werden konnte oder gar erste Kunstwerke geschaffen wurden. Dabei sind es vor allem die menschlichen Hände, welche technische Geräte, Aufbewahrungsmittel, Eß- und Trinkgefäße, Steingut, Waffen und Kleidung hergestellt haben. Die menschlichen Hände könnten deshalb quasi als Urquell aller Technik angesehen werden, aber nur in der besonderen Art und Weise, wie unser Gehirn in der Lage ist, diese Hände gerade so zu bewegen, damit etwas entsteht, was vom Gehirn vorher gedacht wurde. Damit läßt sich als Urquell aller Technik das *Zusammenwirken von Hand und Verstand* ausmachen, so daß es nicht Wunder nimmt, daß sich im Verstand etwas zur Hand Analoges ausgebildet hat. Und tatsächlich gibt es dieses Verstandesinstrument: Es ist der *Begriff, mit dem wir etwas Gedachtes begreifen,* so wie wir mit den Händen einen Gegenstand erfassen und begreifen, um herauszufinden, was mit diesem Gegenstand los ist, so daß wir nun sogar sagen können: „Die Begriffe sind die Hände des Verstandes". Diesen grandiosen Zusammenhang hat Christa Petersen in ihrer Philosophischen Arbeit *„Die Hand als Instrument menschlicher Freiheit"* sehr deutlich herausgearbeitet[62]; denn so wie die Hände die Freiheit besitzen, nach allem zu greifen, was in ihrer greifbaren Nähe liegt, so haben wir mit den Begriffen die Freiheit, mit ihnen alles zu beschreiben, was sich begrifflich mit ihnen erfassen läßt. Und diese Freiheit ist dann auch der Ursprung der Freiheit, das zu tun, was uns aufgrund begrifflicher Klarheit als vernünftig erscheint.

Meines Wissens nach ist dieser ursprüngliche sehr enge *Zusammenhang von Hand und Verstand* in den technischen Fakultäten kaum jemals beachtet worden, obwohl es mit den Konstruktivisten schon seit Hugo Dingler (1881–1954) eine wissenschaftstheoretische Richtung gibt, welche diesen Zusammenhang immer wieder unterstrichen und betont hat.

Allerdings findet sich in den technischen Wissenschaften eine besondere Richtung, in der dieser Zusammenhang, nicht nur erkannt, sondern auch ganz bewußt praktiziert wird. Dies sind die prothetischen Wissenschaften, zur Ersetzung von krankhaften oder verlorengegangenen Körperteilen durch künstliche Prothesen. Und es steht außer Frage, daß von den prothetischen Wissenschaften eine kaum übersehbare Zahl von Anregungen zu Innovationen in anderen technischen Problemfeldern ausgegangen ist.

4.8.2 Zur allgemeinen Kritik der Technischen Fakultät

Lange Zeit schienen die technischen Wissenschaften in den Kanon der Universitätswissenschaften gar nicht einzuordnen zu sein. Es hat lange gedauert, bis die Universitäten überhaupt auf die Idee kamen, in den Reigen ihrer Fakultäten auch technische Fakultäten aufzunehmen, obwohl es schon längst vielbeachtete wissenschaftliche Leistungen an den Technischen Hochschulen gab, aus denen später sogar technische Universitäten wurden. Inzwischen aber gehören die Technischen Fakultäten wie selbstverständlich zu der Gesamtheit der wissenschaftlichen Fakultäten, und sie sollten sich darum auch dem großen Gemeinschaftsziel aller Wissenschaften verpflichtet fühlen, ihre Forschungen wesentlich auf die Erhaltungsproblematik der ganzen Menschheit und der Natur auf unserer Erde zu richten. Wenn es in dieser Hinsicht nun doch an den tatsächlich bearbeiteten Forschungsfeldern in den technischen Fakultäten viel zu kritisieren gibt, so ist dies gewiß aus dem hier nur kurz angerissenen historisch gewordenen Verständnis der Rolle der technischen

---

62 Durch einen Zufall habe ich Kenntnis von dieser hervorragenden Arbeit bekommen, die in Hamburg im Jahre 2014 angefertigt wurde, die aber bislang leider nicht veröffentlicht wurde.

Wissenschaften im Gesamtverband aller Wissenschaften zu erklären und gewiß auch zu entschuldigen.

Aufgrund der von Menschen entwickelten enormen technischen Möglichkeiten, die bis zur Vernichtung der ganzen Menschheit und des höher entwickelten Lebens auf der Erde reichen, kommt den technischen Wissenschaften eine ganz besondere Verantwortung in bezug auf die Erhaltung der Menschheit und der Natur zu. Bislang ist diese Verantwortung nur von einzelnen an gefährlichen technischen Erzeugnissen beteiligten Wissenschaftlern formuliert und wahrgenommen worden. Um die große Verantwortung, die den technischen Fakultäten zukommt, effektiv wahrnehmen zu können, fehlt es auch bei ihnen an adäquaten Organisationsformen, worauf noch einzugehen ist. Dadurch ist zu erklären, daß sich die technischen Fakultäten nicht maßgebend an der Konstruktion von Verbrennungsmotoren beteiligt haben, die besonders bei den Großmotoren der Schiffahrt möglichst wenig umweltschädliche Abgase ausstoßen. Diese Kritik bezieht sich auf die gesamte Energieerzeugungs- und -bereitstellungsproblematik. So sind die wissenschaftlichen Erkenntnisse dazu, daß auf lange Sicht die friedliche Nutzung der Kernenergie in Form von Fusionsenergie die umweltfreundlichste Form der Energiebereitstellung darstellt, nicht nachhaltig verbreitet worden. Weil aber auch die Sonnenenergie ausschließlich aus Fusionsenergie besteht, so läßt die Nutzung von selbst erstellten Fusionsenergieanlagen die Behauptung zu, daß auch dies eine besondere Form der Sonnenenergie darstellt.

Abgesehen von den allgemeinen Kritikpunkten des wissenschaftlichen Arbeitens überhaupt, läßt sich für die Technische Fakultät aber bereits lobend hervorheben, daß schon intensive Kontakte mit Philosophen und vielen anderen Disziplinen von seiten der Technischen Fakultät zu intensiver interdisziplinärer Zusammenarbeit geführt haben. Dies gilt vor allem für die Problematik des Modellbegriffs, der in allen Wissenschaften von hervorragender Bedeutung ist.

Die nötigen und möglichen Konsequenzen der Kritik der Wissenschaften hinsichtlich ihrer Verantwortung für das menschliche Gemeinwesen

5

5.0 Kritische Vorbemerkungen

Dieses Kapitel kann nur zaghaft beginnen; denn der hier unternommene Versuch, den Wissenschaftlerinnen und Wissenschaftlern der Universitäten sowie deren Studierenden die kaum überschaubare Verantwortung für das menschliche Gemeinwesen bewußt zu machen, kann nur in ersten kleinen Anfängen gelingen. Aber der Anfang sollte gemacht werden. Die dabei notwendig gewordene Kritik gegenüber den nicht mehr vertretbaren universitären Verhältnissen, die den Forschungsbereich der menschlichen Sinnprobleme und der Sicherung der inneren Existenz der Menschen betreffen, sollte zu kurz-, mittel- und langfristigen Konsequenzen führen, durch die die Grundgesetzkonformität des universitären Wissenschaftsbetriebs wieder her- und sichergestellt wird. Dazu wird es einer großen Solidarität der Wissenschaftler untereinander bedürfen, damit grundgesetzwidrige unwissenschaftliche Eingriffe in den Wissenschaftsbetrieb durch universitätsfremde Institutionen künftig unterbunden werden.

Außerdem sollten wir in einer gemeinsamen Anstrengung allen bestehenden und neu aufkommenden Tendenzen, die Universität als bloße Berufsbildungsanstalt zu begreifen, argumentativ entgegentreten. Denn ohne die grundsätzliche Ausrichtung aller Disziplinen auf Forschung und eine solche Lehre, die wesentlich mit der Forschung verbunden ist, verlieren wir das hier skizzierte Ganze der Wissenschaft aus den Augen und können unserer Verantwortung gegenüber den vielfachen Problemen der Existenzsicherung von Mensch und Natur nicht gerecht werden.

Um dieses Ziel dauerhaft im Auge zu behalten, wird eine große Anzahl von Maßnahmen erforderlich sein, die sich nur im gegenseitigen Einvernehmen klären lassen werden.

© Springer Fachmedien Wiesbaden GmbH, ein Teil von Springer Nature 2019
W. Deppert, *Theorie der Wissenschaft*, https://doi.org/10.1007/978-3-658-15124-9_5

Erst dann wird dieses Kapitel 5 „*Die nötigen und möglichen Konsequenzen der Kritik der Wissenschaften*" einen vorläufigen ersten Abschluß finden können.

Darum möchte ich zum Schluß dieses Werkes zur *Theorie der Wissenschaft* zu einer interdisziplinären Diskussion aufrufen, in der möglichst keine Kontroversen aufgebaut werden, sondern in der die Diskussionen so ablaufen, daß stets eine Versöhnung möglich bleibt oder gar angestrebt wird. Denn Leben heißt immer Zusammenleben, und es lebt sich doch ganz sicher besser unter Freunden als unter Feinden, was schon dem alten Sokrates klar war. Eine erste große gemeinsame interdisziplinäre Anstrengung sollte die Gründung einer allgemeinen Wissenschaftskammer sein, von der auch die nach Art. 5, Abs. 3 GG erforderlichen organisatorischen Regelungen getroffen werden, welche seit 1957 durch den *Wissenschaftsrat* in Köln vorgenommen worden sind.

5.1   Nötige Konsequenzen für die Sicherung der Freiheit von Wissenschaft und Lehre

In den hier erörterten diversen kritischen Abhandlungen über den derzeitigen Stand in der deutschen Wissenschaft haben sich sehr beklagenswerte wissenschaftshemmende oder gar wissenschaftszerstörende Tatbestände ergeben, die notwendigerweise zu beheben sind, um die Wissenschaft wieder in den Stand zu setzen, wie er nach Art. 5, Abs. 3 GG gegeben sein sollte. Ganz besonders bedenklich sind die *grundgesetzwidrigen Fehlurteile des Bundesverfassungsgerichts* im *Lüdemann-Prozeß*, weil sie die wissenschaftliche Grundlagenforschung in den Fächern, in denen es um die Sinnstiftung der wissenschaftlichen Forschung geht, nicht nur behindern, sondern sogar verhindern, worauf in den Abschnitten 4.1.0, 4.1.1 und 4.2.3 zum Teil bereits ausführlich eingegangen wurde. Diese Zusammenhänge sind im Einzelnen in dem Springer-Gabler-Lehrbuch zur Wirtschaftsethik *Individualistische Wirtschaftsethik IWE* dargelegt worden, ohne daß sich das Bundesverfassungsgericht oder auch die evangelische Kirche zu irgendwelchen Konsequenzen anregen ließen, um das von ihnen verletzte Recht wieder in Stand zu setzen und die schwer beschädigte Freiheit der Wissenschaft wenigstens andeutungsweise wieder zu reparieren.[63] Es hätte von seiten der Wissenschaftler im Falle des Lüdemannprozesses einen Aufstand gegen den Rechtsbruch des Bundesverfassungsgerichts und in den Kirchenverwaltungen geben müssen, was aber nicht geschah, weil es keine adäquate Vereinigung der Wissenschaftler gibt, von welcher derartige Aktionen zum Schutze unserer Demokratie und der wissenschaftlichen Freiheit hätten ausgehen können. Leider hat sich der Wissenschaftsrat in dieser Angelegenheit auch nicht gerührt, vermutlich deshalb, weil er eben nicht die demokratische Vertretung der Wissenschaftler zum Schutz ihrer Freiheit ist. Dazu fehlt noch die allgemeine Wissenschaftskammer, von der schon die Rede war und die noch zu gründen ist, wozu von dieser Stelle aus als notwendige Konsequenz, der hier durchgeführten

---

63 Vgl. W. Deppert, *Individualistische Wirtschaftsethik (IWE)*, Springer Gabler Verlag Wiesbaden 2014, S. 156f.

Untersuchungen zu der Verantwortung der Wissenschaft die dringende Anregung ausgeht. Damit das in möglichst vernünftigen Bahnen verlaufen kann, sollte dies in gründlicher Absprache mit dem Wissenschaftsrat geschehen, dessen Verdienste für den Wiederaufbau der Wissenschaft in Deutschland nach dem 2. Weltkrieg in keiner Weise geschmälert werden sollen. Darum möge die Gründung und der Ausbau der allgemeinen Wissenschaftskammer möglichst nicht in einer Gegnerschaft zum Wissenschaftsrat organisiert werden, sondern idealerweise könnte der Aufbau der allgemeinen Wissenschaftskammer mit den Institutionen des Wissenschaftsrates verschmolzen werden, so daß die organisatorischen Leistungen des Wissenschaftsrates schrittweise von der Wissenschaftskammer übernommen werden können, was freilich nur durch eine sehr enge Zusammenarbeit zwischen den Initiatoren der Wissenschaftskammer mit den für den Wissenschaftsrat zuständigen Stellen des Bundespräsidialamts möglich sein wird.

5.2 Notwendige Konsequenzen zur rechtlichen Sicherung der Grundrechte des Grundgesetzes

Eine staatsrechtlich notwendige Konsequenz der hier durchgeführten Untersuchungen über die Verantwortung der Wissenschaft besteht in der Beseitigung der Gründe dafür, daß es im Hochschulrecht eine Fülle von gültigen aber grundgesetzwidrigen Gesetzen gibt, was eigentlich aufgrund von Art. 1 Abs. 3 GG ausgeschlossen sein sollte. Denn dieser Artikel besagt:

> „(3) Die nachfolgenden Grundrechte binden Gesetzgebung, vollziehende Gewalt und Rechtsprechung als unmittelbar geltendes Recht."[64]

Demnach können Gesetze, die z.B. die Grundrechte Art. 3 Abs. 3 oder Art. 5 Abs. 3 GG verletzen, gar keine Rechtskraft erhalten, und dennoch gibt es rechtskräftige Hochschulgesetze, in denen festgeschrieben ist, daß Studiengänge von wissenschaftlichen Fächern in den Universitätsfakultäten zur angeblichen Qualitätssicherung von staatlich anerkannten privaten Akkreditierungsgesellschaften akkreditiert werden müssen, was aber mit Art. 5 Abs. 3 GG unvereinbar ist und mithin de jure *null und nichtig* ist, was es aber de facto nicht der Fall ist. Dieser rechtswidrige Zustand weist auf einen staatsrechtlichen Fehler im Grundgesetz hin, der darin besteht, daß im Grundgesetz keine Instanz angeben ist, die sicherstellt, daß Gesetze keine Gültigkeit erlangen, welche dies aufgrund von Art. 1 Abs. 3 GG nicht dürfen. Leider kann das im Grundgesetz vorgesehene Bundesverfassungsgericht diese Funktion nicht ausüben, weil das Bundesverfassungsgericht nur auf Antrag tätig werden kann und daß dieser rechtswidrige Zustand dann eintritt, wenn ein solcher Antrag von den Antragsberechtigten – aus welchen Gründen auch immer – nicht gestellt wird.

---

64 Vgl. *Grundgesetz*, 41. Auflage, Deutscher Taschenbuch Verlag GmbH & Co. KG., Verlag C.H. Beck München 2007, S. 15.

Hier bedarf es einer Grundgesetzänderung, nach der keine gültigen Gesetze möglich sind, die Art. 1 Abs. 3 GG widerstreiten.

Obwohl das Grundgesetz die provisorische Verfassung der Bundesrepublik Deutschland darstellt, weil es aufgrund der Entstehungsumstände des Grundgesetzes nicht durch Abstimmung durch das deutsche Volk als dessen Verfassung Rechtskraft erhalten hat, gibt es dennoch einen Verfassungsschutz, der nicht durch das Grundgesetz bestimmt ist, sondern durch ein Gesetz vom Deutschen Bundestag, das den Titel trägt:

Gesetz über die Zusammenarbeit des Bundes und der Länder in Angelegenheiten des Verfassungsschutzes und über das Bundesamt für Verfassungsschutz (BverfSchG)

Danach bestehen die Aufgaben des Verfassungsschutzes darin, Informationen über Bestrebungen zu sammeln, welche mit Methoden der Gewaltanwendung auf den Umsturz der durch das Grundgesetz bestimmten Rechtsordnung der Bundesrepublik Deutschland gerichtet sind. Nun besteht eine Rechtsordnung aus den Regeln für das menschliche Zusammenleben, nach denen sich alle Bürgerinnen und Bürger zu verhalten haben. Die Rechtsordnung ist eine Verhaltensnorm, die durch den Staat an alle seine Bürgerinnen und Bürger von außen herangetragen wird, und die Sicherung der Rechtsordnung des Staates ist damit die Sicherung der äußeren Existenz des Staates. Nun besitzen aber alle kulturellen Lebewesen, so wie jeder Staat auch, nicht nur eine äußere Existenz, sondern auch eine innere Existenz, die wesentlich zum Erhalt der äußeren Existenz beiträgt. Es ist aber in keiner Weise erkennbar, daß und in welcher Weise der Verfassungsschutz der Bundesrepublik Deutschland die innere Existenz der Bundesrepublik Deutschland sichert oder gar schützt. Wenn dies der Fall wäre, hätte der Verfassungsschutz längst den rechtsstaatgefährdenden Zustand von rechtsgültigen aber zugleich grundgesetzwidrigen Gesetzen erkennen und aktiv werden müssen, um diesen Zustand zu beenden.

5.3   Nötige Konsequenzen zur Sicherung der inneren Existenz der Bundesrepublik Deutschland

Mit dem im Jahre 2014 in Wiesbaden erschienenen Springer-Gabler-Wirtschaftsethik-Lehrbuch „*Individualistische Wirtschaftstehik (IWE)*" hätte es jeder Verantwortungsträgerin und jedem Verantwortungsträger der Bundesrepublik Deutschland klar sein müssen, daß die innere Existenz der Bundesrepublik Deutschland stark gefährdet ist, was sich *nicht erst* zur Bundestagswahl 2017 gezeigt hat, und es hätten Maßnahmen zur Sicherung der inneren Existenz unseres Staates ergriffen werden müssen, was jedoch in keiner Weise erfolgt ist. Offenbar haben die Verantwortungsträger unseres Staates noch nicht einmal einen *Begriff von der inneren Existenz des Staates* gehabt, warum sie die Gefahr der schwer beschädigten inneren Existenz der Bundesrepublik Deutschland nicht erkennen und darum auch nicht tätig werden konnten, diese Gefahr zu bannen.[65]

---

65 Hier liegt offenbar ein Fehlverhalten der bundesdeutschen Medien vor, welche das Erscheinen des Wirtschaftsethik-Lehrbuches *Individualistische Wirtschaftsethik IWE* beim Springer

Tatsächlich ist von der Sicherung der inneren Existenz unseres Staates in der Aufgabenstellung des Verfassungsschutzes überhaupt keine Rede, so daß hier ersteinmal erneut darzustellen ist, woraus die innere Existenz eines Staates oder allgemeiner eines kulturellen Lebewesens besteht. In dem vom Springer Gabler Verlag in Wiesbaden schon 2014 herausgegebenen Wirtschaftsethik-Lehrbuch *Individualistische Wirtschaftsethik (IWE)* ist ab Seite 141 bereits die *innere Existenz von Staaten* definiert und im Einzelnen beschrieben. Dort heißt es über die *innere Existenz eines Staates*:

> „Diese ist durch den Grad der Zufriedenheit der Bürger bedingt, wie sie meinen, ihr Leben in diesem Staat sinnvoll gestalten zu können. Nach der hier gegebenen Definition von Religion ist diese für den einzelnen Menschen durch seine Lebenssinnvorstellungen bestimmt. Für die Sicherung der inneren Existenz eines Staates bedeutet dies, daß sie so lange gut gesichert ist, wie die Bürger in ihrem Staat ihre Sinnvorstellungen ohne größere Behinderungen durch den Staat verwirklichen können, d.h., wenn das Wertsystem des Staates weitgehend nicht in Widerstreit zu den Wertesystemen seiner Bürger steht."[66]

Darin kommt der wichtige Unterschied zwischen der äußeren und der inneren Wirklichkeit wesentlich durch die Verschiedenheit der Begriffe *Wertsystem* und *Wertesystem* zum Ausdruck. Diese beiden Begriffe sind wie folgt definiert[67]:

> „*Wertsysteme* sind festgefügte vorgegebene Wertordnungen, *Wertesysteme* sind solche Ordnungen von Werten, die sich ein Mensch im Laufe seines Lebens selbst erschafft und derer er sich bewußt wird."

Wertsysteme werden wie Rechtsordnungen von außen an den Menschen herangetragen, während *Wertesysteme* durch die innere Existenz von Sinnvorstellungen im Menschen überhaupt erst im Inneren des Menschen herangebildet werden. Obwohl damit *Wertsysteme* und *Wertesysteme* in ihrem Entstehen und in ihrer Dynamik grundlegend voneinander unterschieden sind, so ist doch in beiden die Vorstellung davon, was ein *Wert* bedeutet, identisch gleich, nämlich[68]:

> „Ein *Wert* ist etwas, von dem behauptet und womöglich nachgewiesen werden kann, daß es in bestimmter Weise und in einem bestimmten Grad zur äußeren oder inneren Existenzerhaltung eines Lebewesens beiträgt."

Die den einzelnen Bürgerinnen und Bürgern staatlich verordneten Rechtssysteme, welche die äußere Existenz eines Staates repräsentieren, sind mithin ein von außen an die Bürge-

---

Gabler Verlag Wiesbaden 2014 buchstäblich totgeschwiegen haben, wo auf Seite 141 die innere Existenz des Staates und ihre Sicherungsmöglichkeiten beschrieben sind.

66 Vgl. ebenda.
67 Vgl. ebenda S. 36.
68 Vgl. ebenda S. 23.

rinnen und Bürger herangetragenes *Wertsystem*, während die *Wertesysteme* der jeweiligen *inneren Wirklichkeit der einzelnen Bürgerinnen und Bürger* der Funktion entstammen, ihre innere und äußere Existenz zu sichern. Allgemein läßt sich über *die innere Existenz eines kulturellen Lebewesens* sagen: *die innere Existenz ist die Bedingung der Möglichkeit für sinnvolles Handeln*[69].

Wenn nun die Bürgerinnen und Bürger durch ihren Willen zur Erhaltung ihrer eigenen inneren Existenz ihre Vorstellungen über die sinnvolle Gestaltung ihres Lebens gewinnen, dann müßte die innere Existenz ihres Staates optimal gesichert sein, wenn ihr Staat sicherstellt, daß der Wille zur Erhaltung der eigenen inneren Existenz der Bürgerinnen und Bürger nicht von anderen angegriffen werden darf. Wenn wir *die Fähigkeit zur Erhaltung der eigenen inneren Existenz* als *die Würde des Menschen* bestimmen[70], dann sollte die innere Existenz der Bundesrepublik Deutschland in höchstem Maße gesichert sein, da in ihrem Grundgesetz im ersten Artikel festgeschrieben ist:

> „[1]Die Würde des Menschen ist unantastbar. [2]Sie zu achten und zu schützen ist Verpflichtung aller staatlichen Gewalt."

Nun hat sich aber aufgrund der Ergebnisse der Bundestagswahl 2017 herausgestellt, daß die innere Existenz der Bundesrepublik Deutschland schwer angeschlagen zu sein scheint. Wie ist dies zu erklären? Einerseits könnte die hier bereits beschriebene Tatsache, daß es in der Bundesrepublik Deutschland ungezählte gültige Gesetze gibt, die nicht gültig sein dürften, weil sie dem Grundgesetz widerstreiten, zu einer Unzufriedenheit der Bürgerinnen und Bürger mit ihrem Staat geführt haben. Dieser Grund scheint aber für die Erklärung des desaströsen Bundestagswahlergebnisses nicht relevant zu sein, da er vor allem die Rechtswidrigkeit von gültigen Hochschulgesetzen betrifft und Akademikerkreise nicht für das beunruhigende Bundestagswahlergebnis in Betracht kommen. Andererseits aber scheint sich das Bild, das sich die Bürgerinnen und Bürger der Bundesrepublik Deutschland von ihrem Staat machen, durch den mengenmäßig großen Zuzug von Flüchtlingen aus vielen sehr fremden Ländern so stark geändert zu haben, daß die Identifizierbarkeit mit ihrem Staat für viele Bürgerinnen und Bürger nicht mehr selbstverständlich gegeben ist. Dies betrifft vor allem Flüchtlinge aus islamischen Staaten, in denen seit Jahrhunderten von Gläubigen Gebetsformen abverlangt werden, die eine Entwicklung zu selbstverantwortlichen Bewußtseinsformen verhindern, so daß die unbedingten Handlungsvorschriften des Korans die Ausbildung einer sinnstiftenden eigenen inneren Existenz in den Bürgerinnen und Bürgern dieser Staaten unmöglich machen.

Wenn die Bedingungen zur Ausbildung einer selbstverantwortlichen Bewußtseinsform während des Heranwachsens von Menschen nicht gegeben sind, dann bildet sich in ihnen

---

69   Vgl. ebenda S. 149.

70   Vgl. ebenda S. 150, dort heißt es in einer noch vorsichtig als Definitionsversuch bezeichneten Bestimmung des Würdebegriffs: *„Die Würde des Menschen besteht aus seiner Sicherungsfähigkeit der eigenen inneren Existenz".*

keine eigene sinnstiftende innere Existenz aus, deren Existenz sie selbst oder auch andere zu schützen in der Lage wären, so daß dadurch das Problem auftritt, daß nach der hier gegebenen Definition der Würde eines Menschen, diejenigen Menschen scheinbar gar keine Würde haben könnten, in denen sich gar keine eigene innere Existenz ausgebildet hat und aufgrund von aufgezwungenen Verhaltensvorschriften nicht ausbilden konnte. Nun muß aber die Möglichkeit in Betracht gezogen werden, daß für diese Menschen die Sinnstiftung vom islamischen Glaubensgut ausgeht, so daß die damit gegebene Sinnstiftungsfähigkeit mit der eigenen identifiziert wird, wie dies bei den gläubigen Muslimen geschieht und wie dies auch bei den Gläubigen anderer Offenbarungsreligionen des Judentums oder des Christentums ebenso anzunehmen ist. Damit fällt dann auch die innere Existenz einer Offenbarungsreligion mit der inneren Existenz ihrer Gläubigen zusammen, so daß es bei ihnen allerdings keine spezifische eigene innere Existenz gibt, aber davon ist ja auch in der Definition des Würdebegriffs keine Rede, so daß auf diese Weise die Anwendbarkeit der hier benutzten Definition des Würdebegriffs auch auf die einzelnen Anhänger der Offenbarungsreligionen und insbesondere auch des Islam gesichert ist.

Damit aber haben auch alle Menschenrechte, die aus dem Begriff der Würde ableitbar sind und insbesondere die elementaren Grundrechte auch für die Menschen zu gelten, in denen sich eine eigene innere Existenz der eigenen Sinnstiftungsfähigkeit noch gar nicht ausgebildet hat. Dazu gehört dann aber auch das *dritte elementare Grundrecht auf die Entwicklung und Ausbildung der Sinnstiftungsfähigkeit*.[71] Die Begriffsbildung von *fundamentalen, elementaren und abgeleiteten Menschenrechten* findet sich im Grundgesetz der Bundesrepublik Deutschland noch nicht, sie wird jedoch in einer neu zu schaffenden Grundgesetzverfassung gemäß Art. 146 GG zu berücksichtigen sein.

Da elementare Menschenrechte *solche Rechte* sind, *„die nur durch sich selbst oder durch das fundamentale Grund- oder Menschenrecht eingeschränkt werden dürfen"*[72] kann es aber kein *Menschenrecht der Religionsfreiheit* geben, welches etwa erlaubt, sogenannte Ungläubige zu töten, was aber im Alten Testament oder im Koran sogar gefordert wird; denn das Recht auf Leben ist ein elementares Menschenrecht und die Religionsfreiheit nur ein abgeleitetes, so daß die Religionsfreiheit nur zu einem Menschenrecht werden kann, wenn aus den Heiligen Schriften Tötungs- oder Verstümmelungsvorschriften uminterpretiert oder entfernt werden. Da sich aber eine solche Forderung wohl kaum für die christlichen heiligen Schriften durchsetzen läßt, scheint dies auch für die islamischen heiligen Schriften einstweilen ebenso aussichtslos zu sein. Darum wird es in einer noch zu entwerfenden Deutschen Verfassung notwendig sein, die grundsätzliche Unterscheidung von elementaren Menschenrechten, die nur durch sich selbst eingeschränkt werden dürfen und von abgeleiteten Menschenrechten einzuführen, die wie das Menschenrecht der Religionsfreiheit einzuschränken sind, da aus ihr niemals eine Tötung von Menschen aufgrund von Vorschriften in sogenannten heiligen Schriften abgeleitet werden darf, weil das Recht auf Leben ein elementares Menschenrecht ist.

---

71 Vgl. ebenda S. 157f.

72 Vgl. ebenda.

Mit dem durch die Flüchtlingsaufnahme verbundenen Zuzug von kaum überschauba-
ren vielen Gläubigen des Islam und der notwendigen Integration dieser Menschen in die
bundesrepublikanische Bevölkerung entstehen ein Fülle von Problemen der Begründung
von den gemäß des Grundgesetzes bestimmten Grundrechten für alle Bürgerinnen und
Bürger, die insbesondere auch den Verantwortungsbereich der Sozial- und Rechtswissenschaften betreffen und in deren Verantwortungsbereich es fällt, durch Gesetzgebungsvor-
schläge das friedliche Zusammenleben in Deutschland, Europa und auf der ganzen Welt
zu ermöglichen.   .

Obwohl in Deutschland und in Europa über hunderte von Jahren Offenbarungsreligionen das Verhalten der Menschen so wie in den islamischen Ländern bestimmten, hat sich
doch etwa in den letzten 300 Jahren mehr und mehr die europäische Aufklärung durchgesetzt, durch welche sich in den Menschen mehr und mehr eine selbstverantwortliche Bewußtseinsform gebildet hat, was aber in den islamischen Staaten durch die Gebetsrituale
unmöglich gemacht wurde. Dieser tiefgreifende Bewußtseinsunterschied zwischen den
Flüchtlingen aus den islamischen Staaten und vielen Deutschen bewirkt deutliche Verhal-
tensunterschiede, die den einheimischen Menschen fremd sind, so daß sie sich vor einer
etwaigen „Islamisierung der Bundesrepublik Deutschland" fürchten. Eigenwilligerweise
trifft dies besonders auf die Menschen der ehemaligen DDR zu.

Das ist deshalb gar nicht so verwunderlich, weil in dem Erziehungssystem der DDR
ebenso wie in den muslimischen Staaten die Entwicklung der menschlichen Bewußtseinsformen hin zu selbstverantwortlichen Bewußtseinsformen hintertrieben oder gar ganz
bewußt verhindert wurde, weil nach der sozialistischen Ideologie, sich der Staat um das
Wohlbefinden seiner Bürgerinnen und Bürger zu kümmern hat und nicht die einzelnen
Menschen selbst. Und dadurch konnte sich nur in Ausnahmefällen im Staatsgebiet der
DDR in den Heranwachsenden eine eigene sinnstiftende innere Existenz ausbilden, so
wie dies auch heute noch für die islamischen Staaten gilt. Die Wertsysteme, welche an die
jungen Menschen in der DDR und in den islamischen Staaten herangetragen wurden, waren aber so grundverschieden, daß diese Differenzen für die ehemaligen DDR-Bürger sehr
viel deutlicher hervortraten als für die Bewohner von Westdeutschland, warum die AFD
in den ehemaligen DDR-Gebieten so viel mehr Stimmen erhielt, als in den alten Gebieten
der Bundesrepublik vor der Vereinigung.

Aus der Tatsache, daß aufgrund der kommunistisch-leninistischen Ideologie, welche
das Gesellschaftsleben in der ehemaligen DDR doch noch stark bestimmte, haben ursprünglich nur relativ wenige Bürgerinnen und Bürger der DDR ein individualistisches
Freiheitsstreben entwickelt. Sie haben aber mit der Zeit immer mehr Menschen in der
DDR mit ihrem Freiheitswillen angesteckt, so daß es schließlich doch noch zu einer friedlichen Revolution auf deutschem Boden kam, welcher wir die Vereinigung Deutschlands
durch den Beitritt der DDR zur Bundesrepublik Deutschland am 3. Oktober 1990 zu verdanken haben. Und diejenigen tapferen Bürgerinnen und Bürger der DDR, die in Dres-
den, Leipzig, Berlin und noch anderswo auf die Straße gegangen sind und damit ihren
Freiheitswillen zum Ausdruck brachten, hatten den besonderen Wunsch, die Vereinigung
Deutschlands mit einer gemeinsamen Verfassung zu besiegeln, die gemäß Art. 146 GG

vom ganzen Volk durch Volksabstimmung in Kraft gesetzt wird. Dazu gab es diverse Initiativen mit detaillierten Verfassungsausarbeitungen, die aber leider von den Bundestagsabgeordneten nicht beachtet und damit vertröstet wurden, daß man den Art. 146 GG ja auch noch nach der Vereinigung realisieren könne. Daraus ist nach immerhin 28 Jahren nichts geworden und es gibt weder von der Exekutive, noch von der Legislative und erst recht nicht von der Judikative irgendwelche Anzeichen, dieses Versprechen, das durch den 2+4-Vertrag sogar zur staatlichen Verpflichtung geworden ist, einzulösen, ein deutliches Zeichen dafür, daß es mit der Sicherung der inneren Existenz der Bundesrepublik Deutschland sehr schlecht bestellt ist. Die nach dem zweiten Weltkrieg zwangsweise entstandenen beiden deutschen Völker, die Ostdeutschen und die Westdeutschen, wachsen nicht zusammen. Und das steht erst in Aussicht, wenn es durch eine große Anstrengung der zu beteiligenden Wissenschaftler geschafft worden ist, eine abstimmungsfähige deutsche Verfassung fertig zu haben. Ein guter Termin dafür ist: der 300ste Geburtstag Immanuel Kants am 22.4.2024!

Was sich im Abschnitt *4.2.4 Zu der Verantwortung der Rechtswissenschaften für das menschliche Gemeinwesen* mit der Verwirklichung des letzten Artikels des Grundgesetzes Art. 146 GG lediglich als wünschenswert erwies, wird nun zu einer notwendigen Konsequenz der Verantwortung der Wissenschaft in vielfachen Hinsichten, welche hier zusammenfassend noch einmal genannt sein mögen:

Das Grundgesetz der Bundesrepublik Deutschland, durch welches in Deutschland zweifellos ein in der ganzen Welt hochangesehener Rechts- und sehr erfolgreicher Wirtschaftsstaat hat entstehen können und welches darum höchsten Respekt verdient, enthält dennoch schwerwiegende Grundlagenfehler, welche nun leider die Gefahr heraufbeschwören, daß dieser Staat seine Rechtsstaatlichkeit, seine wirtschaftliche Tüchtigkeit und seine kulturellen und wissenschaftlichen Qualitäten verliert. Diese Grundgesetzfehler sind:

1. Der Begriff der Würde des Menschen bestimmt im Grundgesetz die Grundlage des gesamten Rechtssystems der Bundesrepublik Deutschland, ohne das darin festgelegt ist, was die Würde des Menschen bedeutet und wie aus ihr die Grundrechte abgeleitet werden können.
2. Das Grundgesetz sieht keine Instanz vor, welche sicherstellt, daß es keine grundgesetzwidrigen rechtsgültigen Gesetze gibt. Denn es gibt in der Bundesrepublik Deutschland zu viele gültige aber grundgesetzwidrige Gesetze.
3. Im Grundgesetz findet sich keine Lösung des Kompetenzproblems der Demokratie.
4. Die Aufgabe der sehr vielgestaltig gewordenen Medienwelt, die Bevölkerung zu informieren und zu bilden, ist durch das Grundrecht der Pressefreiheit im Grundgesetz nicht genügend genau bestimmt insbesondere nicht die Mitbestimmungsmöglichkeiten der Bevölkerung in den Medien.
5. In der Entstehungszeit des Grundgesetzes vor 70 Jahren gab es noch keine Vorstellung von einer sich vollziehenden *kulturellen Evolution*. Darum sind im Grundgesetz keine Regelungen zur Entwicklung, Förderung und Sicherung der inneren Existenz der kulturellen Lebewesen die Rede, wie es die menschlichen Gemeinschaftsbildungen der

Betriebe, der Vereine und auch der Länder und Staaten sind, was aber von einer künftigen *Grundgesetz-Verfassung* zu fordern ist, „die von dem deutschen Volke in freier Entscheidung" erst noch zu beschließen ist.

6. Das Grundgesetz fördert zwar das Rechtsbewußtsein für die eigenen Rechte aber es fördert nicht die Ausbildung des Gemeinsinns der Bürgerinnen und Bürger und auch nicht den der kulturellen Lebewesen, der juristischen Personen.

Anhänge

6

6.0 Einführende Erläuterungen zum Kapitel: *Anhänge*

Viele Gedanken fliegen uns wie Einfälle zu, ohne daß wir genau bestimmen können, woher wir diese Gedanken haben und wodurch sie uns zugeflogen sind. Im Gegensatz dazu gibt es aber auch Gedanken, deren Ursprung wir recht gut kennen und die uns wie treue Hunde lange oder gar ein Leben lang begleiten und die sich aber mit der Zeit verändern, verbreitern oder sogar auch vertiefen. Von all diesen Gedanken leben die hier verfaßten Bände. Aber die langlebigen und sich immer weiter entwickelnden Gedanken haben doch oft ein bedeutsamen Charakter oder gar einen tragenden Charakter, daß es für das Verstehen der hier verfaßten Texte hilfreich sein kann, etwas mehr über das Entstehen und die Weiterentwicklung von den grundlegenden Gedanken zu erfahren, die hier in den Texten immer wieder angesprochen werden. Dazu habe ich mir erlaubt, einige Anhänge hier abzudrucken, in denen solche Gedanken in ihrer Entstehung und Weiterentwicklung beschrieben werden, die in den hier ausgearbeiteten Texten immer wieder auftauchen oder gar von grundlegender Bedeutung sind. Weil aber diese Texte zum Teil vor über 10 Jahren entstanden sind, ist darin wie etwa im Anhang 3 von politischen oder wirtschaftlichen Verhältnissen die Rede, die bisweilen so längst nicht mehr bestehen. Weil aber die dazu geäußerten Gedanken von diesen Verhältnissen unabhängig sind, liefern sie doch immer noch wichtige Einsichten. Diese Anhänge sind entweder überhaupt noch nicht veröffentlicht worden oder in Zeitschriften, die nur einen relativ kleinen Leserkreis haben. Da aber die darin geäußerten Gedanken zum Teil einen sehr direkten Bezug zu den hier dargestellten Problemen besitzen, kann es zu Wiederholungen von Gedankengängen kommen, die an anderen Textstellen schon einmal ausgeführt worden sind. Ich denke aber, daß derartige Wiederholungen nur zu einer größeren Eindringlichkeit und zu einem tieferen Verständnis führen werden, so daß die Gefahr des Aufkommens von Langeweile beim Lesen dieser Stellen wohl kaum besteht.

© Springer Fachmedien Wiesbaden GmbH, ein Teil von Springer Nature 2019
W. Deppert, *Theorie der Wissenschaft*, https://doi.org/10.1007/978-3-658-15124-9_6

Kurzbeschreibung der sechs Anhänge

Im 1. Anhang {**Bedingungen der Möglichkeit von Evolution**} geht es um einen der wichtigsten Grundgedanken Kants, der für ihn sein ganzes Philosophenleben lang zielführend war: *„Das Aufsuchen der Bedingungen der Möglichkeit von Erfahrungen."* Dementsprechend sind hier die Bedingungen der Möglichkeit von Erfahrungen der biologischen evolutionären Wissenschaften aufzufinden. Denn spätestens seit den Erfahrungsberichten Darwins von seiner berühmten Reise mit der Beagle über die Besonderheiten der Lebewesen, die von der biologischen Evolution hervorgebracht worden sind, gibt es eine Fülle von Beobachtungen und Erfahrungen über die kreative Wirksamkeit der biologischen Evolution, und es ist die Frage zu behandeln, von welcher Art die Systeme sein müssen, damit sich an ihnen die biologische Evolution vollziehen kann. Und genau die Bedingungen zur Möglichkeit der biologischen Evolution werden mit großer Genauigkeit herausgearbeitet. Und wie stets beim Verfolgen dieses Erkenntnisweges Kants zeigt sich auch wieder die große Fülle von wissenschaftlichen Problemlösungen, die dadurch möglich werden.

Im 2. Anhang geht es um eine weitere Möglichkeit zur Problemlösung, nämlich die *Problemlösung durch Versöhnung* wenn die Frage gestellt wird, wie es denn überhaupt denkbar ist, daß der Materie Eigenschaften innewohnen, durch die verstehbar wird, wie ein Haufen Materie, wie es alle biologischen Lebewesen sind, mit einem Willen zur Überlebenssicherung ausgestattet sind, d.h. mit einem finalistischen Prinzip, das mit dem kausalen Denken eines Immanuel Kant sich gar nicht zu vertragen scheint und wie sich derartige finalistische Ideen sogar schon in den ältesten Ansätzen philosophischen Nachdenkens finden, deren Auswirkungen sich bis in unsere moderne vor allem naturwissenschaftlich geprägte Welt verfolgen lassen.

Durch diese Einsichten läßt sich ein genaueres Verständnis der biologischen Evolution erreichen, das dazu führt, eine zweite Art der Evolution, die sogenannte kulturelle Evolution, einzuführen und genauer zu betrachten, wie durch sie kulturelle Lebewesen hervorgebracht werden, in denen zusätzlich zu den Problemen der Erhaltung der äußeren Existenz noch das für die Menschheitsgeschichte besonders schwerwiegende Problem der Sicherung und Erhaltung der *inneren Existenz* auftritt. Und dabei zeigt sich, daß der Wille zum Versöhnen den Nebeneffekt besitzt, eine ganze Anzahl von Problemstellungen lösbar zu machen, die lange Zeit wegen der in ihnen enthaltenen als unversöhnlich angesehen Gegensätzlichkeiten für schier unlösbar gehalten wurden, die sogar Lösungen betreffen, durch die sich das heutige gesellschaftliche Leben friedlicher gestalten läßt. Um derartige Probleme der Sicherung der inneren Existenz unseres Staates geht es im 2. Anhang.

Der dritte Anhang *Die unitarische Gerechtigkeitsformel zur Vermeidung und zur Heilung von Autoimmunerkrankungen des Staates* entstand in einer wirtschaftlich schwierigen Zeit der Bundesrepublik Deutschland, in der bereits die Vorstellung entwickelt war, daß es sich bei Betrieben, Vereinen und Staaten um Lebewesen handelt, so daß der Begriff der Autoimmunkrankheiten auf sie übertragbar war und ist, wobei aber die Vorstellung von einer inneren Existenz dieser kulturellen Lebewesen erst intuitiv lebendig gewesen sein mag; denn die Ausbildung von Autoimmunerkrankungen sind in einem Staat ein deutliches Zeichen für eine Gefährdung seiner inneren Existenz. In diesem An-

hang wird ausgearbeitet, wie derartigen Gefahren durch die Entwicklung von Gerechtigkeitsformeln begegnet werden kann, weil es meistens Richtersprüche sind, durch welche
die Autoimmunerkrankungen des Staates akut werden, wenn sie Gesetze anwenden, in
denen die Gefahr dazu angelegt ist, so daß man die Richter durch Gerechtigkeitsformeln
von der Pflicht, derartige Gesetze anwenden zu müssen, entlasten kann, wie dies etwa auch
bei den Mauerschützenprozessen aus anderen Gerechtigkeitsgründen der Fall war.

Im vierten Anhang *Zur Bestimmung des erkenntnistheoretischen Ortes religiöser
Inhalte* geht es um die sehr grundlegenden Problemstellungen, was überhaupt religiöse
Begrifflichkeiten und Begründungen bedeuten können, wenn man sie von dem schlechten
Ruf befreien will, in dem sie im Laufe der zum Teil grauenhaften Ereignisse, die mit ihnen
verbunden wurden, standen und zum Teil noch immer stehen. Aus vielerlei Gründen ist
es sinnvoll, den Religionsbegriff von diesem schlechten Ruf zu befreien, weil die Verwendung des Religionsbegriffs durch die Offenbarungsreligionen sinnentstellend betrieben
wurde. Auf dem Wege der dazu durchgeführten gründlichen Untersuchungen erweisen
sich die wohldefinierten Formen religiöser Inhalte sogar als unentbehrliche Grundlagen
beim soliden Aufbau von Erkenntnistheorien. Dadurch wird in den hier zur Darstellung
einer Theorie der Wissenschaft das Wort Religion und religiös in der korrigierten Form
an verschiedenen meist grundlegenden Stellen verwendet.

Der fünfte Anhang *Vom Möglichen und etwas mehr* stellt die Denkprobleme zusammen, die sich mit unseren Vorstellungen vom Möglichen und seinen Existenzformen sowie den Vorstellungen der inneren Wirklichkeit von Systemen ergeben.

Der sechste Anhang *Liebe Freunde der Natur, des Menschengeschlechts und unserer immer noch schönen Erde* hat die Form eines Aufrufs, um die große Bedeutung
der fünften Überlebensfunktion der Energiebereitstellungsfunktion für die Sicherstellung
des langfristigen Überlebens der Menschheit, um das sich die Wissenschaften zu kümmern haben, eindringlich hervorzuheben. Dieser Text entstand in der Zeit, in der 2011
nach einem verheerenden Tsunami in Japan, aufgrund der Ereignisse in Tschernobyl ein
von den Medien erzeugter Antikernkraft-Tsunami über Deutschland hinwegfegte und
die wissenschaftlich gänzlich unbegründete sogenannte Energiewende hervorbrachte. In
diesem Anhang wird herausgearbeitet, warum durch Fehlinformationen die Antikern-
kraftbewegung bewußt angeheizt wurde und warum diese Bewegung die Menschen zu
einem schmarotzerhaften Verhalten der Natur gegenüber veranlaßt, das schließlich zu
einer Existenzgefahr für die ganze Menschheit wird. Das Überlebensprogramm für die
Menschheit lautet aber: Freundschaft unter den Menschen und Freundschaft mit der Natur
schließen und halten.

6.1   Anhang 1

Wolfgang Deppert
22035 Hamburg, Overbeckstraße 3, den 6.6.1999
Tel./Fax: 040 2277 602/678
Email: wrd2@gmx.de

Bedingungen der Möglichkeit von Evolution

Evolution im Widerstreit zwischen kausalem und finalem Denken
(Referat zur Tagung des Kieler IPTS vom 28.6. bis 1.7.1999 mit dem Thema: Evolution)

Zusammenfassung der Fragestellungen und Zielpunkte
Philosophen gehen seit altersher davon aus, daß biologische Wesen zweckbestimmt agieren. Als Hauptzwecke werden dabei die Selbsterhaltung und die Arterhaltung angesehen. Dabei ist das Ziel, einen Zustand zu erhalten, der bereits vorliegt und nicht etwa ein noch durch die Arterhaltung zu erreichender Zustand, der selbst noch nicht gegeben wäre. Dies ist altes von Aristoteles ererbtes finales Denken.

Biologen haben dagegen zwei Seelen in ihrer Brust, die eine denkt traditionsgemäß zweckgerichtet final, die andere denkt ausbildungsbedingt naturwissenschaftlich kausal. In den Evolutionstheorien treffen diese beiden Denkweisen aufeinander. Da wird einerseits im Sinne der Tradition in einem finalistischen Sinne davon gesprochen, daß die besser angepaßten Arten überleben und andererseits davon, daß alles biologische Geschehen ausschließlich kausal durch die physikalischen Naturgesetze bestimmt sei. Wenn aber alle Abläufe ohne Ausnahme den Naturgesetzen folgen, dann kann es keine bessere oder schlechtere Anpassung an die Naturgesetze geben; denn die Ereignisse folgen den Naturgesetzen in jedem Fall 100%ig, da gibt es keine Abweichung. Was aber kann es dann bedeuten, wenn in jeder Form von Evolutionsgedanken gemeint wird, daß die besser angepaßten Lebewesen und Arten die besseren Überlebensschancen besitzen? Wodurch lassen sich bessere und schlechtere Anpassungen denken? Und gibt es denn überhaupt etwas Bestehendes, woran diese Anpassung stattfinden könnte?

Dies sind die Ausgangsfragen, mit denen sich das Referat beschäftigt. Dabei wird sich zeigen, daß man durchaus mit einem Nebeneinander von finalem und kausalem Denken naturwissenschaftlich überleben kann, vor allem dann, wenn klar ist, daß wir auch das Nebeneinander von Aussagen über das Sein und Aussagen über das Wollen oder Sollen dergestalt ertragen müssen, daß wir auch einzusehen haben, daß wir dem Humeschen Satz nicht entrinnen können und Aussagen über das Wollen oder Sollen nicht aus Aussagen über das Sein ableiten können. Nur in unserem jeweils eigenen Sein findet sich die Verbindung, daß wir in uns das Sein des Überlebenswillens deutlich spüren und daraus klar ableiten, was wir wollen und was wir nicht wollen. Die Materialisierung dieses Überlebenswillens zeigt darum auch den Weg auf, wie die Frage nach den Bedingungen der Möglichkeit von Evolution beantwortet werden kann.

Inhalt

6.1.1 Ist die Bestimmung von Naturgesetzen aus Extremalprinzipien verträglich mit der Idee einer evolutionären Optimierung?

Leibniz hat in seiner Theodizee die Übel in der Welt damit gerechtfertigt, daß im Vergleich mit anderen möglichen Welten unsere Welt die geringsten Übel besitzen müsse, da sie Gott sonst nicht erschaffen hätte. Trotz aller Mängel sei unsere Welt darum die beste aller möglichen Welten.[73] Auf das Funktionieren der Natur übertragen, bedeutet dies, daß die Naturgesetze Extremalprinzipien genügen müßten, d.h., wenn man etwa den Verlauf einer Bewegung ersteinmal in allen möglichen Weisen zuläßt, dann sollte durch das richtige Extremalprinzip aus dieser Schar von Bewegungsformen die naturgesetzlich bestimmte wirkliche Bewegung eindeutig herausgefunden werden können.[74]

Tatsächlich war die Einführung von Extremalprinzipien in der theoretischen Physik außerordentlich erfolgreich, z.B. die verschiedenen Formulierungen des Prinzips der kleinsten Wirkung, durch die die Grundgleichungen der theoretischen Physik abgeleitet werden können.[75]

---

73 Leibniz sagt:"…gäbe es nicht die beste (optimum) aller möglichen Welten, dann hätte Gott überhaupt keine erschaffen. ‚Welt' nenne ich hier die ganze Folge und das ganze Beieinander aller bestehenden Dinge, damit man nicht sagen kann, mehrere Welten könnten zu verschiedener Zeit und an verschiedenen Orten bestehen. Man muß sie insgesamt für eine Welt rechnen, oder, wie man will, für ein U n i v e r s u m. Erfüllte man jede Zeit und jeden Ort; es bleibt dennoch wahr, daß man sie auf unendlich viele Arten hätte erfüllen können und daß es unendlich viel mögliche Welten gibt, von denen Gott mit Notwendigkeit die beste erwählt hat, da er nichts ohne höchste Vernunft tut." (Leibniz 1710/1968, S.101)

74 Zu der Bedeutung von Extremalprinzipien vgl. z.B. Nagel 1961, S.407: „These principles assert that the actual development of a system proceeds in such a manner as to minimize or maximize some magnitude which represents the possible configurations of the system". In einer Fußnote fügt Nagel hinzu: „It can in fact be shown that, when certain very general conditions are satisfied, all quantitative laws can be given an ‚extremal' formulation."

75 Das in der modernen Physik am meisten verwendete Extremalprinzip ist das Hamiltonprinzip, das sich auch als eine besondere Form des Prinzips der kleinsten Wirkung auffassen läßt.

Nach dieser Vorstellung über das naturgesetzliche Verhalten wird davon ausgegangen, daß alles, was geschieht, optimal geschieht und zwar in zweierlei Hinsicht. Erstens geschieht alles strikt nach Naturgesetzen, d.h., ein davon abweichendes Verhalten gibt es nicht, und zweitens erfüllen die Naturgesetze selbst Extremalprinzipien. Wenn alles raum-zeitliche Geschehen so festgelegt ist, dann fragt es sich, was es bedeuten soll, wenn Evolutionstheoretiker sagen, daß sich die Lebewesen im Verlauf der Evolution erst an die sogenannte objektive Wirklichkeit[76] angepaßt hätten, so, als ob sie früher nicht optimal angepaßt gewesen wären. Freilich meinen die Evolutionstheoretiker dabei stets, daß das evolutive Geschehen ganz und gar durch Naturgesetze bestimmt sei. Offenbar können es nicht die Naturgesetze sein, an die sich die Lebewesen im Laufe der Evolution angepaßt haben, obwohl die Evolutionstheoretiker von einer Anpassung an die objektive Wirklichkeit sprechen. Da mit dem Terminus ,objektive Wirklichkeit' gewiß die naturgesetzlich bestimmte Wirklichkeit gemeint ist, erfährt der Anpassungsbegriff in der Evolutionstheorie eine widersprüchliche Verwendung, die ersteinmal aufzuklären ist, bevor diskutabel wird, in welcher Weise Begriffe wie Optimalität oder Effizienz auf biologische Prozesse anwendbar sind.

Naturgesetze können in einem Raum möglicher Welten mit Hilfe von Extremalprinzipien gewonnen werden, und darüber hinaus folgt alles Geschehen in optimaler Weise den Naturgesetzen. Wenn in diesem Rahmen die Frage nach der optimalen Organisation von Lebewesen auftritt, dann kann sie nur sinnvoll sein, wenn mit dem Entstehen von Leben neue Möglichkeitsräume mitgedacht werden, auf die sich erneut Optimalitätskriterien anwenden lassen. Freilich kann es hierbei nicht um das optimale Verhalten in Bezug auf die bestehenden Naturgesetze gehen, denn dieses Verhalten muß aufgrund der Festlegung der Naturgesetze und ihrer Funktion schon immer optimal sein.

Kennzeichnet man ein bestimmtes physikalisches System mit seiner Lagrangefunktion, dann fordert das Hamiltonprinzip, daß das Zeitintegral über die Langrangefunktion zwischen zwei Zeitpunkten ein Extremum ist. Aus dieser Forderung lassen sich die Euler-Lagrageschen Differentialgleichungen ableiten, die das betreffende System in seinem zeitlichen Verhalten bestimmen. Dieses Verfahren wird bis heute angewandt, um die Grundgleichungen der physikalischen Welt zu bestimmen, wie etwa die Schrödinger-Gleichung, die Dirac-Gleichung, die Feldgleichungen der Allgemeinen Relativitätstheorie oder der Cartan-Hehlschen Torsiontheorie, usf. Vgl. zur klassischen Theorie des Hamiltonprinzips etwa (Goldstein 1963) oder (Landau 1966).

76 Den Ausdruck ,objektive Wirklichkeit' nehme ich hier als Sammelbezeichnung für die vielen verschiedenen Kennzeichnungen ein und derselben metaphysischen Vorstellung, wie sie reichhaltig in der Literatur der Evolutionstheoretiker auftauchen, und von denen ich ich hier einige Beispiele angebe: „außersubjektive Wirklichkeit" (Lorenz 1973, p.11), „>>objektive<< Wirklichkeit" (ebenda), „reale Außenwelt" (ebenda, P.12), „Außenwelt" (ebenda, p.16), „reale Welt" (ebenda), „Wirklichkeit" (ebenda), „Welt" (ebenda), „außersubjektive Welt" (ebenda), „reale Wirklichkeit" (ebenda), „äußere Wirklichkeit" (ebenda), „das Ansich-Bestehende" (ebenda, p.17), „reale Welt, unabhängig von Wahrnehmung und Bewußtsein" (Vollmer 1975, p.28), „objektive Wirklichkeit" (ebenda, p.29), „objektive Realität" (ebenda), „das, was wir in seiner ,realen Existenz' zu erforschen trachten", (Wuketits 1978, p.26), „etwas (also die Wirklichkeit), das vor und unabhängig von der Erkenntnis existent ist" (ebenda).

Daraus ergibt sich, daß die Optimierungsziele der Evolution nicht in dem Sinne als objektiv angesehen werden können, daß sie ausschließlich auf Naturgesetze zurückführbar wären, was nach dem oben Gesagten nicht möglich ist[77]. Es läßt sich bereits an dieser Stelle vermuten, daß Optimierungsziele von den Betrachtern des evolutionären Geschehens selbst gesetzt und der Natur unterschoben werden. Um dies zeigen zu können, ist nun zu fragen, wodurch die Möglichkeitsräume des Lebens charakterisiert werden können, in denen die Optimierungsprozesse der Evolution zu denken sind.

6.1.2 Die Vorstellung von der Erhaltung der eigenen Genidentität schafft neue Möglichkeitsräume für Optimierungen

Anstelle von Extremalprinzipien lassen sich Naturgesetze auch durch das Postulat von Erhaltungssätzen metrischer Größen wie Energie, Impuls, Masse, Ladung, Quantenzahlen, etc. charakterisieren.[78] Man könnte also auch fragen, welche neuen Erhaltungsgrößen durch das Leben ins Spiel kommen.

Die Erhaltungsgrößen sind stets solche, mit deren Hilfe abgeschlossene Systeme beschrieben werden können, d.h., ein System hat eine bestimmte Gesamtenergie, einen Gesamtimpuls, eine Gesamtmasse, eine Gesamtladung und etwa eine Gesamtbaryonenzahl. Systeme, die sich mit Hilfe von derartigen Erhaltungsgrößen vollständig charakterisieren lassen, unterscheiden sich dann nicht, wenn sie in allen diesen Größen übereinstimmen: Sie haben keine eigene Identität. So spricht man in der Quantenphysik von ununterscheidbaren Teilchen, wenn sie nach der Theorie durch bestimmte Quantenzahlen (und dies sind gerade die quantenphysikalischen Erhaltungsgrößen) in ihrem Verhalten eindeutig festgelegt sind. Die Ununterscheidbarkeit von Elementarteilchen überträgt sich auch auf ihre Zusammensetzungen, wie sie durch Atome, Ionen oder Moleküle gegeben sind. Dementsprechend sind also auch Systeme von Elementarteilchen, Atomen oder Molekülen mit keiner eigenen Identität ausgestattet, da je zwei Systeme mit den gleichen Erhaltungsgrößen nicht unterschieden werden können. Wasserstoffatome oder Wassermoleküle haben keine Geschichte.

---

77 Diese Konsequenz tritt aber nur dann ein, wenn die Naturgesetze ausschließlich als kosmische Gesetze aufgefaßt werden. Wenn der Begriff der Naturgesetze dadurch erweitert wird, daß auch solche Gesetze als Naturgesetze aufgefaßt werden, deren Anwendungsbereich auf die lebenden Objekte eingeschränkt ist, die durch diese Gesetze charakterisiert werden, dann sind freilich auch Naturgesetze denkbar, die das Prinzip der Erhaltung der Genidentität zu ihrem Inhalt haben oder aus diesem ableitbar sind. Vgl. (Deppert 1992a und 1993).

78 Vgl. etwa Weyl 1931, S.195. Dort führt Weyl u.a. aus: „Überhaupt kann man es als eine Regel aufstellen, daß jede Invarianzeigenschaft vom Charakter der allgemeinen Relativität, die eine willkürliche Funktion einschließt, zu einem differentiellen Erhaltungssatz Anlaß gibt." Daraus läßt sich umgekehrt folgern, daß jeder Erhaltungssatz, der sich freilich auch als ein differentieller Erhaltungssatz darstellen läßt, eine Invarianzeigenschaft der Natur, d.h. ein Naturgesetz, auszeichnet. Vgl. dazu auch Deppert 1989, S.223f.

Dies ändert sich bei makroskopischen Gegenständen.[79] Sie haben eine feststell-
bare Dauer in der Zeit und sind gewissen Veränderungen unterworfen, die es dennoch
gestatten, von einem und demselben Gegenstand zu sprechen. Man denke z.B. an eine
Schallplatte, die während ihrer Existenz nach und nach Spuren ihres Gebrauches etwa
in Form von Kratzern aufweist. Trotz dieser Kratzer sind wir davon überzeugt, daß dies
immernoch dieselbe Platte ist, die wir vielleicht vor Jahren einmal von einem Freund
geschenkt bekommen haben. Zur Kennzeichnung von Gegenständen oder Systemen, die
eine Geschichte haben können, die also während ihrer Existenz gewissen irreversiblen
Veränderungen unterworfen sind, möchte ich den von Kurt Lewin eingeführten Begriff
der Genidentität benutzen. Dieser Begriff ist von Wissenschaftstheoretikern wie Russell,
Carnap, Reichenbach, Grünbaum oder Stegmüller aufgegriffen und zum Teil erheblich
spezifiziert worden.[80]

---

79 Für die Erfahrungstatsache, daß es sich bei makroskopischen Körpern immer um unterscheid-
    bare Gegenstände handelt, obwohl diese ausschließlich aus ununterscheidbaren Teilchen
    zusammengesetzt sein sollen, gibt es meines Wissens im reduktionistische Sinne nur eine
    Erklärungsmöglichkeit. Sie lautet: Teilchen (dabei handelt es sich um Fermionen, die dem Pau-
    li-Prinzip genügen) können durch elktromagnetische Wechselwirkungen eine große Fülle von
    stabilen Konfigurationen ausbilden, die aufgrund der ungeheuer großen Teilchenzahlen bei
    makroskopischen Körpern einen unüberschaubar großem Raum möglicher Konfigurationen
    aufbauen, so daß es äußerst unwahrscheinlich wird, jemals zwei identisch aufgebaute makro-
    skopische Körper anzutreffen.

80 Vgl. Lewin 1922, S.10ff. Dort sagt Lewin: „Wir wollen, um Verwechslungen zu vermeiden, die
    Beziehung, in der Gebilde stehen, die existentiell auseinander hervorgegangen sind, Geniden-
    tität nennen. Dieser Terminus soll nichts anderes bezeichnen, als die genetische Existentialbe-
    ziehung als solche." Von Lewins Ausdifferenzierungen des Begriffs der Genidentität in Aval-
    genidentität, Individualgenidentität und Stammgenidentität mache ich hier keinen Gebrauch,
    obwohl sich diese Begriffe der Sache nach z.T. in den weiter unten ausgeführten Stufungen
    genidentischer Systeme wiederfinden. Zur Verdeutlichung des Begriffes der Genidentität sei-
    en hier einige der Definitionen angegeben, die in der Wissenschaftstheorie vielfach verwendet
    werden.

    Carnap sagt mit Bezug auf Kurt Lewin:"Zwei Weltpunkte derselben Weltlinie nennen wir
    ‚genidentisch'; ebenso auch zwei Zustände desselben Dinges." (Carnap 1928, S. 170(§128) u.
    S.219(§159))

    Im Rahmen der Diskussion der Kausaltheorie der Zeit führt Grünbaum aus:"…we shall begin
    with material objects each of which possesses genidentity (i.e. the kind of sameness that arises
    from the persistence of an object for a period of time) and whose behavior therefore provides
    us with genidentical causal chains."(Grünbaum 1973, S.189.)

    Hans Reichenbach setzt den Begriff an mehreren Stellen seines Werkes ein, und er unterschei-
    det dabei materiale von funktionaler Genidentität. In seinem letzten, von seiner Frau Maria
    herausgegebenen Werk, „The Direction of Time", heißt es:"…physical identity of a thing, also
    called genidentity, must be distinguished from logical identity. An event is logically identical
    with itself; but when we say that different events are states of the same thing, we employ a
    relation of genidentity holding between these events. A physical thing is thus a series of events;
    any two events belonging to this series are called genidentical." (Reichenbach 1956, S.38) Da
    es im Rahmen der Quantentheorie nicht mehr möglich ist, einen physikalischen Gegenstand

Mir genügt es hier, den Begriff der Genidentität eines Systems durch die Geschichtsfähigkeit von Systemen zu bestimmen. Genidentität bezeichnet die Selbigkeit (sameness) eines Systems, die es trotz der Veränderungen, die es im Laufe seiner Geschichte erleidet, beibehält. Die Eigenschaften genidentischer Systeme sind darum nach wesensbestimmenden und zufälligen (akzidentellen) Eigenschaften zu unterscheiden. Ein System, das keine akzidentellen Eigenschaften besitzt, hat keine Geschichtsfähigkeit und ist darum nach der hier gegebenen Begriffsbestimmung nicht als genidentisch zu bezeichnen. Dies ist der Grund dafür, warum z.B. Elektronen keine Geschichte und darum keine Genidentität besitzen. Der Begriff Genidentität darf nicht mit dem biologischen Begriff des Gens verwechselt werden, der seit 1909 in der Vererbungslehre zur Kennzeichnung von bestimmten Klassen erblicher Eigenschaften eingeführt wurde. Dabei mag es dahingestellt sein, inwiefern ein Gen auch als ein spezielles genidentisches System aufgefaßt werden kann. Ganz sicher aber lassen sich umgekehrt nicht alle genidentischen Systeme als Gene bezeichnen.

Worin das unveränderliche Wesen eines genidentischen Systems besteht, hängt stark von dem Betrachter dieses Systems ab. Dies zeigt sich daran, das die Meinungen darüber, wann ein genidentisches System seine Genidentität verloren hat, sehr weit auseinandergehen können. So ist es z.B. denkbar, daß ein Königsberger der Auffassung ist, daß die Stadt Königsberg in den letzten Kriegsmonaten ihre Existenz verloren hat, da für ihn das Wesen Königsbergs mit bestimmten Bauten, Straßen und Brücken verbunden ist, die durch den Krieg zerstört wurden. Einige Bewohner der Stadt Kaliningrad aber mögen an einen genius loci glauben, der mit dem geographischen Ort des alten Königsbergs, in dem Kant gelehrt hat, verbunden ist und das Wesen dieser Stadt kennzeichnet, so daß sie den Wunsch geäußert haben, Kaliningrad wieder in Königsberg umzubenennen.[81]

---

in dieser Weise zu definieren, behandelt Reichenbach das Problem von ‚The Genidentity of Quantum Particles' in dem gleichen Buch in einem gesonderten Kapitel. Darin unterscheidet Reichenbach material genidentity von functional genidentity: „For macroscopic objects, we define material genidentity in terms of several characteristics, which can be divided into three groups. First, we associate material genidentity with a certain continuity of change...Second, it is a characteristic of material objects that the space occupied by one cannot be occupied by another...Third, we find that whenever two materal objects exchange their spatial positions this fact is noticeable."(Ebenda, S.225) „We say that the kinetic energy travels from one ball to the other, and by this usage of words we single out another physical entity, the energy, whose genidentity follows different rules. This is not a material genidentity; it might be called a functional genidentity, a genidentity in a wider sense. Also of this functional kind is the genidentity of water waves, which we distinguish from the material genidentity of water particles..." (Ebenda, S.226) Aufgrund der Ununterscheidbarkeit der Elementarteilchen und dem Postulat der Vermeidung von kausalen Anomalien, kommt Reichenbach zu dem Schluß:"In the atomic domain, material genidentity is completely replaced by functional genidentity." (Ebenda, S.236) Unter der Annahme, daß das gesamte materiale Dasein ausschließlich aus Teilchen dieses atomaren Bereiches bestehen folgt dann weiter: „...there is no material genidentity at all in the physical world; there is only functional genidentity." (Ebenda)

81 Königsberg ist die frühere Hauptstadt der früheren Provinz Ostpreußen. Es ist die Stadt, in der Immanuel Kant sein Leben lang gelebt und gearbeitet hat. Die Altstadt Königbergs wur-

Bei dem Beispiel der Schallplatte, wird man ihre Geschichtsfähigkeit an ihrer Eigenschaft, Kratzer bekommen zu können, festmachen. Ihr unveränderliches Wesen, ihren Kern, könnte man in vielen verschiedenen Fällen für erhalten ansehen: wenn die auf ihr gespeicherten akustischen Ereignisse während des Abspielens noch zu erkennen sind, sie sich überhaupt noch abspielen läßt oder das Etikett auf ihr noch zu lesen ist, usf.

Bei einem lebenden System könnte man seine Alterungsfähigkeit oder noch allgemeiner seine Änderungsfähigkeit als seine akzidentelle Eigenschaft auffassen, während man als seinen wesentlichen Kern seine genetische Bestimmung oder nur seine historisch kontinuierliche Existenz betrachten könnte.

Solange mit dem Begriff der Genidentität solch eine vage Bestimmung des gleichbleibenden Wesens verbunden ist, wird er in der hier gegebenen Bestimmung nicht für die Beschreibung wissenschaftlicher Tatbestände tauglich sein. Überdies ist der Begriff der Genidentität auf unbelebte Materieansammlungen ebenso anwendbar wie auf belebte. Während die unbelebten Gegenstände keinen für uns erkennbaren Drang zur Selbsterhaltung besitzen, so gilt dies jedoch offensichtlich für alle Lebewesen. Darum läßt der Begriff der Genidentität hinsichtlich ihrer Erhaltung eine besondere Unterscheidung von belebter und unbelebter Materie zu, indem wir den belebten genidentischen Systemen ein *Prinzip der Erhaltung ihrer eigenen Genidentität* unterschieben. Dies wird selbst unter Reduktionisten keinen Widerspruch hervorrufen.[82] Täte man dies auch für unbelebte genidentische Systeme, so würde dies kaum jemand für sinnvoll erachten können; es sei denn, man huldigte einer Metaphysik, die das gesamte materielle Geschehen unter ein vitalistisches Prinzip bringen wollte. Aufgrund dieser Asymmetrie zwischen belebten und unbelebten genidentischen Systemen möchte ich das *Erhaltungsprinzip der eigenen Genidentität* als Kennzeichnung des lebendigen Bereiches verwenden. Dabei kommt es nun nicht mehr darauf an, was als das Wesentliche und was als das Akzidentelle an einem spezifischen belebten genidentischen System angesehen wird. Ausschlaggebend ist nur, ob wir es für sinnvoll ansehen können, dem betreffenden genidentischen System ein Prinzip zur Erhaltung der eigenen Genidentität zuzuordnen.

Wenn man mit dem Erhaltungsprinzip der eigenen Genidentität die Schnittstelle zwischen lebenden und unbelebten Systemen kennzeichnet, so wird verständlich, daß sich lebende Systeme darin unterscheiden können, auf welche Weise und wie sicher sie das Ziel der Selbsterhaltung erreichen. In dieser Hinsicht läßt sich eine Verbesserung oder gar eine Optimierung der Selbsterhaltungsfähigkeiten genidentischer Systeme denken. Wenn etwa die einzige Möglichkeit, die eigene Genidentität zu erhalten, in einer Fluchtbewegung be-

---

de 1945 vollständig zerstört. Danach kam Königsberg unter sowjetische Verwaltung, und die Stadt wurde unter dem Namen Kaliningrad neu aufgebaut. Heute gehört Kaliningrad zu Rußland, und es ist dort eine Bewegung unter den Einwohnern entstanden, die sich dafür einsetzt, den Namen ‚Königsberg' wieder einzuführen.

82 Sie würden darauf vertrauen, ein solches Prinzip durch eine kausale Erklärung mit Hilfe von Gesetzesaussagen und adäquaten Randbedingungen ersetzen zu können.

steht, so werden die belebten Systeme erfolgreicher sein, die die höhere Fluchtgeschwindigkeit erreichen können.

Die Fülle der Möglichkeiten, das Ziel der Selbsterhaltung genidentischer Systeme in
wechselnden Situationen erreichen oder nicht erreichen zu können, eröffnet den gesuch-
ten Möglichkeitsraum, in dem die in der Evolutionstheorie gedachten Optimierungen (the
survival of the fittest) denkbar sind.

6.1.3 Der Status des Prinzips der Erhaltung der eigenen Genidentität

Ein solches Erhaltungsprinzip ist ein neuer Typ von Erhaltungssätzen; denn es geht dabei
nicht (zumindest einstweilen nicht) um die Erhaltung quantitativ bestimmbarer Größen,
wie es bei den physikalischen Erhaltungsgrößen der Energie, des Impulses oder der Baryo-
nenzahl der Fall ist. Was dabei erhalten werden soll, ist die raumzeitliche Existenz eines
Gesamtsystems, das aus einem gleichbleibenden Wesensanteil und einem veränderungs-
fähigen akzidentellen Anteil besteht. Aber es ist gar nicht sicher, ob das Verhalten eines
genidentischen Systems, von dem angenommen wird, daß sein Verhalten durch das Erhaltungsprinzip der eigenen Genidentität beschreibbar ist, tatsächlich die Erhaltung bewirkt;
denn ein genidentisches System kann aufgrund seiner Zusammengesetztheit zerfallen und
seine Genidentität einbüßen. Das Erhaltungsprinzip der Erhaltung der Genidentität kann
darum nur in Form von vermuteten Strategien zur Selbsterhaltung festgemacht werden.

Es ist somit nicht verwunderlich, daß es in der physikalistischen Beschreibung der
Natur kein Naturgesetz von der Erhaltung der Genidentität gibt. Dies ist schon deshalb
nicht denkbar, weil die physikalistische Zielsetzung gerade darin besteht, lebende Systeme
auf unbelebte Systeme zurückzuführen, denen ein solches Prinzip sinnvollerweise nicht
unterschoben werden kann.

Wir verstehen uns als Menschen schon immer als Wesen, die Pläne machen und Ziele
verfolgen. Alle Wünsche und Ziele und die damit verbundenen Wertvorstellungen sind
stets irgendwie auf das Erhaltungsprinzip der eigenen Genidentität bezogen. Damit entpuppt es sich als das Prinzip der Selbsterhaltung, also als ein Prinzip des Wollens, des
Überleben-Wollens, das wir in uns selbst in seiner Wirksamkeit feststellen können. Mit
diesem Prinzip ist demnach die Möglichkeit angelegt, ein Sollen oder ein Wollen zu begründen. Wenn wir uns auf den Standpunkt der Evolutionstheoretiker stellen, dann fassen
wir uns als Menschen als ein Produkt der Evolution auf. D.h., wir müssen das Vorhandensein unseres eigenen Wollens und Sollens aus der Evolution heraus erklären.

Es liegt aber nahe, daß wir das Erhaltungsprinzip der Genidentität deshalb zur Kennzeichnung der lebenden Systeme benutzt haben, weil wir das Selbsterhaltungsprinzip aus
unserer eigenen Lebenswirklichkeit heraus meinen feststellen zu können. Und es wäre
sicher ein zirkuläres Verfahren, wenn wir nun unseren Selbsterhaltungstrieb evolutionär
aus dem unterschobenen Erhaltungsprinzip der eigenen Genidentität verstehen wollten.
Dies aber ist eine Schwierigkeit, die allen evolutionistischen Ansätzen zur Gewinnung von
Erkenntnissen über unsere eigene Erkenntnisfähigkeit anhaften.

Alle Ansätze einer evolutionären Naturbeschreibung sind aber ohne das Prinzip der Erhaltung der Genidentität nicht begründbar. Denn man wüßte nicht, in welcher Beziehung sich die lebenden Systeme durch Anpassung verändern und damit die Evolution hervorbringen könnten. Nun ist seit David Hume klar geworden, daß man aus der Beschreibung des Seins keine Kriterien für ein Sollen gewinnen kann.[83] Ein Prinzip des Sollens ist somit von anderer Art, als die Prinzipien, mit denen das Sein beschrieben wird. Somit wäre das Prinzip der Erhaltung der eigenen Genidentität als ein Prinzip des Sollens oder Wollens nicht physikalistisch begründbar, auch dann wenn man sein Ergebnis physikalistisch beschreiben kann. Hier zeigt sich mithin eine prinzipielle Schwierigkeit, evolutionäre Theorien der Natur vollständig in einen physikalistischen Reduktionismus einzubetten.[84]

6.1.4 Wie das Erhaltungsprinzips genidentischer Systeme durch eine Stufung dieser Systeme die Denkmöglichkeit einer evolutionären Optimierung schafft

Das Prinzip der Erhaltung der Genidentität wurde hier dargestellt, um für den Evolutionsbegriff eine Denkmöglichkeit von Optimierungen zu eröffnen. Diese lassen sich theoretisch innerhalb eines allgemeinen Rahmens von denkbaren Gefahren und den dazu möglichen Überlebensstrategien einordnen, wenn es um das Überleben eines Individuums geht. Dieser Möglichkeitsraum ist prinzipiell nicht abschließbar und darum nicht überschaubar. Man ist hier auf Theorienbildungen angewiesen, so daß von vornherein alle Vorstellungen über Optimierungen schon immer von Theorien darüber abhängig sind, was man überhaupt an Gefahren und entsprechenden Überlebensstrategien für möglich halten kann.

Wenn aber der Erhalt der eigenen Genidentität das einzige Ziel wäre, so wären alle Lebewesen, solange sie nicht tot sind, optimal erfolgreich, da der Möglichkeitsraum nur die beiden Zustände des Überlebens und des Nicht-Überlebens enthält. Wir haben dadurch über die generelle Optimalität naturgesetzlicher Vorgänge hinaus durch die Betrachtung des Prinzips der Erhaltung der Genidentität nur einen nicht optimalen Zustand hinzugewonnen, der darin besteht, das Ziel der Erhaltung der Genidentität verfehlt zu haben. Von Optimalität läßt sich aber nur sprechen, wenn es außer dem optimalen Zustand noch weitere gibt, die als zufriedenstellende wenn auch nicht als optimale Zustände angesehen werden können[85]. Schließlich muß sich der Superlativ des Optimalen erst aus dem Vergleich von einer gewissen Anzahl von Optimalitätskandidaten ergeben.

---

83   Das erste Mal hat er die Sein-Sollen-Dichotomie in (Hume 1740) beschrieben, die später als das Humesche Gesetz bezeichnet worden ist.

84   Die besonderen Schwierigkeiten eines reduktionistischen Programms habe ich in dem Aufsatz dargestellt „Das Reduktionismusproblem und seine Überwindung", abgedruckt in (Deppert 1992b).

85   Vgl. den Beitrag von K. Acham ‚Beyond Maximizing: Some Remarks on Optimality and Efficiency in the Social Sciences' in diesem Band.

Man könnte nun meinen, daß die Lebensdauer eine mögliche Optimierungsgröße sei, da schließlich größere Lebensdauern durch bessere Überlebensstrategien ermöglicht werden. In diesem Fall ist es jedoch unmöglich, von einem Optimum zu reden, denn eine unendliche Lebensdauer entzöge sich jeder Feststellbarkeit. Außerdem ist das Maß der Lebensdauer relativ; denn wie sollte man die Lebensdauer einer Mücke mit der eines Elefanten vergleichen. Die Lebensdauer eines individuellen Lebewesens ist also abhängig von der Art, der es angehört. Tatsächlich hat es nur einen Sinn, von einer optimalen Lebensdauer zu sprechen, wenn diese sich auf die Erhaltung der Art bezieht; denn Leben ist nicht nur durch ein Erhaltungsprinzip der *individuellen* genidentischen Systeme bestimmt, sondern auch durch die Reproduktionsfähigkeit dieser Systeme.

Darum läßt sich eine zweite überindividuelle Stufe genidentischer Systeme einführen, die wiederum einem teleologischen Erhaltungsprinzip folgen, das man normalerweise als die *Arterhaltung* bezeichnet.

Bei der Optimierung von Lebensvorgängen zur Erhaltung der Art bzw. zur Erhaltung genidentischer Systeme zweiter Stufe geht es vordringlich um die Erzielung eines Reproduktionsvorteils gegenüber anderen im gleichen Lebensraum konkurrierenden Arten. Zur Bestimmung möglicher Optimierungen sind hier über dem Raum der gegebenen Reproduktionsbedingungen ein Rahmen möglicher Reproduktionsvorteile zu konstruieren. So läßt sich etwa von einer optimalen Beschränkung der Lebensdauer der Individuen einer Art sprechen, wenn dadurch für die Art Reproduktionsvorteile entstehen.

Bedenkt man, daß keine Art isoliert leben kann, d.h., daß sie zum Leben eine Fülle von verschiedensten anderen Arten braucht, so können durch ein hypertrophes Wachstum einer Art die Lebensgrundlagen dieser Art zerstört werden. Darum ist eine weitere Optimierung in Bezug auf die Erhaltung eines genidentischen Systems *dritter* Stufe denkbar, das ich als *Lebensgemeinschaft* bezeichnen möchte. Und so wie das Erhaltungsprinzip zweiter Stufe das Erhaltungsprinzip erster Stufe in Bezug auf die individuelle Lebensdauer beschränkte, so wird es nun denkbar, daß durch ein Erhaltungsprinzip dritter Stufe das Mengenwachstum der Art begrenzt wird. Dieses theoretisch gewonnene Ergebnis stimmt tatsächlich mit biologischen Beobachtungen und deren evolutions-theoretischen Interpretationen überein wie es das folgenden Beispiel zeigt. Es ist herausgefunden worden, daß die älteste Wölfin sich in einem Wolfsrudel so verhält, als ob sie auf die Beschränkung der Nachkommenschaft strengstens achtet. Vom Standpunkt der klassischen Evolutionstheorie wird dieses Verhalten so gedeutet, daß die Wölfe auf diese Weise für die Erhaltung ihres Lebensraumes sorgen. Der Begriff des Lebensraumes entspricht dem Begriff des genidentischen Systems einer Lebensgemeinschaft, wie er in der hier entwickelten Theorie beschrieben wurde.[86]

---

86 Es ist anzunehmen, daß wir um so weniger von den Erhaltungsprinzipien genidentischer Systeme im genetischen Material der Arten wiederfinden, je höher die Stufe des Erhaltungsprinzips in der angegebenen Systematik ist. Ich bin davon überzeugt, daß der genetische Code der Menschen keine Informationen für ein symbiotisches Verhalten gegenüber der Natur enthält, so wie es offenbar für Wölfe der Fall ist. Darum können wir nur darauf hoffen, daß das menschliche Erkenntnisvermögen den Mangel an genetischer Information wettmachen kann,

Gewiß ließe sich die Stufenbildung genidentischer Systeme auf immer höhere Stufen fortsetzen, so daß von den Erhaltungsprinzipien der höheren Stufe stets Restriktionen auf die Erhaltungsprinzipien der unteren Stufen ausgehen. Diese Stufung fände dann ein Ende, wenn man bedenkt, daß die Gesamtheit allen Lebens bestimmter anorganischer Stoffe und bestimmter physikalischer Energieformen bedarf, die nur in begrenztem Umfang zur Verfügung stehen, da diese den Erhaltungsgesetzen der Physik unterliegen. Durch diese Beschränkung aller Stufen teleologischer Erhaltungsprinzipien ergibt sich die Möglichkeit, Optimierungen dadurch zu bestimmen, daß der Rohstoff- und Energieverbrauch minimiert wird.

6.1.5 Angebliche evolutionäre Optimierungsziele werden stets vom Betrachter an die Natur herangetragen

Versucht man, sich einen Überblick über die Optimierungsmöglichkeiten aller Stufungen zu verschaffen, so führt dies schnell zu der Einsicht, daß es nicht möglich ist, die Gesamtheit aller denkbaren Optimierungen zu überschauen. Zu diesem quantitativen Argument findet sich noch folgendes qualitative Argument, welches die Unmöglichkeit der empirischen Feststellbarkeit von optimalen Entwicklungsergebnissen ausweist.

Grundsätzlich finden sich in der Natur entgegengesetzte Lösungen in Bezug auf die gleiche Problemstellung, etwa zur Überwindung bedrohlicher Umweltsituationen. Entweder paßt sich ein Lebewesen im wörtlichen Sinne an eine gegebene Situation an, oder es macht sich unabhängig von ihr oder es wählt eine Möglichkeit zwischen diesen Extremen. So gibt es Tiere, die genau die Temperatur der Umgebung annehmen und dagegen solche, die eigene weitgehend konstante Körpertemperaturen hervorbringen, die durch ein kompliziertes Temperaturregelungssystem unabhängig von der Umgebung durchgehalten werden aber auch solche, die zwar eine eigene Temperaturregelung besitzen, deren Mittelwerte sie aber an die Umgebung anpassen. Als ein anderes Beispiel für die große Variabilität der Anpassungsmöglichkeiten sei auf die Tiere verwiesen, die bei Gefahr weglaufen und dabei eine hohe Fluchtgeschwindigkeit erreichen, und im Gegensatz dazu auf die, wie etwa der Igel, die Schnecke oder die Schildkröte, die bei Gefahr an der Stelle bleiben, wo sie sind und sich in einen Zustand der weitgehenden Unangreifbarkeit begeben. Das Spektrum zwischen diesen beiden extrem verschiedenen Überlebensstrategien ist wiederum angefüllt mit mannigfaltigen Möglichkeiten, das Überleben zu sichern, sei es passiv durch Tarnung oder aktiv durch eine eigene Verteidigungsfähigkeit oder das Entschwinden in die dritte Dimension.

Dadurch liegen im Raum möglicher Optimierungen das ganze Spektrum zwischen entgegengesetzten Zielsetzungen der Optimierung bereit. Mithin ist es für den Forscher, der

---

wenn es eine Überlebensfähigkeit durch wachsende Einsicht über die gegenseitigen Zusammenhänge in der Natur hervorbringt, die die größte vorstellbare Lebensgemeinschaft oder das größte denkbare symbiotische System darstellt.

nach Optimierungen sucht, nur eine Frage der Vorstellungskraft, ob er für einen gegebenen Lebensvorgang ein Ziel angeben kann, auf das hin sich dieser Vorgang als optimal bestimmen läßt.

Eine Ausnahme von dieser Beliebigkeit hinsichtlich der Bestimmung von Optimierungen scheint die Beschränkung durch die Erhaltungsprinzipien der Physik zu sein. So kann man etwa für den Energieverbrauch von Herzzellen und für die geleistete Arbeit einen wohldefinierten Wirkungsgrad angeben, vorausgesetzt, die dabei auftretenden Meßprobleme sind gelöst. Wenn man nun derartige Untersuchungen anstellt, sind die Rahmenbedingungen festzulegen, nach denen eine Optimierung überhaupt erst bestimmbar wird.[87] Dazu könnte die hier angegebene Stufung von Systemen genidentischer Systeme eine mögliche systematische Leitlinie sein, d.h., man könnte sich fragen, ob die Optimierungen auf die Lebensdauer des Individuums, auf den Reproduktionsvorteil der Art oder auf den Erhalt der Lebensgemeinschaft bezogen sind, ohne die die Art nicht überleben kann. Untersucht man z.B. eine bestimmte energieverbrauchende Funktion des Herzens unter Streßbedingungen, so könnte man eine vermutete Optimalität auf die verschiedenen Erhaltungsprinzipien der Erhaltung des Individuums, der Art oder der Lebensgemeinschaft hin untersuchen. In Bezug auf die Erhaltung der Art könnte ein derart überhöhter Energieverbrauch, der kurz danach notwendig zum letalen Kollaps führen muß, noch als optimal angesehen werden, für die Erhaltung des Individuums allerdings nicht. Mit Bezug auf die Erhaltung der Lebensgemeinschaft wären möglicherweise nur solche Energieumwandlungsprozesse als optimal auszuzeichnen, die in einem physikalisch definierten Sinne einen optimalen Wirkungsgrad besitzen.

Der Versuch, über die Optimierung des Energieverbrauchs zu einem eindeutig bestimmten Optimierungsziel zu kommen, bringt uns diesem Ziel noch keinen Schritt weiter. Denn man kann allenfalls feststellen wie etwa Gibbs[88] -, daß der Wirkungsgrad bei einer bestimmten Belastung ein Maximum erreicht oder daß die sogenannten schnellen Muskeln einen schlechteren Wirkungsgrad ausweisen als die langsamen Muskeln, wie es von Alpert und Mulieri[89] gezeigt worden ist. Dabei bleibt jedoch noch völlig offen, auf welches Optimierungsziel hin diese Untersuchungen zu deuten sind.

Wenn man Aussagen über eine im physikalischen Sinne optimale Energieausnutzung im Herzen machen wollte, dann brauchte man ein theoretisches Modell vom Herzen, das unter bestimmten Annahmen über die Stoffwechselenergieumwandlungen und den im Herzen stattfindenden hydro- und thermodynamischen Kreisprozeß einen theoretisch bestimmbaren höchstmöglichen Wirkungsgrad berechenbar macht. So liefert etwa der Carnot-Prozeß den höchsten erreichbaren thermodynamischen Wirkungsgrad von allen thermodynamischen Kreisprozessen, so daß man die Optimalität einer Wärmemaschine daran messen kann, wie nahe sie dem idealen Wirkungsgrad des Carnot-Prozesses kommt. Gesucht wäre somit ein dem Carnot-Prozeß analoger idealer Kreisprozeß des Herzens.

---

87 Vgl. dazu auch Oster 1989.
88 Vgl. Gibbs 1986 und Gibbs 1978.
89 Vgl. Alpert 1982 und Alpert 1986.

Von welchen Annahmen aber hätte man bei der Konstruktion eines idealen theoretischen Herzmodells auszugehen, das uns die höchsten theoretisch denkbaren Wirkungsgrade bestimmbar macht? Sollte man eine völlig neue Blutpumpe konzipieren, oder sollte man die Daten eines Leistungssportlerherzens oder die eines 120-Jährigen zum Ausgangspunkt wählen?

Durch derartige unübersehbare Schwierigkeiten bei der Suche nach einem idealen Herzmodell fällt auf, daß wir uns von den tatsächlich interessierenden Fragen weit weg bewegen, wenn wir uns auf die Suche nach objektiv bestimmbaren optimalen Lebensvorgängen machen, die evolutionär bedingt sein sollen. In jedem Fall sind wir Menschen es, die die Zielvorgaben für mögliche Optimierungen festlegen, auch wenn es manchmal nicht gleich so deutlich sein sollte. Und wenn wir meinen, wir hätten etwas Optimales entdeckt, das uns die Evolution geschenkt habe, so sind wir es doch selbst gewesen, die das dazu erforderliche Optimierungsziel der Natur untergeschoben haben.

Wenn es im Rahmen der hier angegebenen Überlegungen sehr wohl gelingt, über den Begriff der Genidentität und über seine Erhaltungsprinzipien verschiedener Stufen Möglichkeitsräume für Optimierungen zu schaffen, so läßt es sich dennoch nicht zeigen, in welcher Weise die zwar möglichen Optimierungen im Einzelfall aufgewiesen werden können. Wir kommen darum nicht umhin, von der Hoffnung auf die objektive Feststellbarkeit von Optimierungen Abschied zu nehmen und unsere eigenen selbst zu vertretenden Vorstellungen über optimale Lebensbedingungen zu entwickeln. Dies gilt für den Arzt ebenso wie für den Patienten. Der Arzt hat allenfalls den Wissensvorsprung darüber, wie eine Optimierungsvorstellung des Patienten realisierbar sein könnte.

6.1.6   Literatur

Alpert, N.R. und Mulieri, L.A. (1982), Myocardial Adaption to Stress from the Viewpoint of Evolution and Development, in: B.M. Twarog, R.J.C. Levine, and M.M. Dewey, (Hrsg.) *Basic Biology of Muscles: A Comparative Approach*, New York, S.173–188.

Alpert, N.R. und Mulieri, L.A. (1986), Determinants of energy utilization in the activated myocardium, *Federation Proc.*, 45, S.2597–2600.

Carnap, Rudolf (1928), *Der logische Aufbau der Welt*, Hamburg.

Deppert, W. (1989), *ZEIT, Die Begründung des Zeitbegriffs, seine notwendige Spaltung und der ganzheitliche Charakter seiner Teile*, Stuttgart.

Deppert, W. (1992a), Das Reduktionismusproblem und seine Überwindung, in: (Deppert 1992b, S.275–325).

Deppert, W., H. Kliemt, B. Lohff, J. Schaefer (Hrsg.) (1992b), *Wissenschaftstheorie in der Medizin. Kardiologie und Philosophie*, Berlin.

Deppert, W. (1993), Wer schlägt den Takt? Öffentlichkeit und Leben zwischen Gleichschritt und individueller Rhythmik, Vortrag, First Bamberg Philosophical Mastercourse, 28 June-30,June 1993, ‚The Resurgence of Time'.

Gibbs, C.L. (1978), Cardiac Energetics, *Physiological Reviews*, Vol. 58, No. 1, S.174–254.

Gibbs, C.L. (1986), Cardiac energetics and the Fenn effect, in R. Jacob, H. Just, Ch. Holubarsch (Hrsg.), *Cardiac Energetics, Basic Mechanism and Clinical Implications*, Darmstadt/New York, S.61–68.

Goldstein, H. (1963), *Klassische Mechanik*, Frankfurt/Main.

Grünbaum, A. (1973), *Philosophical Problems of Space and Time*, 2. (erweiterte) Aufl., Dordrecht/Boston.

Hume, D. (1740), *A Treatise of Human Nature: Being an Attempt to introduce the experimental Method of Reasoning into Moral Subjects*, Buch III, Of Morals, London.

Landau, L. und Lifschitz, E. M. (1966), *Lehrbuch der theoretischen Physik*. Bd. 2, *Klassische Feldtheorie*, Berlin.

Leibniz, G.W. (1710), *Die Theodizee*, übvers. von A. Buchenau, Hamburg 1968.

Lewin, K. (1922), *Der Begriff der Genese in Physik, Biologie und Entwicklungsgeschichte, eine Untersuchung zur vergleichenden Wissenschaftslehre*, Berlin

Lewin. K. (1923), Die zeitliche Geneseordnung, *Zeitschr. f. Phys.*, 8, S.62–81.

Lorenz, K. (1973), *Die Rückseite des Spiegels. Versuch einer Naturgeschichte menschlichen Erkennens*, München.

Nagel, E. (1961), *The Structure of Science: Problems in the Logic of Scientific Explanation*, New York.

Oster, G.F., und Wilson, E.O. (1989), A Critique of Optimization Theory in Evolutionary Biology, in: E. Sober (ed.), *Conceptal Issues in Evolutionary Biology*, Cambridge, S.271- 287.

Reichenbach, H. (1956), *The Direction of Time*, Berkeley.

Stegmüller, W. (1983), *Probleme und Resultate der Wissenschaftstheorie und Analytischen Philosophie, Bd. 1: Erklärung, Begründung, Kausalität*, 2. (überarb. u. erweiterte) Aufl., Berlin.

Theobald, Werner, Hypolepsis. Mythische Spuren bei Aristoteles, Academia Verlag, Sankt Augustin 1999.

Vollmer, G. (1975), *Evolutionäre Erkenntnistheorie*, Stuttgart.

Weyl, H. (1931), *Gruppentheorie und Quantenmechanik*, 2. überarb. Aufl., Leipzig.

Wuketits, F. M. (1978), Wissenschaftstheoretische Probleme der modernen Biologie, Berlin.

6.2   Anhang 2

Wolfgang Deppert

Problemlösung durch Versöhnung

Am 1. September 2009 meinem verehrten Lehrer Kurt Hübner zum 88. Geburtstag
gewidmet.

Inhalt

6.2.1   Der geheimnisvolle Wille und die finale Naturbetrachtung
         im antiken Griechenland

Probleme entstehen durch gewollte Ziele, deren Erreichbarkeit fraglich ist oder die sich
sogar widerstreiten. Probleme haben ihren Ursprung in dem, was wir als den Willen der
Menschen bezeichnen. Dieser Wille aber scheint etwas sehr Geheimnisvolles zu sein. Was
ist er, wie kommt er in die Welt, wie bildet er sich und wozu ist er gut?

Mit dem Willen ist gewiß dasjenige verbunden, was Aristoteles als das *unbewegt Bewegende* bezeichnete. Ein Tier springt plötzlich hervor, ohne von irgendetwas anderem
angestoßen worden zu sein, oder auch ein Mensch verändert plötzlich seine Lage, ohne daß
sich von außen erkennen ließe, wodurch die Ortsänderung zustande kam. Wenn eine Lawine sich plötzlich von einem Berghang löst, dann werden wir naturgesetzlich bestimmte
Vorgänge dafür verantwortlich machen, indem etwa der Schneedruck den untersten Schnee
zum Schmelzen brachte und dadurch die Adhäsions- und Kohäsionskräfte so stark verrin-
gert wurden, so daß diese kleiner wurden als die abwärtsgerichteten Erdanziehungskräfte
der weiter oben gelegenen Schneemassen. Wir werden vermutlich darum nicht unterstellen,

daß eine so verursachte Lawine durch einen Willen in Gang gesetzt wurde. Aber bei Lebewesen sehen wir das ganz anders. Warum bewegen sich Lebewesen, und zwar nicht nur Tiere oder Menschen, sondern auch Pflanzen, etwa die Mimosen, wenn sie bei Sonnenaufgang ihre Blätter entfalten? Physikalisch gesehen kann dies nur möglich sein, wenn da ein Energiereservoir vorhanden ist, welches durch einen geheimnisvollen Anstoß zur Arbeitsleistung freigesetzt wird. Müßte dieser Anstoß nicht auch naturgesetzlich bestimmt sein, wenn denn die Naturgesetze alles Geschehen in unserer sinnlich wahrnehmbaren Welt bedingen sollen? Bei den Mimosen könnte man meinen, daß dieser Anstoß durch die Lichtstrahlen der aufgehenden Sonne gegeben ist. Aber weit gefehlt; denn die Mimosen öffnen ihre Blätter auch im dunklen Keller durch einen eigenen, inneren Antrieb.

Aristoteles bestimmte den Begriff der Lebewesen so, daß sie eine Seele besitzen, der die Fähigkeit zukommt, unbewegt bewegen zu können. Und in den detaillierten Überlegungen seines Werkes „Über die Seele" arbeitet er heraus, daß der Begriff der Seele mit seinem neu gebildeten Begriff der *Entelechie* zusammenstimmt. Die Entelechie aber ist ein zielgerichtetes Entfaltungsprogramm des Lebensplanes eines Lebewesen, durch den seine Entwicklung und sein Wesen festgelegt ist. Für Aristoteles war die unbewegt erzeugte Bewegung stets zielgerichtet, und auch heute sind wir der Meinung, daß eine Veränderung, die durch einen Willen hervorgerufen wird, immer auf ein Ziel ausgerichtet ist, das in der Zukunft erreicht werden soll, so wie dies von Aristoteles für die Entelechie gedacht war. Die Verwirklichung der Entelechie wird von einem Willen betrieben, der nicht nur auf die *Erhaltung* des Lebewesens, sondern auf die *Verwirklichung* seines ganzen Wesens ausgerichtet ist, wozu sogar die *Erhaltung der eigenen Art* gehört. Aristoteles hat damit das finalistische Programm der Naturbeschreibung auf einen ersten Höhepunkt gebracht.

Auch in unserem Verständnis des Willensbegriffes ist ein Wille immer von Zielen her bestimmt. Ein Wille will etwas verwirklichen, das in der Zukunft liegt oder auch etwas als wirklich in der Zukunft erhalten. In der Wissenschaft sagt man: Ein Wille ist final und nicht kausal bestimmt. Aber nur das kausal in Form von Ursache-Wirkungsketten Beschreibbare gilt in der heutigen Naturwissenschaft als wissenschaftlich.

6.2.2 Ungenügende Zusammenarbeit zwischen Wissenschaft und Philosophie am Beispiel der Gehirnphysiologie

Ein Wille kann in naturwissenschaftlichen Beschreibungen nicht vorkommen, weil es – aufgrund seiner finalen Struktur – keine naturwissenschaftliche und damit auch kausale Bestimmung des Willensbegriffes geben kann. Dennoch behauptet heute ein ganzes Heer von Gehirnphysiologen, die sich zweifellos als Naturwissenschaftler verstehen, beweisen zu können, daß es keinen freien Willen geben könne. Begonnen hat dies mit den Arbeiten von Benjamin Libet[90] mit vielen nachfolgenden Untersuchungen und ungezählten waghal-

---

90 Vgl. Benjamin Libet, *Mind Time. Wie das Gehirn Bewußtsein produziert*, Suhrkamp Verlag, Frankfurt/Main 2005.

sigen Kommentaren.[91] Ist es aber nicht sehr eigentümlich, daß sich Naturwissenschaftler in Form von Neurophysiologen darüber hermachen, um die Anwendbarkeit eines Begriffes naturwissenschaftlich zu untersuchen, den sie aber gar nicht beschreiben können?

Freilich wird das Wort ‚Willensfreiheit' in der Umgangssprache vielfältig verwendet, ohne daß damit allerdings eine klare Vorstellung verbunden wird. Nun haben sich zu jeder Zeit bestimmte Wissenschaften aufgespielt, die *Grundlagenwissenschaft* zu sein, von der aus erkannt werden kann, was für die Menschen zur Bewältigung ihrer Lebensproblematik das Wichtigste ist. Und das muß sich gewiß auch über die Umgangssprache vermitteln lassen. Es hat den Anschein, daß sich heute die Gehirnphysiologie als diese Grundlagenwissenschaft versteht, schließlich empfinden wir ja das Gehirn als unseren Bewußtseinsträger und als die Entscheidungszentrale für all unser Tun und Lassen. Und darum meinen offenbar die Gehirnphysiologen, daß sie über die fundamentalen Einsichten verfügen, durch die das gesamte menschliche Leben bestimmt ist, und mithin können sie sich auch mit dem – wie sich noch herausstellen wird – Scheinproblem der Willensfreiheit beschäftigen. Was für ein Wille treibt sie dazu?

Als wir in Europa im Zuge der verschiedenen Renaissance-Schübe aufgrund der antiken griechischen Kulturleistungen damit anfingen, Universitäten zu gründen, war es – bedingt durch die überwältigende Macht der römischen Kirche – die Theologie, die als erste die Vormachtstellung über die Wissenschaften beanspruchte und ausübte. Da aber die damaligen Wissenschaften aus der griechischen Philosophie entstanden waren, konnte es auf die Dauer nicht ausbleiben, daß diese Rolle schon bald nach Beginn der Neuzeit der Philosophie zufiel, wobei der Mathematik von den Philosophen beim Begründen neuer Wissenschaften eine Sonderrolle zugewiesen war, da die Mathematik schon in Griechenland als Teilgebiet der Philosophie verstanden wurde.[92] Die vorherrschende Rolle der Philosophie wurde bis Anfang des 20. Jahrhunderts nicht in Frage gestellt, bis die Physik aufgrund der bereits im 19. Jahrhundert aufgetretenen großen Erfolge in ihren technischen Anwendungen sogar von seiten der Philosophen zur Basiswissenschaft erklärt wurde.[93]

Danach machten sich die Psychologen anheischig, die Grundlagen der gesamten menschlichen Lebensproblematik beschreiben zu wollen, und diese wurden abgelöst von den Biologen, insbesondere von den Evolutionsbiologen, die sogar meinten, eine evolutio-

---

91 Als eine minimale Auswahl der inzwischen kaum noch übersehbaren Literatur seien hier nur genannt: Wolf Singer, *Ein neues Menschenbild? Gespräche über Hirnforschung*, Suhrkamp Verlag, Frankfurt/Main 2003. Wolf Singer, *Vom Gehirn zum Bewußtsein*, Suhrkamp Verlag, Frankfurt/Main 2006, Hans Günter Gassen, *Das Gehirn*, Wissenschaftliche Buchgesellschaft 2008, Christian Geyer (Hg.), *Hirnforschung und Willensfreiheit. Zur Deutung der neuesten Experimente*, Suhrkamp Verlag, Frankfurt/Main 2004, Dieter Sturma (Hg.), *Philosophie und Neurowissenschaften*, Suhrkamp Verlag, Frankfurt/Main 2006.

92 Hier sei nur an Thales, Pythagoras, Platon, Aristoteles, Euklid, Descartes, Newton und Leibniz erinnert.

93 Dies waren etwa die Philosophen Moritz Schlick, Rudolf Carnap, Hans Reichenbach von den Logischen Empiristen, aber auch Karl Popper, Imre Lakatos und Hans Albert von den kritischen Rationalisten.

näre Erkenntnistheorie aufstellen zu können. Und nun sind es die Gehirnphysiologen, die für sich in Anspruch nehmen, die grundlegendste Wissenschaft zu sein. Dabei haben sie sich Problemen zugewandt, denen sie allein nicht gewachsen sind; weil sie die notwendige begriffliche Klarheit ohne philosophische Zuarbeit nicht erreichen können. Große Umwälzungen sind in den Wissenschaften bisher meist erst durch philosophische Umorientierungen in den Wissenschaften möglich geworden.[94]

Auch die Gehirnphysiologie ist aus der Philosophie entstanden und Gehirnphysiologen sollten versuchen, sich über die Erkenntnistheorie Klarheit zu verschaffen, die sie – ohne sie genau zu kennen – intuitiv aus der philosophischen Erkenntnistheorie übernommen haben. Darum ist eine Zusammenarbeit mit Philosophen vonnöten, um die erkenntnistheoretischen Grundlagen der Begrifflichkeiten und Methoden, mit denen sie hantieren, genauer aufzuklären und vor allem weiter voranzutreiben. Diese Problematik gilt allerdings nicht nur für die Gehirnphysiologie, sondern für alle Wissenschaften, insbesondere für die, die einmal von sich meinten, die grundlegendste Wissenschaft zu sein. So tritt gerade auch die Physik und mit ihr so viele andere Wissenschaften in ihren Grundlagen seit vielen Jahren auf der Stelle. Wir müssen wieder zu einer groß angelegten Zusammenarbeit zwischen der Philosophie, der Mathematik, den theoretischen Wissenschaften und den experimentellen sowie den angewandten Wissenschaften kommen. Dafür möchte ich immer wieder und auch mit diesem Aufsatz werben; werde aber hier den Erfolg einer solchen Zusammenarbeit lediglich am Beispiel der Gehirnphysiologie zu demonstrieren versuchen.

Was also hat es denn mit der heute wieder so viel diskutierten Willensfreiheit auf sich? Wovon soll denn dieser Wille frei sein? Doch gewiß nicht, daß er von dem, was er will, befreit ist; denn dann wäre er ja gar kein Wille mehr. Ein Wille ist immer an das gebunden, was er will und niemals frei davon; denn er ist ja gerade dadurch definiert, daß er etwas in der Zukunft verwirklichen oder erhalten will, was in der Gegenwart der Willensbildung noch nicht als gesichert anzusehen ist. Könnte es sein, daß wir mit der Bestimmung des Begriffs der Willensfreiheit so viele Probleme haben, weil wir gar keinen naturwissenschaftlichen Begriff vom Willen bilden können?

Um diese Problematik aufzuhellen, bietet es sich an, einmal genauer der Frage nachzugehen, warum es zu der fundamentalen Wandlung in der Naturauffassung gekommen ist, die bewirkt hat, daß wir heute in der Naturwissenschaft nur noch kausale Naturbeschreibungen suchen und finale Naturerklärungen nicht mehr für wissenschaftlich halten und daß wir darum keinen naturwissenschaftlichen Begriff vom Willen haben können. Dies müßte auch ganz besonders der Evolutionsbiologie angelegen sein, da sich zeigen läßt, daß die Evolution als ein Prozeß der Optimalisierung von Überlebenschancen nur begreiflich ist, wenn wir den Lebewesen einen final bestimmten Systemerhaltungswillen unterstellen, der Überlebensgefahren bewältigen oder ihre Entstehung durch Schutzmaßnahmen vermeiden kann und der über den Evolutionsmechanismus in diesem Wollen der Lebewesen – etwa durch Mutationen – immer erfolgreicher wird. Bei genauer Betrachtung

---

94 Vgl. Hübners Fortschrittstheorie in: Kurt Hübner, *Kritik der wissenschaftlichen Vernunft*, Alber Verlag Freiburg 1978 im 2. Teil im Kapitel VIII Abschnitt 4 bis 6, S. 210–220.

der Bedingungen für die theoretische Möglichkeit von Optimalisierungen durch eine biologische Evolution zeigte sich nämlich, daß dazu die Wiedereinführung eines finalistischen Prinzips der Selbsterhaltung der Genidentität von lebenden Systemen vonnöten ist.[95] Nun versteht sich aber die Evolutionsbiologie als Naturwissenschaft. Müßten wir ihr, wie dies besonders hart gesottene Theologen sich heute wieder wünschen, etwa den Status einer Naturwissenschaft aberkennen, weil sie notwendig finalistische Begriffsbildungen benötigt? Hier liegt offenbar ein begrifflicher Wirrwarr vor, den es nun zu entwirren und aufzuklären gilt.

6.2.3 Die Verdrängung der ursprünglich finalistischen Naturbeschreibung durch die kausale

Aristoteles steht mit seiner finalistischen Weltbetrachtung in einer Tradition griechischer Philosophie, die sogar bis in den Mythos der antiken Hellenen zurückreicht und die sich insbesondere in der berühmten Tempelinschrift in Delphi γνῶθι σεαυτόν (gnōthi seauton) „Erkenne dich selbst!" manifestiert. Wenn nämlich die Menschen sich der Mühe befleißigen, sich selbst zu erkennen, dann werden ihnen durch die eigene Innenschau Einsichten vermittelt, die sie zu sinnvollen Handlungen befähigen. Dies ist der Kern des „Orientierungsweges der griechischen Antike", auf dem angenommen wird, daß der Mensch in sich selbst orientierende Fähigkeiten besitzt, so daß die Orientierungsfähigkeit aus der Erfahrung des eigenen Inneren erwächst.[96] Aristoteles hat mit seinem Begriff der Entelechie diese Wesensschau auf alle natürlichen Gegenstände und insbesondere auf die Lebewesen übertragen. Dadurch aber wird die Finalität, die in dem Begriff der Entelechie und entsprechend im Willensbegriff enthalten ist, mit der Erforschung des Inneren der Dinge verbunden. Die inneren Eigenschaften legen das künftige Verhalten der Dinge fest. Für Aristoteles war jedoch die Finalität nur ein Teil seiner Ursachenbegrifflichkeit, die insgesamt vier Ursachen umfaßt:

---

95 Vgl. W. Deppert, „Concepts of optimality and efficiency in biology and medicine from the viewpoint of philosophy of science", in: D. Burkhoff, J. Schaefer, K. Schaffner, D.T. Yue (Hg.), *Myocardial Optimization and Efficiency, Evolutionary Aspects and Philosophy of Science Considerations*, Steinkopf Verlag, Darmstadt 1993, S.135–146 oder ders. "Teleology and Goal Functions – Which are the Concepts of Optimality and Efficiency in Evolutionary Biology", in: Felix Müller und Maren Leupelt (Hrsg.), *Eco Targets, Goal Functions, and Orientors*, Springer Verlag, Berlin 1998, S. 342–354.

96 Vgl. die Begriffe der beiden entgegengesetzten Orientierungswege, die nach dem Beginn des Zerfalls des Mythos gefunden werden, der israelitisch-christliche und der Orientierungsweg der griechischen Antike, in: W. Deppert, Relativität und Sicherheit, abgedruckt in: Rahnfeld, Michael (Hrsg.): *Gibt es sicheres Wissen?*, Bd. V der Reihe *Grundlagenprobleme unserer Zeit*, Leipziger Universitätsverlag, Leipzig 2006, ISBN 3-86583-128-1, ISSN 1619–3490, S. 90–188, siehe Abschnitte 5.1 bis 5.3.

1. die causa efficiens, die Wirkursache, die heute als die einzige Kausalität aufgefaßt wird,
2. die causa formalis, die Formursache,
3. die causa materialis, die materielle Ursache und die
4. causa finalis, die Zweckursache, das ist die Ursache, die heute als Finalität bezeichnet wird.

Man könnte diese vier Ursachen auch als Gründe oder auch als Bedingungen für irgendein Geschehen bezeichnen, die alle auch in der Entelechie mitgedacht sind.

Im Mittelalter hat sich das aristotelische Denken so stark durchgesetzt, daß man stets Aristoteles meinte, wenn man von *dem* Philosophen sprach. Seitdem aber in der frühen Neuzeit vor allem durch René Descartes eine „Befreiung" vom Aristotelismus betrieben wurde, ist die finale durch die kausale Naturbetrachtung ersetzt worden, die heute sämtliche Naturwissenschaften beherrscht. Final geprägte Begriffe, wie etwa der Begriff des Willens, wurden dadurch obsolet und allenfalls noch als Redeweisen in der Biologie verwendet, von denen man jedoch meinte, sie stets in kausale Beschreibungen überführen zu können[97]. Im Zuge der Vertreibung der griechischen und insbesondere der aristotelischen Innerlichkeit trat mit der rein kausalen Naturbeschreibung eine Veräußerlichung im neuzeitlichen Denken auf, deren verheerende Konsequenzen wir heute in der Veräußerlichung des gesellschaftlichen Lebens und insbesondere des Wirtschaftslebens beklagen.

Wie und warum es im Hochmittelalter und zu Beginn der Neuzeit allmählich dazu kam, daß die finale Naturbetrachtung von der kausalen Naturbeschreibung vollständig vertrieben wurde, ist für mein Dafürhalten kaum erforscht, obwohl Dijksterhuis die einzelnen Schritte und Stationen dieses grundlegenden Wechsels in der Naturbetrachtung in seinem hervorragenden Werk „Die Mechanisierung des Weltbildes" sehr genau beschrieben hat.[98] Die Dynamik dieses Prozesses hellt sich jedoch deutlich durch die Betrachtung des israelitisch-christlichen Orientierungsweges auf, der sich historisch nach dem Beginn des Zerfalls des Mythos etwas früher als der Orientierungsweg der griechischen Antike in Palästina zu entwickeln begann und durch den die entgegengesetzte Richtung zur Orientierungssuche des letzteren eingeschlagen worden war.

---

[97] Wolfgang Stegmüller hat versucht, diese Wunschvorstellungen mit redlichen Argumenten zu stützen. Vgl. Wolfgang Stegmüller, *Probleme und Resultate der Wissenschaftstheorie und Analytischen Philosophie*, Band I, *Wissenschaftliche Erklärung und Begründung*, Kap. VIII Teleologie, Funktionalanalyse und Selbstregulation S. 518–623, Springer Verlag, Berlin Heidelberg New York 1969.

[98] Vgl. E. J. Dijksterhuis, *Die Mechanisierung des Weltbildes*, Springer-Verlag, Berlin– Heidelberg – New York 1983.

6.2.4   Die unversöhnlichen Auswirkungen der formal entgegen-gesetzten Strukturen des israelitisch-christlichen Orientie-rungsweges und dem der griechischen Antike

Der Orientierungsweg der griechischen Antike setzt darauf, die orientierenden Fähigkeiten im Inneren des Menschen zu entwickeln, und dies führt zu der aristotelischen Naturbetrachtung der finalen Innensteuerung in allen Naturwesen. Im direkten Gegensatz dazu wird im israelitisch-christlichen Orientierungsweg eine im Wesen des Menschen angelegte Innensteuerungsmöglichkeit nicht nur verworfen, sondern sogar als teuflisch bekämpft. Stattdessen wird im Alten Testament ein übermächtiger Mythos bis hin zum Monotheismus entwickelt.[99] Der Mensch hat sich den von außen an ihn herangetragenen Anweisungen des monotheistischen Gottes widerstandslos zu unterwerfen. Der *israelitisch-christliche Orientierungsweg* ist somit ein *Orientierungsweg der Außensteuerung*, während im antiken Griechenland eine *innengesteuerte Orientierung* gesucht wird.

Obwohl sich im Hochmittelalter die Philosophie des antiken Griechenlands wieder ausbreiten konnte, hat sich die formale Struktur des israelitisch-christlichen Orientierungsweges der Außensteuerung doch im Denken der Philosophen durchsetzen können. Gemäß dieser formalen Struktur wurde die gesamte Natur und der Mensch als ein Werk Gottes betrachtet und im Hochmittelalter sind sogar die Naturgesetze als die Gedanken Gottes bei der Schöpfung interpretiert worden. Darum reduzierte man die vier kausalen Möglichkeiten des Aristoteles auf die causa efficiens, die Kausalität des Machens, die als eine kausale Außensteuerung allen Seins durch die Naturgesetze verstanden wurde. Die Ausschließlichkeit der kausalen Naturbetrachtung hat sich bis in unsere Zeit hinein zu einem Kausalitätsdogma der Naturwissenschaften entwickelt.

Selbst Kant war dem Kausalitätsdogma, das seine Philosophie wesentlich geprägt hat, erlegen. Da formale Strukturen stets eine sehr viel nachhaltigere Wirksamkeit bewahren als inhaltliche Bestimmungen, konnte Kant zu seiner Zeit noch nicht erkennen, daß die Kausalität der Naturgesetze eine formale Konsequenz des Christentums bzw. aller Offenbarungsreligionen ist. Darum hat Kant auch nicht bemerken können, daß die von ihm pos-

---

99   Eigenwilligerweise hatte nur das Volk der Juden einen solchen Gott, der sich zu einem monotheistischen Gott entwickeln ließ, da sie nur einen Stammesgott „Jahve' besaßen, der für sämtliche Lebensbereiche zuständig war, während in allen anderen Mythosformen des Polytheismus die Gesamtheit der Lebensbereiche auf verschiedene Gottheiten aufgeteilt war. Und darum ist das Volk der Juden in bezug auf den Monotheismus das ausgezeichnete Volk, so daß es schlicht eine historische Wahrheit ist, wenn sich die Juden innerhalb der Offenbarungsreligionen als das auserwählte Volk bezeichnen. Leider ist dennoch aus dieser Wahrheit in den Offenbarungsreligionen des Christentums und des Islams der Antisemitismus entstanden, der nicht nur für das jüdische Volk furchtbares Unheil bewirkt hat. Weder der christliche monotheistische Gott noch der islamische monotheistische Gott Allah ist ohne den jüdischen monolatrischen Gott Jahve denkbar. Aus dieser historischen Tatsache, sollte eine Verehrung des Judentums durch Christen und Muslime erwachsen, nicht aber dessen Bekämpfung. Aufgrund dieser Einsicht ist es höchste Zeit, eine nachhaltige Versöhnung zwischen den Offenbarungsreligionen herbeizuführen.

tulierte grundsätzliche Unerkennbarkeit des „Dings an sich" ebenso eine Konsequenz des Offenbarungsglaubens ist, der die aristotelische Innenschau der Dinge unmöglich macht, weil diese nur Gott zukommt. Kant scheint darum für die Sinnlichkeit auch wahlweise den Begriff der Anschauung gewählt zu haben, weil dadurch besonders deutlich wird, daß wir das Angeschaute grundsätzlich nur von außen, niemals aber von innen betrachten können. Darum mußte Kant für die Selbstwahrnehmung des Menschen einen inneren Sinn einführen, der für ihn eine innere Anschauung darstellt, durch den aber selbst das eigene „Ding an sich" nicht erkennbar ist. Kant sagt in der Ausgabe B seiner „Kritik der reinen Vernunft" ausdrücklich (B72), daß die „innere Anschauungsart" darum sinnlich heißt, „weil sie *nicht ursprünglich*, d. i. eine solche ist, durch die selbst das Dasein des Objekts der Anschauung gegeben wird (und die, soviel wir einsehen, nur dem Urwesen zukommen kann)". Die Anschauungsart nach Raum und Zeit, die für Kant die reinen Formen der äußeren und der inneren Anschauung sind, ist für ihn ein *intuitus derivativus*, weil sie vom anschauenden Subjekt und nicht vom Objekt abgeleitet ist, im Gegensatz zu einem *intuitus originarius*, den nur das Urwesen besitze.

Kant konnte die Problematik der Willensfreiheit nicht lösen, weil er das Kausalitätsdogma über die von ihm so bezeichnete Naturnotwendigkeit in seine Naturphilosophie integriert hatte. Darum hat er seine Vorstellung von einer in der ganzen Natur und im ganzen Kosmos wirksamen kausalen Naturnotwendigkeit nicht als Vernunftidee identifizieren können, die er in seiner Dialektik der reinen Vernunft hätte kritisieren können, wodurch der Freiraum entstanden wäre, den er zur Rettung der Moralität gegenüber dem Determinismus der Naturnotwendigkeit so dringend brauchte.

Tatsächlich war es das Gespenst des Determinismus, das durch die streng mathematisch beschriebene newtonsche Physik hervorgebracht worden war, und der ganz im Sinne Descartes' den leiblichen Menschen zu einem Maschinenwesen degradierte, der für seine Handlungen nicht verantwortlich gemacht werden kann. Dieses Gespenst hatte den Scheinbegriff der Willensfreiheit in seinem Gepäck; denn dem deterministischen Handlungszwang mußte ein Freiheitsbegriff entgegengestellt werden. Leider aber paßt dieser Freiheitsbegriff im Rahmen des kausalen Weltverständnisses nicht mit dem final bestimmten Willensbegriff zusammen. Durch die Unversöhnlichkeit des kausalen mit dem finalen Naturverständnis wird der Begriff der Willensfreiheit zu einem Scheinbegriff, der sich im Rahmen einer rein kausalistischen Naturbetrachtung nicht definieren läßt; denn die Freiheit müßte sich in diesem Begriff als „frei von naturwissenschaftlicher Kausalität" verstehen. Und nun taucht wieder die Frage auf, die sich bereits hinsichtlich der Frage nach der Wissenschaftlichkeit der Evolutionsbiologie stellte:

Lassen sich kausale und finale Naturbetrachtungen miteinander versöhnen?

Bis in unser heutiges Denken hinein hat die Unversöhnlichkeit von finaler und kausaler Naturbetrachtung einen Dualismus zweier streng voneinander getrennter Welten hervorgebracht, so wie er von Descartes mit seiner ausgedehnten Substanz (res extensa) und seiner geistigen Substanz (res cogitans) sehr genau herausgearbeitet und wie er von Kant in seiner Erscheinungswelt und seiner intelligiblen Welt nachgezeichnet wurde. In der materiellen Erscheinungswelt herrscht die Kausalität und keine Finalität und in der intelligiblen Welt herrscht Finalität und keine Kausalität. Und diese Vorstellung hat sich bis heute in bezug auf den Begriff des Bewußtseins erhalten. Das Bewußtsein findet in der geistigen Welt statt, und in ihr ist auch Finalität angesiedelt, und darum hat Kant auch behauptet, das Verantwortungsbewußtsein, die Moralität, in der intelligiblen Welt verorten zu können.

Wenn eine Versöhnung von finaler und kausaler Naturbetrachtung möglich sein sollte, dann kann dies wohl nur gelingen, wenn sich auch das menschliche Bewußtsein im Rahmen dieser Versöhnung als ein Ergebnis der natürlichen Evolution darstellen läßt.

6.2.5 Ein Begriff des Bewußtseins zur Beschreibung der Evolution des Bewußtseins

Eine solche Untersuchung paßt auch ins derzeitige Darwinjahr; denn vor 150 Jahren hat der vor 200 Jahren als englischer Unitarier geborene Charles Darwin sein revolutionierendes Werk „Die Entstehung der Arten" veröffentlicht, in dem er seine Evolutionstheorie vorstellte. Seine Theorie von der Entstehung der Arten durch Mutation und Variation der Erbanlagen und durch Selektion der Lebewesen ist heute zur unbestrittenen Grundlage der Wissenschaften vom Leben geworden. Danach sind auch die Menschen durch Evolution aus der Tierwelt hervorgegangen. Dies gilt ebenso für die besonderen Anlagen und Fähigkeiten des Menschen, von denen man lange Zeit geglaubt hatte, daß durch sie Mensch und Tier grundsätzlich unterscheidbar wären. Insbesondere wurde das Bewußtsein für ein typisches Merkmal der Menschen gehalten, das auch Kant den Tieren noch absprach, da es für ihn als sogenannte Apperzeption eine Funktion von Verstand und Vernunft war, die man den Tieren nicht zusprechen könne. Es mag sein, daß es auch heute noch Evolutionstheoretiker gibt, die diese Position vertreten, obwohl sie keine Antwort auf die Frage geben können, woher denn wohl die Menschen ihr Bewußtsein haben sollten, wenn nicht durch eine evolutionäre Entwicklung aus dem Tierreich.

Gewiß gibt es auch in der evolutionären Betrachtung der Natur eigenwillige Sprünge zwischen den Arten, die sich wohl nur aufklären lassen, wenn man auch Mutationen zuläßt, die durch Übertragung von Erbmaterial, etwa durch Viren zustandekommen. Es ist wohl kaum denkbar, daß das Bewußtsein durch einen derartigen Sprung im genetischen Material des Menschen hervorgebracht sein könnte. Da scheint es mir weit vernünftiger zu sein, erst einmal einen möglichst allgemeinen Bewußtseinsbegriff zu bestimmen und mit dessen Hilfe zu versuchen, das Rätsel des menschlichen Bewußtseins auf evolutionäre Weise zu klären. Um dafür einen adäquaten Ansatz zu finden, ist zuvor der Begriff eines Lebewesens so allgemein wie eben möglich zu fassen.

Alle Lebewesen entstehen und vergehen. Sie sind offene Systeme, sogenannte dissipative Systeme, die laufend freie Energie verbrauchen. Außerdem haben sie ein Existenzproblem, das sie eine Zeit lang lösen können. Also können wir definieren:

Ein Lebewesen ist ein offenes System mit einem Existenzproblem, das es eine Weile lösen kann.

Diese Definition der *Lebewesen* führt auf die Frage, welche Eigenschaften ein solches System besitzen muß, damit es in der Lage ist, sich wenigstens eine Zeit lang zu erhalten, d.h. Gefahren der Systemzerstörung zu entgehen. Schon ein kurzes Nachdenken darüber führt zu der Einsicht, daß Lebewesen zum Überleben folgende Überlebensfunktionen brauchen:

- Eine *Wahrnehmungsfunktion*, durch die das System etwas von dem wahrnehmen kann, was außerhalb oder innerhalb des Systems geschieht,
- eine *Erkenntnisfunktion*, durch die Wahrgenommenes als Gefahr eingeschätzt werden kann,
- eine *Maßnahmebereitstellungsfunktion*, durch die das System über Maßnahmen verfügt, mit denen es einer Gefahr begegnen oder die es zur Gefahrenvorbeugung nutzen kann,
- eine *Maßnahmedurchführungsfunktion*, durch die das System geeignete Maßnahmen zur Gefahrenabwehr oder zur vorsorglichen Gefahrenvermeidung ergreift und schließlich
- eine *Energiebereitstellungsfunktion*, durch die sich das System die Energie verschafft, die es für die Aufrechterhaltung seiner hier genannten vier Überlebensfunktionen benötigt.

Diese Überlebensfunktionen müssen direkt und sehr zuverlässig so miteinander verschaltet sein, damit auf die Wahrnehmung einer Gefahr sehr schnell reagiert werden kann, um die Gefahr abzuwenden, d.h. es muß eine Organisationsform dieser Kopplung für alle Überlebensfunktionen geben. Diese Verkopplungsorganisation der einzelnen Überlebensfunktionen können wir als das *Bewußtsein* des Lebewesens kennzeichnen.

Damit besitzen diejenigen Lebewesen grundsätzlich ein Bewußtsein, in denen die Überlebensfunktionen räumlich getrennt voneinander agieren, so daß sie miteinander verkoppelt werden müssen, was für die allerfrühesten Lebensformen molekularer Lebewesen aber sicher noch nicht gilt. Wem diese Definition des Bewußtseins etwas waghalsig erscheint, mag sich daran erinnern, daß er der Tätigkeit der eigenen Überlebensfunktionen in seinem Bewußtsein gewahr wird: die Wahrnehmungen unserer Sinnesorgane, das Wahrnehmen von Hunger und Durst, das Spüren des Schreckens über eine erkannte Gefahr oder auch die Freude über eine Überlebenssicherung durch ein Zusammenhangserlebnis, die Gedanken zur Gefahrenbekämpfung oder zum Schaffen von Sicherungsmaßnahmen und gewiß auch den Willen zur Durchführung geeigneter Maßnahmen zur Überlebenssicherung: all dies findet auch tatsächlich in unserem Bewußtsein statt, so daß die Definition des Bewußtseins mit dem zusammenstimmt, was wir intuitiv darunter verstanden haben.

Im Zuge der Beschreibung der Evolution des Bewußtseins werden aber verschiedene *Bewußtseinsformen* zu unterscheiden sein, die von dem Entwicklungsstand der Überlebensfunktionen abhängen.

Mit dem Bewußtsein eines Lebewesens ist ein Wille zum Überleben verbunden; denn die Überlebensfunktionen und deren Verkopplung im Bewußtsein sind der ausdifferen-

zierte Ausdruck für den Überlebenswillen. Die Evolution des Bewußtseins geht darum
einher mit einer Evolution von Willensformen, was für das hier beschriebene Vorhaben
von größtem Interesse ist, da ja möglichst auch aufzuklären ist, wie so etwas wie ein Wille
entsteht und was er zu bewirken hat. Um dies und die Evolution des Bewußtseins darstellen zu können, soll nun versucht werden zu zeigen, wie sich finale und kausale Welt-
betrachtungen miteinander versöhnen lassen.

6.2.6 Die Versöhnung von kausaler und finaler Naturbeschreibung und die Evolution des Bewußtseins und der Willensformen

Nicht nur die quantenphysikalische Naturbeschreibung zeigt, daß alles, was wir in der Natur untersuchen, Systeme sind, die durch Strukturmerkmale gekennzeichnet sind, aufgrund
derer die Systeme in ihrem Verhalten Zustände ansteuern, die sie nicht wieder verlassen, es
sei denn durch äußere Einwirkungen. In der Theorie offener Systeme werden diese Systemzustände als *Attraktoren* bezeichnet, so als ob das System von diesen Zuständen angezogen
würde oder als ob sie nach ihrer Verwirklichung strebten. Die Attraktoren bestimmen das
Verhalten eines offenen Systems nicht kausal, sondern final, weil sie Systemzustände beschreiben, in denen die Systeme verharren und weil sie die mögliche Zukunft eines Systems
festlegen. So binden sich z.B. alle Atome zu Molekülen aufgrund ihrer Attraktoren zusammen. Diese Attraktoren lassen sich quantenphysikalisch aufgrund des Pauli-Prinzips sehr
genau als die sogenannten Edelgaselektronenkonfigurationen ermitteln. Die vielfältigen
Möglichkeiten der Molekülbildung sind durch das „Bestreben" der Atome gegeben, eine
Edelgaselektronenkonfiguration zu erreichen. Die Konfiguration der Elektronen um den
Atomkern läßt sich im Bohrschen Schalenmodell durch die Angabe der Zahl der Elektronen angeben, die ein Atom in seinem energetisch niedrigsten Zustand besitzt. Nummeriert
man die Schalen vom Kern aus gesehen mit den natürlichen Zahlen von eins angefangen
und bezeichnet irgendeine Schale mit n; dann ergibt die quantenphysikalische Rechnung,
daß sich auf einer Schale maximal $2n^2$ Elektronen befinden können. Diese Elektronenan-
zahlen auf den jeweiligen Schalen bestimmen die Edelgaselektronenkonfiguration.

Nehmen wir etwa ein Kochsalzmolekül NaCl, das aus einem Natrium- und einem
Chlor-Ion zusammengesetzt ist. Das Natriumatom Na gibt ein Elektron ab, weil es auf
seiner äußersten Schale ein Elektron besitzt und darunter, auf der zweiten Schale 8 Elektronen, und das ist die Edelgaselektronenkonfiguration der zweiten Schale. Das Chloratom
nimmt aus dem gleichen Grund ein Elektron auf, um dadurch die Elektronenkonfiguration
des Edelgases Argon zu erreichen. So entstehen zwei Ionen, das positiv geladene Natrium-
und das negativ geladene Chlor-Ion. Durch den Austausch eines Elektrons bilden sich Ionen mit entgegengesetzten Ladungen aus, die sich gegenseitig anziehen und fortan zusam-
menbleiben, wenn sie nicht etwa durch die Dipole der Wassermoleküle getrennt werden.
Aber auch dann bleiben die Ionen erhalten, d.h., die Attraktorzustände des Natrium- und
des Chloratoms verändern sich auch in der wässrigen Lösung nicht. Dies ist eine Sys-
temstabilität, die aus den inneren Eigenschaften der Atome in dem Moment entsteht, in

dem sich das Natrium- und das Chlor-Atom begegnen. Dadurch tritt plötzlich eine innere Eigenschaft in Erscheinung, die ebenso plötzlich neue Systemgesetze hervorbringt. Denn die Natriumatome und die Chloratome haben gänzlich andere Eigenschaften – sie sind für uns sogar giftig – als ihre Ionen, mit denen wir unser Essen würzen. Man nennt dieses plötzliche Entstehen von neuen Eigenschaften gern eine Emergenz, um damit anzudeuten, daß sich die neu auftretenden Eigenschaften des neu entstandenen Systems durch die Systembestandteile nicht erklären lassen. Dadurch deutet sich die Möglichkeit der naturwissenschaftlichen Versöhnung von Finalität und Kausalität an, indem sie nebeneinander und sich ergänzend gelten können.

Stellen wir uns nun die sogenannte Ursuppe vor etwa 5 Milliarden Jahren vor, in der aufgrund der enormen Hitze sich alle möglichen Atome begegnen und Riesenmoleküle mit einer Fülle von Systemattraktoren entstehen; denn auch Moleküle bilden wiederum eigene Attraktorzustände aus. Man stelle sich ferner vor, daß dabei Moleküle entstanden, durch deren Attraktoren die Existenz dieser Moleküle vor ganz bestimmten Zerstörungsgefahren gesichert wurde, etwa daß sie sich aus Gegenden mit zu hohen Säuregraden wegbewegen, was sich noch ganz mit Mitteln der Elektrostatik verstehen läßt. Diese Attraktoren hätten wir als eine erste Form eines Überlebenswillens zu interpretieren und das entsprechende System aufgrund der angegebenen Definition als eine erste Form eines Lebewesens. Daraus lernen wir:

Der Wille kommt als Überlebenswille in Form von Systemattraktoren in die Welt!

Dieser Überlebenswille ist der Ursprung aller später unterscheidbaren Willens- und Bewußtseinsformen. An dieser Stelle findet die Versöhnung von kausaler und finaler Weltbetrachtung wirklich statt; denn die Begegnung der Atome, die Bildung von Ionen und deren Verhalten ist noch ganz kausal zu verstehen, nicht aber die Tatsache, daß sich bestimmte Ionen bilden; denn das ist durch die systemcharakterisierenden Attraktoren festgelegt, welches eine finale Bestimmung darstellt. Die Attraktoreigenschaften eines Systems kann man auch als intrinsische Eigenschaften bezeichnen, da sie erst dann in Erscheinung treten, wenn die entsprechenden Umweltbedingungen vorliegen. Durch die intrinsischen Eigenschaften entsteht in dem Moment ein neues System, in dem die Umweltbedingungen dazu gegeben sind. Dann beginnt eine neue Ursachen-Wirkungskette, nach der Kant zur Begründung seiner Moralphilosophie im Rahmen der kausalen Naturnotwendigkeit vergeblich gesucht hat.

Man stelle sich nun weiter vor, daß die lebenden Moleküle sich durch Spaltung vermehren, indem genau die Atome sich an die Spaltprodukte anlagern, durch die das ursprüngliche Molekül reproduziert wird. Dieser Spaltungsvorgang ist bis heute einer der wichtigsten Vermehrungsmechanismen. In der Definition eines Lebewesens wurde deshalb die Vermehrung nicht mit einbezogen, so, wie das üblicherweise geschieht; denn leben, lediglich als überleben verstanden, muß noch keine Vermehrung bedeuten. Darum können wir auch von *kulturellen Lebewesen* sprechen, da nach der Definition von Lebewesen auch Firmen, Vereine, Kommunen, Staaten und Staatenbünde usw. zu den Lebewesen zu zählen sind, obwohl sie sich meistens nicht vermehren. Wir können zur Lösung des Erhaltungsproblems der kulturellen Lebewesen eine Menge aus der Natur lernen. Außerdem können wir danach fragen, wie denn in den kulturellen Lebewesen die fünf Überlebensfunktionen besetzt und ausgestattet sind und insbesondere danach, wie diese Funktionen miteinander verkoppelt sind, so daß es zu einer bestimmten Bewußtseinsform kultureller Lebewesen kommen kann.[100] Die Möglichkeit der Vermehrung ist auch bei den kulturellen Lebewesen eine sekundäre und relativ seltene Erscheinung, die allerdings im Zuge der Globalisierung zunehmend an Bedeutung gewinnt, wodurch auch unter den Wirtschaftsverbänden weitere Möglichkeiten zur Qualitätsverbesserung durch Evolution auftreten.

In dem Moment, in dem unser erstes molekulares Lebewesen sich reproduziert, beginnt der von Charles Darwin erdachte Evolutionsmechanismus durch zufällige Veränderungen der Wesensmerkmale eines sich vermehrenden Lebewesens. Denn die Moleküle werden sich durch Ausbildung neuer Attraktoren mit hinzukommenden Atomen verändern. Wenn diese Veränderungen das Überleben sicherer machen, werden sich immer stabilere molekulare Lebewesen ausbilden, die sich sogar mit anderen molekularen Lebewesen verbinden können, wodurch für die Übernahme der Überlebensfunktionen erste Arbeitsteilungen möglich werden, wie wir sie in den Bestandteilen der Zellen heute vorfinden. Damit entstehen die allerersten Bewußtseinsformen; denn wenn die Überlebensfunktionen aufgrund von überlebenssichernden Arbeitsteilungen von verschiedenen Bestandteilen der Lebewesen übernommen werden, dann muß die Verkopplung zwischen den Überlebensfunktionen organisiert werden, und diese Verkopplung ist ja hier als Bewußtsein definiert worden. Und von nun an entwickeln sich im Laufe der Evolution auch die Bewußtseinsformen weiter, etwa Bewußtseinsformen des Wiedererkennens oder der Wiedererinnerung durch die Ausbildung von Gedächtnisformen, die sich in die fünf Überlebensfunktionen einfügen. Überdies werden sich Bewußtseinsformen zur Ertüchtigung der Überlebensfunktionen ausbilden, wie sie besonders bei Jungtieren zu beobachten sind. Und so können wir auch verstehen, warum Zusammenhangserlebnisse in uns positive Gefühle auslösen und darüber hinaus, was Gefühle überhaupt bedeuten. Es sind überlebenssichernde Attraktorzustände; denn Zusammenhangserlebnisse bilden die Ausgangsbasis der Erkenntnisfunktion, weil Erkenntnisse im Gehirn als reproduzierbare Zusammenhangserlebnisse repräsentiert werden.[101]

Weiter dürfen wir davon ausgehen, daß die Bildung von Zellverbänden auch mit Überlebensvorteilen verbunden ist. Dadurch kommt es zu einer Hierarchiebildung der Überlebenswillen in den Zellverbänden, weil sich die Überlebenswillen der einzelnen Zellen dem Überlebenswillen des ganzen Verbandes aufgrund der verbesserten Überlebens-

---

100 Vgl. dazu die Überlegungen über die Begründung einer Wirtschafts- und Unternehmensethik in: W. Deppert, Individualistische Wirtschaftsethik, in: W. Deppert, D. Mielke, W. Theobald: *Mensch und Wirtschaft. Interdisziplinäre Beiträge zur Wirtschafts- und Unternehmensethik*, Leipziger Universitätsverlag, Leipzig 2001, S. 131–196.

101 Zur erkenntniskonstituierenden Funktion der Zusammenhangserlebnisse vgl. W. Deppert, Hermann Weyls Beitrag zu einer relativistischen Erkenntnistheorie, in: Deppert, W.; Hübner, K; Oberschelp, A.; Weidemann, V. (Hg.), *Exakte Wissenschaften und ihre philosophische Grundlegung*, Vorträge des internationalen Hermann-Weyl-Kongresses Kiel 1985, Peter Lang, Frankfurt/Main 1988.

chancen also aus Eigennutz unterordnen. Diesen unterwürfigen Überlebenswillen, der mit einem unterwürfigen Bewußtsein verbunden ist, können wir bei allen Herdentieren beobachten und ebenso bei allen Tieren, deren Nachkommen eine Kindheitsphase durchleben, in der sie dem Elternwillen gehorchen, bis sie schließlich einen relativ eigenständigen Überlebenswillen ausbilden. Die Zellen und Organe, aus denen ein Organismus besteht, sind selbst Lebewesen, die einerseits aufgrund ihres unterwürfigen Überlebenswillens den Organismus erhalten, die andererseits aber auch eigene Überlebensstrategien besitzen. Darum dürfen wir darauf vertrauen, daß auch unser eigener Organismus mit einer Fülle von Selbstheilungskräften ausgestattet ist, wie dies etwa von Aaron Antonovsky in seiner Theorie der Salutogenese angenommen wird[102].

Durch die evolutionäre Verbesserung der Überlebensfunktionen werden viele Reflektionsschleifen nötig, um bessere von schlechteren Wahrnehmungen, Erkenntnissen und Maßnahmen zur Überlebenssicherung unterscheiden zu können. Bei den höher entwickelten Tieren werden sich über besondere Gedächtnisfunktionen erste Repräsentationen der Umwelt ausbilden. Aber erst wenn ein Lebewesen über Repräsentationsverfahren zur Einordnung der Wahrnehmungen in einen Gesamtzusammenhang, in *ein Weltbild*, verfügt, läßt sich von einem *menschlichen Bewußtsein* sprechen. Wird dieses Weltbild als das Produkt von übergeordneten fremden Willen verstanden, so sei von einem *mythischen Weltbild* gesprochen, das von verschiedensten Gottheiten regiert wird.

Wir dürfen annehmen, daß etwa bis dahin die biologische Evolution für die Formung des menschlichen Bewußtseins verantwortlich war, daß sich das menschliche Bewußtsein danach aber in einer kulturgeschichtlichen Evolution bishin zu unserem heutigen Individualitätsbewußtsein weiterentwickelt hat; denn die Zeiträume, in denen diese Bewußtseinsveränderungen des Menschen stattgefunden haben, sind für Veränderungen der biologischen Evolution viel zu kurz. Aufgrund der kulturgeschichtlichen Evolution hat sich diese Entwicklung auch in unseren Kindern bis zum Erwachsensein zu vollziehen. Denn das Individualitätsbewußtsein ist nicht genetisch bedingt. Es ist kulturgeschichtlich entstanden und muß von jedem neugeborenen Gehirn in einem langen Prozeß allmählich neu erworben werden.

6.2.7 Die Widerlegung der gehirnphysiologischen Beweise der Unfreiheit des Willens

Darum muß unser Gehirn bei jedem bewußten Wahrnehmungsakt eine enorme Verschaltungsleistung erbringen, die nach Messungen von Benjamin Libet etwa 500 msec lang dauert, wenn ein Gegenstand bewußt wahrgenommen werden soll. Weil Libet aber keinen Begriff von Bewußtsein entwickelt hat, interpretiert er seine Messungen auf sehr abstruse Weise. Entsprechendes gilt für seinen angeblich messtechnisch erbrachten Nachweis eines

---

102 Vgl. Aaron Antonovsky, Alexa Franke: *Salutogenese: zur Entmystifizierung der Gesundheit.* Dgvt, Tübingen 1997.

nicht vorhandenen freien Willens. Dazu hat Libet mit Versuchspersonen eine bestimmte Handbewegung vereinbart, die sie zu einem selbst gewählten Zeitpunkt bewußt ausführen sollen. Der genaue Zeitpunkt, zu dem sie sich entschließen, ihre Hand wie vereinbart zu bewegen, wird dadurch markiert, daß die Versuchspersonen einen relativ schnell umlaufenden Zeiger sehen und sich die Zeigerstellung merken, wenn sie ihren Handlungsentschluß gefaßt haben. Libet stellt dann fest, daß seine Messgeräte regelmäßig vor dem Zeitpunkt des Handlungsentschlusses bereits Gehirnaktivitäten messen. Die Zeit zwischen dem Beginn der von Libet gemessenen Gehirnaktivität und dem von der Versuchsperson angezeigten Zeitpunkt des Handlungsentschlusses ist genau die Verschaltungszeit, die das Gehirn braucht, um einen Impuls vom ursprünglichen Überlebenswillen, welcher hier als Zentralattraktor bezeichnet werden mag, an den abgeleiteten Willen zur Tätigkeit einer bestimmten Handbewegung zu senden.

Wir dürfen uns das so vorstellen, daß die Versuchspersonen ja etwas dafür bekommen, daß sie sich den Tests von Herrn Libet aussetzen. Darum werden sie von Ihrem Zentralattraktor daran erinnert: „Du solltest da doch noch eine Handbewegung machen!" Diese innere Aufforderung bemerken sie, und entschließen sich nun, diese Tat durchzuführen, wobei sie sich eine Zeigerstellung merken, durch die der Zeitpunkt dieses Entschlusses markiert wird. Herr Libet stellt dann fest, daß 150 msec vor diesem Zeitpunkt bereits Gehirnaktivitäten zu messen waren. Das ist auch zu erwarten; denn für die nervliche Verschaltung des Zentralattraktors mit dem Bewußtsein, welches die Kopplung der Überlebensfunktionen ist, wird eine gewisse Zeit benötigt. Herr Libet hat mit seinem Experiment sehr schön diese Zeitdauer gemessen, die etwa 150 msec beträgt. Daraus aber zu schließen, daß die Entscheidung, was die Versuchsperson zu tun hat, schon vorher gefallen ist, bevor er dies angezeigt hat, ist schlicht falsch und gänzlich irreführend, was ja leider schon zu irrwitzigen Konsequenzen geführt hat, die ich hier nicht näher ausführen möchte. Er hätte die Fehlerhaftigkeit seiner Interpretation selbst schon bemerken können, weil er auch gemessen hat, daß Korrekturen an der Handlungsweise kurz nach dem angezeigten Handlungsentschluß sehr viel schneller erfolgen, was mit dem hier dargestellten Interpretationsrahmen vollkommen zusammenstimmt. An dieser Stelle ergibt sich die Anregung, die gleichen Experimente auch an Kindern verschiedener Altersstufen durchzuführen; denn da die Verschaltungsleistungen, durch die ein Individualitätsbewußtsein hervorgebracht wird, erst allmählich in der Kindheit vom Gehirn erlernt werden, sollten die Libetschen Experimente an Kindern ausgeführt, kürzere Verschaltungszeiten ergeben, wenngleich es eines pädagogischen Aufwands bedarf, die Kinder mit der Versuchsanordnung vertraut zu machen.

Damit ist nun Benjamin Libets Behauptung widerlegt, der 150-msec-Vorlauf von Gehirnaktivitäten vor der angezeigten bewußten Entscheidung bewiese die Unfreiheit des menschlichen Willens; denn nach der hier dargestellten Willensdefinition, muß es diesen Vorlauf in der Gehirnaktivität sogar geben. Derartige Fehlinterpretationen sind immer dann zu erwarten, wenn Forscher ihre Begriffe nicht oder nicht genau genug kennen. So geht aus den Arbeiten von Benjamin Libet nicht hervor, daß er einen Begriff vom Bewußtsein oder von einem Willen besitzt und erst recht nicht von einem freien Willen, denn in der Naturwissenschaft kann es ja so etwas, wie einen Willen oder gar einen freien Willen gar nicht geben und ebenso nicht einen Begriff von einem Bewußtsein, das mit einem Willen der Lebenserhaltung verbunden ist.

6.2.8 Konsequenzen der Versöhnung von finaler und kausaler Weltbetrachtung

Gewiß habe ich nur andeutungsweise gezeigt, wie sich unsere bewußten Willensäußerungen im Rahmen einer Evolutionstheorie unseres Bewußtseins und der Theorie offener Systeme durch die Bildung von Systemattraktoren naturwissenschaftlich erklären lassen. Die Versöhnung von finaler und kausaler Weltbetrachtung über die Attraktorbildung in den kleinsten Bestandteilen unserer wahrnehmbaren Welt läßt kein Argument mehr für ein kausal-deterministisches Weltbild zu, weil die systemerhaltenden Attraktoren unserer Bewußtseinsidentität final und nicht kausal bestimmt sind. Die Systeme entstehen aus einer kausal nicht faßbaren Fülle von Zufälligkeiten und sicher nicht aufgrund eines finalen Endziels der Welt, so daß weder eine kausale noch eine finale Determiniertheit der Welt vorliegen kann. Wir haben nun aber *kausale Naturgesetze* von *finalen Naturgesetzen* zu unterscheiden, und es ist zu erwarten, daß sich mit diesem Ansatz die Akausalitäten in der Quantenmechanik beseitigen lassen.

Damit ist das Gespenst einer vollständigen Determiniertheit des Weltgeschehens vertrieben und das Problem der Willensfreiheit ist durch die Versöhnung von kausaler und finaler Weltbetrachtung obsolet geworden. Die verschiedenen inhaltlichen Willensziele, die wir in uns vorfinden, lassen sich auf den einen Existenzerhaltungwillen, den Zentralattraktor zurückführen, wobei wir Menschen allerdings noch das Problem haben, daß wir eine innere von einer äußeren Existenz zu unterscheiden haben. Die äußere Existenz ist dabei durch die biologische Evolution bestimmt, während die innere Existenz, in der sich die Vorstellungen über ein sinnvolles Leben zusammenfügen, stark durch die kulturgeschichtliche Evolution bedingt ist. Dabei hängt es von der Ausprägung des Individualitätsbewußtseins ab, ob dem Erhaltungswillen der inneren oder der äußeren Existenz die Priorität zukommt.

Bei der Ausarbeitung dieser Gedanken war ich einen Moment lang darüber erschrocken, daß all dies ja auf eine rein materialistische Weltdeutung hinausläuft. Dann kam mir in den Sinn; daß das Wort ‚Materie' ja immerhin von dem Begriff ‚Mater' abgeleitet ist, was ja übersetzt ‚Mutter' bedeutet, bis mir schließlich schlagartig klar wurde, daß wir nicht der Wirklichkeit gegenüber stehen, sondern daß wir selbst Teil der Wirklichkeit sind, die sich auch durch uns selbst gestaltet, und zwar durch die in uns enthaltenen selbstverantwortlich zu gestaltenden Erhaltungsziele unserer äußeren und unserer inneren Existenz sowie der Existenz der Gemeinschaften, denen wir angehören. Alle Erziehung sollte darum darauf abzielen, in das eigene Selbsterhaltungsproblem das der menschlichen und natürlichen Gemeinschaften einzubeziehen, in und von denen wir leben. Wenn diese Forderung grob verletzt wird, dann sind Strafen als Erziehungsmaßnahmen begründbar.

Das, was ich hier beschrieben habe, ist der Versuch der Selbsterkenntnis innerhalb unserer Wirklichkeit mit Hilfe von Erkenntnissen, mit denen wir danach trachten, unsere Wirklichkeit näherungsweise zu beschreiben. Dabei haben wir zu bedenken, daß unsere Erkenntnisse über die Welt niemals sicher sein können, und daß sie sich auch immer wieder ändern werden[103], und daß wir darum mit unseren Entwürfen vorsichtig sein müssen, und so, wie es die alten Griechen taten, immer wieder an etwas rückbinden sollten, von dem wir selbst jeweils überzeugt sind, daß es tragfähig ist.[104] Diese Rückbindung, die in der griechischen Antike immer wieder befolgt wurde, und die der griechisch gebildete, selbstbewußte Römer Cicero mit dem Wort ‚religio' bezeichnete, ist das, was unsere Verantwortung in unserer Wirklichkeitsgestaltung zum Ausdruck bringen sollte.

Im Zuge der kulturellen Evolution hat sich das Bewußtsein der Menschen wesentlich geändert, was schon daran erkennbar ist; daß das Weltbild mythischer Menschen und damit ihr Bewußtsein grundverschieden von unserem heutigen Individualitätsbewußtsein ist.[105] Entsprechend haben sich die Gemeinschaftsformen gegenüber denen der heutigen Menschen erheblich weiterentwickelt. Wie bereits erwähnt, können wir die verschiedenen menschlichen Gemeinschaftsbildungen als kulturelle Lebewesen begreifen im Unterschied zu den natürlichen Lebewesen der biologischen Evolution.

Auch die kulturellen Lebewesen haben einen Überlebenswillen, der sich wesentlich durch Forderungen an ihre Bestandteile, ihre Mitglieder richtet. Für die Durchsetzung dieser Forderungen kommt ihnen das evolutionär entstandene Unterwürfigkeitsbewußtsein zustatten. Wir kennen die Forderungen der verschiedenen kulturellen Lebewesen, denen wir angehören, allzu gut, seien es die Forderungen, die von der eigenen Familie, aus unseren Freundeskreisen, von den Vereinen, in denen wir Mitglied sind, oder von den Betrieben, in denen wir unser Geld verdienen, an uns gestellt werden, aber auch die Forderungen von den Gliederungen des Staates, in dem wir leben, oder gar Forderungen von den von uns nur gewünschten Lebensformen, die wir noch verwirklichen wollen. In jedem Falle müssen wir uns immer wieder entscheiden, welchen dieser Lebensformen wir weiter angehören und welche wir vielleicht sogar neu begründen wollen, wohlwissend, daß alles Leben und insbesondere das menschliche nur in symbiotischen Gemeinschaftsformen auf Dauer existieren kann. Das entscheidende Kriterium geht bei all diesen Entscheidungen von unserem Selbsterhaltungswillen aus, der sich auf die Erhaltung unserer äußeren und wichtiger noch auf die Erhaltung unserer inneren Existenz richtet.

Die innere Existenz bringt die Fragen nach einer sinnvollen Lebensführung hervor und versucht sie zu beantworten. Den Willen zur Erhaltung der eigenen inneren Existenz

---

103 Vgl. dazu Kurt Hübner, *Kritik der wissenschaftlichen Vernunft*, Alber Verlag, Freiburg 1978 und viele weitere Auflagen.

104 Vgl. W. Deppert, Atheistische Religion für das dritte Jahrtausend oder die zweite Aufklärung, erschienen in: Karola Baumann und Nina Ulrich (Hg.), *Streiter im weltanschaulichen Minenfeld – zwischen Atheismus und Theismus, Glaube und Vernunft, säkularem Humanismus und theonomer Moral, Kirche und Staat*, Festschrift für Professor Dr. Hubertus Mynarek, Verlag Die blaue Eule, Essen 2009.

105 Vgl. Kurt Hübner, *Die Wahrheit des Mythos*, Beck Verlag, München 1985.

können wir mit der Würde des Menschen identifizieren. An dieser Stelle findet die Rück-bindung all unserer Entscheidungen an das statt, was wir für wert- und sinnvoll erachten, so daß wir Forderungen an uns selbst stellen werden, was als individualistische Ethik bezeichnet wird, da sie zum Führen eines sinnvollen Lebens anleitet.[106] Mit der durch die natürliche und die kulturelle Evolution in uns entstandene selbstverantwortliche Indivi-dualitätsbewußtseinsform wird uns bewußt, daß wir für die Erhaltung und Weiterentwick-lung der natürlichen und kulturellen Lebensformen mitverantwortlich sind und daß wir es auch sein wollen. Dazu aber ist es notwendig, nach der Versöhnung von kausaler und finaler Naturbetrachtung die Versöhnung der zwei verschiedenen Orientierungswege zu betreiben, die zu den Kontroversen in den Naturbetrachtungen geführt haben.

6.2.9 Die Versöhnung der beiden überlieferten Orientierungswege

Der erste griechische Philosoph, der den Orientierungsweg der griechischen Antike voll entwickelt hat, war Sokrates. Er hat eine Ethik der Selbsterkenntnis und Selbstverantwor-tung gelehrt und gelebt. Die außerordentlich versöhnliche Lebensart des Sokrates bewirk-te, daß seine zum Teil durchaus beißende Kritik, die er oft ironisch verkleidete, immer eine Freundesleistung war, um den Menschen in ihrem eigenen Sinnstiftungsproblem bei-zustehen. Diese Tradition aufnehmend, mögen alle hier zum Teil aggressiv erscheinenden Bemerkungen über den israelitisch-christlichen Orientierungsweg als Freundesleistungen verstanden werden. Beide aus dem Zerfall des Mythos hervorgegangenen Orientierungs-wege haben systematische Gründe, die sich sogar aus unserem evolutionär gewordenen Bewußtsein heraus erklären und verstehen lassen, da es in der Bewußtseinsevolution zur Ausbildung unterwürfiger und selbständiger Willensformen kommt. Dies bedeutet, daß es zwischen den beiden Orientierungswegen keine Gegnerschaft geben sollte, sondern ein gegenseitiges Anregen und Befruchten, bis diese beiden Wege etwa wie Leib und Seele ineinander verschlungen sind. Ein Ganzes menschlicher Lebensformen bedarf stets der Innen- und der Außensteuerung, so wie jedes Ganze Inneres und Äußeres besitzt. So braucht jeder Mensch außer seiner eigenen Entscheidungskompetenz die Möglichkeit, sich fachlichen Autoritäten anvertrauen zu können, sei es im Krankheitsfall, vor Gericht oder nur beim schlichten Ratsuchen.

Die notwendige Ausbildung fachlicher Autoritäten, denen wir im Sinne der Form des israelitisch-christlichen Orientierungsweges aus Gründen der Selbstverantwortung unser Vertrauen schenken sollten, wenn wir einen fachlichen Rat brauchen, bringt aber ein neues Problem hervor, auf das ich zu Beginn zu sprechen gekommen bin. Es besteht in der Selbst-überschätzung bezüglich der eigenen Innensteuerung dieser Autoritäten, warum sich in stetem Wechsel bestimmte Wissenschaftler für die wichtigsten halten. Auf die Selbstüber-

---

106 Vgl. dazu etwa W. Deppert, Relativität und Sicherheit, abgedruckt in: Rahnfeld, Michael (Hrsg.): *Gibt es sicheres Wissen?*, Bd. V der Reihe *Grundlagenprobleme unserer Zeit*, Leipzi-ger Universitätsverlag, Leipzig 2006, ISBN 3-86583–128-1, ISSN 1619–3490, S. 90–18.

schätzung der Gehirnphysiologen habe ich in diesem Aufsatz schon hingewiesen. Dieser Hinweis sollte aber nicht als eine Selbstüberschätzung der Philosophen mißverstanden werden. Er ist als ein sehr ernstgemeinter Aufruf zu mehr interdisziplinärer Zusammenarbeit gedacht: zwischen den Tiefbauern und den Hochbauern der Wissenschaft. Die Hochbauer der Wissenschaft sind als experimentelle oder angewandte Wissenschaftler auf ein möglichst sicheres begriffliches und methodisches Fundament angewiesen, für das die Tiefbauer der Wissenschaft, die Philosophen und die Theoretiker der Wissenschaften verantwortlich sind. Das Beispiel der begrifflichen Probleme der Gehirnphysiologen möge als ein Aufruf für eine intensivere Zusammenarbeit von Philosophen, Theoretikern und Praktikern der Wissenschaften verstanden werden. Darum wünsche ich mir, daß von den vorgeführten Analysen einige Anregungen zu weiteren Forschungen und zu vielfältiger interdisziplinärer Zusammenarbeit ausgehen.

Die Versöhnung der beiden Orientierungswege findet dann fruchtbringend statt, wenn Anregungen von außen (Außensteuerung) dankbar angenommen werden, um damit die kreativen Fähigkeiten aus dem eigenen Inneren (Innensteuerung) wirksam werden zu lassen. Durch diese Art der Versöhnung wird ein sich weiter entwickelndes wissenschaftliches Arbeiten erst möglich.

6.3 Anhang 3

Wolfgang Deppert
Philosophisches Seminar der
Christian-Albrechts-Universität zu Kiel
Hamburg im Herbst 2005, Korrekturen Herbst 2007

Die unitarische Gerechtigkeitsformel zur Vermeidung und zur Heilung von Autoimmunerkrankungen des Staates

6.3.1 Vorbemerkungen zur wirtschaftlichen und rechtsstaatlichen Lage der Bundesrepublik Deutschland

Trotz wechselnder Regierungen verschlechtert sich die Wirtschaftslage in der Bundesrepublik Deutschland seit Jahren nahezu kontinuierlich, insbesondere wächst die Zahl der Menschen, die sich nicht durch eigene Erwerbsanstrengungen ernähren können, in bedrohlichem Maße an. Zu dieser Personengruppe gehören nicht nur diejenigen, die durch die offizielle Arbeitslosenstatistik erfaßt werden, sondern auch alle Schüler und Auszubildenden sowie alle Teilnehmer an sogenannten Umschulungs- oder Qualifizierungsmaßnahmen, aber auch alle, die in einem sogenannten Ein-Euro-Job beschäftigt werden. Natürlich gehören auch alle Vorruheständler und Ruheständler dazu und nicht zu vergessen ist die zunehmende Zahl derjenigen, die durch richterliche Entscheidungen aus dem Erwerbsleben entfernt wurden oder derart an einer erwerblichen Tätigkeit gehindert werden, daß sie der Sozialhilfe anheimfallen. Es fehlt in zunehmendem Maße an unternehmerischen Kräften, die durch ihre eigenverantwortliche Risikobereitschaft die soziale Marktwirtschaft wieder funktionsfähig machen.

In den meisten europäischen Nachbarstaaten lassen sich entsprechende wirtschaftliche Niedergangserscheinungen kaum oder gar nicht beobachten, so daß längst der Verdacht aufgekommen ist, daß in der Bundesrepublik Deutschland grundsätzliche und konstante Schädigungsmechanismen wirksam sind, die ihre Ursache nicht in den wechselnden legislativen Mehrheiten und den entsprechend wechselnden Regierungen der Exekutive haben, sondern in einem allzulange für heilig gehaltenen und dadurch erstarrten Rechtssystem mit einer durch das Grundgesetz bedingten Rechtsunsicherheit und einer zum Teil sogar grundgesetzwidrigen Rechtswirklichkeit. Diese Rechtswirklichkeit repräsentiert das Wesen der Bundesrepublik Deutschland, das trotz aller politischen Veränderlichkeit nahezu konstant bleibt. Man kann demnach von einem genetischen Schaden der Bundesrepublik Deutschland sprechen; denn offenbar handelt es sich um Selbstschädigungen des Staates, die von der Konstitution und der Wirksamkeit der dritten Gewalt, der Judikative, ausgehen, ein Schaden, der darum von den anderen beiden Gewalten kaum oder nur durch sehr grundsätzliche Maßnahmen behoben werden kann.

Glücklicherweise sieht sogar das Grundgesetz selbst in seinem Art. 146 vor, das ursprünglich als Provisorium eingeführte Grundgesetz durch eine vom Deutschen Volk durch Volksabstimmung eingesetzte Verfassung abzulösen, in der aus den staats- und rechtpolitischen Fehlern des Grundgesetzes gelernt werden kann. Zu diesen Fehlern gehört einerseits die fehlende Unabhängigkeit der drei Gewalten und andererseits ihre mangelhafte Kontrolle durch das Volk. So dürfte sich eine Legislative niemals auflösen, solange sie ihrer Funktion, Gesetze zu beschließen, nachkommen kann und schon erst recht nicht durch den Eingriff der Exekutive oder gar durch ein schamlos kanzlerfreundliches Bundesverfassungsgerichtsurteil, wodurch derzeit ein außerordentlich unheilvoller Zustand in der Regierungsbildung eingetreten ist.

Die Mechanismen der nachhaltig nachteiligen Selbstschädigungen unseres politischen und wirtschaftlichen Gemeinwesens aber treten nicht so deutlich zu Tage wie die soeben beschriebenen Grundgesetzfehler, sondern diese sind sehr viel subtiler und gehen darauf zurück, daß es keine eigene Instanz der Judikative in der Bundesrepublik Deutschland gibt, die selbständig die Widerspruchsfreiheit der rechtswirksamen Gesetze mit der verfassungsmäßigen Ordnung überprüft und gegebenenfalls deren Korrektur zur Herstellung der Widerspruchsfreiheit anmahnt. Dadurch gibt es eine Fülle von Gesetzen, die nicht nur im Verdacht stehen, grundgesetzwidrig zu sein, die aber dennoch laufend zur Rechtsprechung herangezogen werden, was schmerzliche wirtschaftliche Selbstschädigungen des Staates zur Folge hat, ganz zu schweigen von der damit verbundenen Rechtsunsicherheit.

Weil aber die Neuformulierung einer durch das Volk beschlossenen demokratischen Verfassung für die Bundesrepublik Deutschland sich noch über viele Jahre hinziehen wird – es sind erst wenige liberale Kräfte, die daran arbeiten –, ist es eine staats- und rechtsphilosophische Pflichtaufgabe, aus dieser prekären Lage einen Ausweg zu finden, durch den zumindest die fatalen wirtschaftlichen Folgen für unser Gemeinwesen abgemildert werden können. Darum soll hier eine Gerechtigkeitsformel entwickelt werden, die den Richtern der Bundesrepublik Deutschland die Möglichkeit gibt, ihren grundsätzlichen Entscheidungsspielraum so zu nutzen, daß sie durch ihre Urteilsfindung Selbstschädigungen des Staates vermeiden.

6.3.2 Autoimmunerkrankungen des Staates

Unter Autoimmunerkrankungen versteht man in der Medizin eine Überreaktion des Immunsystems, durch die körpereigenes Eiweiß nicht als körpereigen erkannt und darum vom Immunsystem wie feindliches Fremdeiweiß bekämpft und abgestoßen wird. Eine Autoimmunerkrankung bewirkt eine schwerwiegende Selbstschädigung des Organismus, die kaum zu behandeln ist. Es gelingt nur durch Medikamente, die das Immunsystem selbst schwächen, wie etwa durch Cortison.

Die Übertragung dieses Begriffs auf den Staat wurde während der zweisemestrigen Ringvorlesung „Sanierungsfall Deutschland" an der Universität in Kiel diskutiert.[107] Dazu wurde der Begriff des Lebewesens als ein System mit einem Überlebensproblem verallgemeinernd eingeführt, so daß jeder Wirtschaftsbetrieb und jeder Verein aber auch jeder Staat ein Überlebensproblem hat und mithin ein Lebewesen ist, das vor Krankheiten zu schützen und im Falle des Erkrankens zu heilen ist. Die Minimalbedingungen zur Bewältigung des Überlebensproblems sind das Vorhandensein einer Wahrnehmungsfunktion, einer Erkenntnisfunktion, einer Maßnahmenauswahlfunktion und einer Maßnahmendurchführungsfunktion. Die Kopplungsstelle dieser Funktionen wird das Bewußtsein des Lebewesens genannt.[108] Diese Funktionen werden zum Schutz des Systeminneren bei natürlichen Organismen im Falle des Eindringens von Mikroorganismen durch ein gesundes Immunsystem erfüllt.

Eigentümlicherweise bilden Staaten diese überlebenswichtigen Funktionen nur im Kriegsfall für das Wahrnehmen, Erkennen und Bekämpfen von äußeren Bedrohungen deutlich aus. Im Friedensfall sind es vor allem innere Gefahren, die einem Staat zum Verhängnis werden können; dennoch aber sind die überlebenswichtigen Funktionen zum Wahrnehmen, Erkennen und Bekämpfen von inneren Gefahren nur sehr mangelhaft ausgebildet, vor allem aber sind sie kaum miteinander koordiniert, so daß sich lediglich ein kurzzeitiges gemeinsames Staatsbewußtsein ausbildet, etwa durch eine gemeinsame Angst, wie etwa die Angst vor AIDS, vor CJKn oder vor der Vogelgrippe. Genetische Erkrankungen, wie diejenigen aufgrund von staats- und rechtspolitischen Fehlern im Grundgesetz, können erst bemerkt werden, wenn Gleichgewichtsstörungen des Systems auftreten.

Erkennbar werden die innerstaatlichen Krankheitsherde an bestimmten Maßnahmen, die, scheinbar gesetzeskonform, von der rechtsprechenden Gewalt und dem exekutiven Polizeiapparat durchgesetzt werden, obwohl diese Maßnahmen dem Staatsganzen extremen Schaden zufügen. Dies ist deshalb möglich, weil durch den genetischen Schaden des Grundgesetzes die Judikative nicht selbständig feststellen kann, ob die bestehenden und neu erlassenen Gesetze grundgesetzkonform sind und ob sie nicht darüber hinaus etwa auch nur in bestimmten Fällen dem Staat einen Schaden zufügen. Es muß darum davon ausgegangen werden, daß es inzwischen eine nicht zu übersehende Fülle von rechtswirksamen Gesetzen gibt, die grundgesetzwidrig sind und in bestimmten Anwendungsfällen den Staat schädigen. Weil nun diese staatsschädigenden Maßnahmen von den Staatsorganen selbst ausgeführt werden, haben wir es mit staatlichen Selbstschädigungen zu tun, die aus guten Gründen auch als *Autoimmunerkrankungen des Staates* bezeichnet werden.

---

107 Vgl. Deppert, Wolfgang und Jaudes, Robert (Hg), *Sanierungsfall Deutschland*, Band III der Reihe *Wirtschaft mit menschlichem Antlitz*, Leipziger Universitätsverlag, in Vorbereitung.

108 Vgl. dazu die Einführung und Diskussion des Bewußtseinsbegriffs in: Wolfgang Deppert, Relativität und Sicherheit, in: Michael Rahnfeld (Hg.), *Gibt es sicheres Wissen?* Band V der Reihe *Grundlagenprobleme unserer Zeit*, Leipziger Universitätsverlag, Leipzig 2006.

Denn die Gesamtheit der staatlichen Maßnahmendurchsetzungsfunktionen ist analog zu den natürlichen Lebewesen mit deren Immunsystemen zu vergleichen.

Die *Autoimmunerkrankungen des Staates* zeigen sich daran, daß durch staatlich durchgesetzte Maßnahmen Menschen und deren Organisationen aus dem gesellschaftlichen und wirtschaftlichen Wirtschaftsleben ausgeschieden werden, obwohl sie die Elemente und Zellen des Staates sind, von denen der Staat selbst lebt. Eine erste Therapie sollte ebenso wie im medizinischen Bereich dem Immunsystem etwas von seiner Angriffsschärfe nehmen, indem etwa – wie hier beabsichtigt – den Richtern eine Gerechtigkeitsformel an die Hand gegeben wird, nach der sie weitere Selbstschädigungen des Staates künftig vermeiden können.

6.3.3 Beispiele für Autoimmunerkrankungen in der Bundesrepublik Deutschland

1. In Zeiten wirtschaftlicher Rezession gibt es viele Gründe, warum Firmen illiquide werden, ohne dabei überschuldet zu sein. Nicht selten, sind es sogar Zahlungsverpflichtungen staatlicher Stellen, die diese nicht einhalten, wodurch Zahlungsunfähigkeit entsteht, so daß Lohnsteuern und Sozialabgaben nicht entrichtet werden können. Wirtschaftsunternehmen, die dem Finanzamt Lohnsteuern oder den Sozialversicherungsträgern Sozialversicherungsbeiträge schulden, werden die Firmenkonten aufgrund der Abgabenordnung durch Pfändung stillgelegt. Damit ist diesen Firmen die Geschäftsgrundlage entzogen, sie gehen zugrunde, die Zahl der Arbeitslosen vergrößert sich und es verringern sich die Steuereinnahmen des Staates. Diese Firmenvernichtung aufgrund von durchaus gesetzmäßigem Verhalten der Finanzämter oder der Sozialversicherungsträger geschieht tagtäglich, wodurch eine unübersehbarer Schaden für den Staat entsteht: Die Staatsbeamten, die diese Maßnahmen durchführen, arbeiten zwar gesetzeskonform aber dennoch gegen das Wohl des Staates. Diese Beamten befinden sich in einer klassisch tragischen Situation: Wenn sie die Gesetze befolgen, die zum Untergang der Wirtschaftsbetriebe führen, schädigen sie den Staat und verletzten durch diese Schädigung ihren Beamteneid, und wenn sie die Gesetze nicht befolgen, verletzen sie ebenfalls ihren Beamteneid.

2. Die Geschäftsführer der in den meisten Fällen unverschuldet in die Zahlungsunfähigkeit geratenen Firmen, haben nach § 64 Abs. 1 GmbHG schon drei Wochen nach dem Eintreten der Illiquidität die Eröffnung des Insolvenzverfahrens zu beantragen, was in den allermeisten Fällen einer Firmenaufgabe gleich kommt. Handelt es sich aber bei den Geschäftsführern um Menschen, die sich Ihrer Verantwortung gegenüber ihrem Gemeinwesen bewußt sind, dann werden sie versuchen, die Firma zu retten, und wenn es sich bei ihnen um Beamte handelt, sind sie sogar nach ihrem Beamteneid dazu verpflichtet, Schaden von ihrem Gemeinwesen abzuwenden, der jedoch entstünde, wenn sie den Insolvenzantrag stellten, anstatt alles daran zu setzen, die Firma und damit die Arbeitsplätze zu retten. Damit ist der § 64 Abs. 1 GmbHG in Zeiten beängstigend ho-

her Arbeitslosigkeit ein besonders eklatanter Fall einer Selbstschädigung des Staates. Es darf doch nicht sein, daß Menschen von ihrem Staat dafür bestraft werden, daß sie sich für das Wohl des Staates einsetzen, indem sie mit ihrer Kraft und ihrem Kapital versuchen, Arbeitsplätze zu erhalten. Dennoch steht im § 84 GmbHG die eindeutig staatsschädigende Strafvorschrift:

„(1) Mit Freiheitsstrafe bis zu drei Jahren oder mit Geldstrafe wird bestraft, wer es ... als Geschäftsführer entgegen § 64 Abs. 1 ... unterläßt, bei Zahlungsunfähigkeit oder Überschuldung die Eröffnung des Insolvenzverfahrens zu beantragen."

Da nahezu alle Firmen während der Gründungsphase in die Zone der Überschuldung geraten, weil sie sich auf dem Markt ersteinmal bekannt machen müssen, beschleunigt dieses Gesetz nicht nur Firmenschließungen, sondern verhindert ebenso Firmenneugründungen. Und darüber hinaus werden risikofreudige Unternehmer, die unser Wirtschaftsleben so dringend braucht, von Staats wegen ohne erkennbaren Grund kriminalisiert und womöglich sogar durch Inhaftierung aus dem Verkehr gezogen.

3. Wenn verantwortungsbewußte Bürger in Unkenntnis der staatsschädigenden Paragraphen im GmbHG es wagen, zur Schaffung von Arbeitsplätzen Firmenneugründungen vorzunehmen, dann können sie aufgrund der schlechten Zahlungsmoral ihrer Auftraggeber in die Situation der Illiquidität kommen, so daß sie die fälligen Lohnsteuern und Sozialversicherungsbeiträge nicht zahlen können. Aufgrund der Gesetzeslage können sie vom Finanzamt und von den Sozialversicherungsträgern persönlich in Haftung genommen werden. Wenn sie aber bereits ihr privates Vermögen geopfert haben, um die Firma noch zu retten, sind sie jedoch zahlungsunfähig. Darum wird bei ihnen der Gerichtsvollzieher vorstellig werden, um ihnen nach § 900 ZPO die eidesstattliche Versicherung abzunehmen, die zur Folge hat, daß er nach § 915 ZPO in das öffentlich einsehbare Schuldnerverzeichnis eingetragen wird. Diese Bestimmung verstößt jedoch eklatant gegen die grundgesetzliche Bestimmung Art. 1 Abs. 1 GG zum Schutz der Würde des Menschen und ist damit null und nichtig.

Versteht man unter der Würde des Menschen mit Immanuel Kant ganz allgemein seine Wertsetzungskompetenz; dann darf der Mensch nicht durch den Staat daran gehindert werden, die von ihm gesetzten moralischen Werte zu verfolgen, wie etwa den Wert, daß er Schulden grundsätzlich zurückzahlen will. Durch die Eintragung in das Schuldnerverzeichnis wird es einem Kaufmann aber faktisch unmöglich gemacht, jemals wieder in die Lage zu kommen, durch eigene Aktivität Geld zu verdienen und seine Schulden abzutragen. Ganz abgesehen davon, daß das Schuldnerverzeichnis lediglich die moderne Form des mittelalterlichen Prangers darstellt, und damit eklatant die Würde des Menschen verletzt, ist es außerdem aufgrund von Art. 2 Abs. 1 GG ersatzlos zu streichen; denn durch die Aufnahme in das Schuldnerverzeichnis ist dem einzelnen Bürger „das Recht auf die freie Entfaltung seiner Persönlichkeit" im Bereich des Berufslebens genommen, zumal wenn er sich keinerlei moralischer Verfehlung schuldig gemacht hat.

Schuldenmachen bedeutet nicht mehr, moralisch schuldig zu werden. Im Gegenteil! Das Schuldenmachen hat in unserem Wirtschaftsleben sogar einen sehr hohen moralischen Wert wirtschaftlicher Aktivität, wirtschaftlicher Verantwortung und wirtschaftlicher Vertrauensbildung. Denn die Wirtschaft kann nur auf dem Wege der Kreditierung von zukunftsträchtigen, innovativen Ideen wachsen. Wer Schuldner durch ein Schuldnerverzeichnis moralisch diskreditiert, schadet unserem Gemeinwesen, indem er die moralische Grundlage des wirtschaftlichen Fortschritts vernichtet.

Aber es kommt noch schlimmer! Wer sich aufgrund seines Gewissens und der Bewahrung seiner Würde weigert, die eidesstattliche Versicherung abzugeben, kann nach § 901 ZPO bis zu 6 Monate (§ 913 ZPO) in Erzwingungshaft genommen werden, wozu im Mittelalter der Schuldturm diente. Es ist ein Skandal der Rechtsgeschichte, daß eine derartige Verletzung der Würde des Menschen noch Bestandteil eines deutschen Rechtssystems sein kann, das einzig auf der Bewahrung und Verteidigung der Würde des Menschen aufgebaut sein soll. Um ein solches Unrecht zu vermeiden, ist nach Art. 20 Abs. 4 Widerstand zu leisten; denn die Würde des Menschen „zu achten und zu schützen ist" nach Art. 1, Abs. 1 GG „Verpflichtung aller staatlichen Gewalt" und „gegen jeden, der es unternimmt," – und sei es auch ein Verhaftungsbeamter – „diese Ordnung zu beseitigen, haben alle Deutschen das Recht zum Widerstand, wenn andere Abhilfe nicht möglich ist."

4. Wenn Bürger in Haft genommen werden, so ist dies für den Staat in jedem Falle sehr kostspielig. Und wenn Bürger in Haft genommen werden, von denen wirtschaftliche Aktivitäten ausgegangen sind, die aber aufgrund der Inhaftierung unterbleiben, dann bedeutet dies für den Staat eine weitere wirtschaftliche Schädigung. Daraus folgt, daß wir sehr genau hinsehen müssen, unter welchen Umständen sich für Inhaftierungen überhaupt Begründungen finden lassen, die so schwer wiegen, daß man die damit verbundenen Staatsschädigungen in Kauf nehmen darf.

Da gibt es z.B. inzwischen eine große Anzahl von Inhaftierungen aufgrund von Verkehrsdelikten, wie etwa wiederholtes Fahren ohne Führerschein oder auch aktive oder passive Verkehrsteilnahme unter Alkoholeinfluß. Selbst dann, wenn keinerlei Personenschäden zu beklagen waren, werden nach der Gesetzeslage langfristige Inhaftierungen vorgenommen, die für alle Beteiligten und insbesondere für den Staat extreme Schädigungen herbeiführen. Jeder Autofahrer weiß, wieviel gänzlich übertriebene Geschwindigkeitsbegrenzungen etwa auch im Autobahnbereich aufgestellt werden und daß insbesondere in den neuen Bundesländern eine große Anzahl von Radarfallen gibt, so daß wohl jeder aktiv am Wirtschaftsleben teilnehmende Autofahrer schon einmal in Terminnot geraten ist, was ihm dann mit dem Verlust des Führerscheines für mindestens einen Monat gedankt wurde. Welche staatlichen Selbstschädigungen allein im Verkehrsrecht zu beklagen sind, ist gewiß nicht statistisch erfaßt, es sind hier aber Größenordnungen zu vermuten, die als Verluste in den Haushaltsplänen empfindlich zu Buche schlagen und das Entsprechende gilt für die anderen erwähnten Beispiele von Autoimmunerkrankungen des Staates.

Es mag nun mit der Aufzählung von Autoimmunerkrankungen des Staates genug sein, obwohl sich die Beispielsammlung erheblich erweitern läßt. Etwa wenn man an die verheerenden Wirkungen von Gesetzen aus der Kaiserzeit denkt, wie die grundgesetzwidrigen
Teile des ZVG's (Zwangsversteigerungsgesetz) oder auch das VVG (Versicherungsver-
tragsgesetz), das von den Nationalsozialisten schlimme Änderungen erfahren hat, deren
offensichtliche Grundgesetzwidrigkeit (§§ 38–40 VVG) bis heute nicht beseitigt worden
ist.

6.3.4 Die Möglichkeit, mit Rechtsformeln positives Recht, durch das Unrecht erzeugt wird, zu überwinden

Juristen werden traditionsgemäß als Rechtspositivisten herangebildet, d.h., sie werden auf
das bestehende, das gesetzte Recht eingeschworen. Dies bedeutet zugleich, daß ihnen in
ihrer Universitätsausbildung – von wenigen Ausnahmen abgesehen – die Fähigkeit ge-
raubt wird, über Alternativen nachzudenken und darüber zu forschen, wie das Recht in
sich stimmiger und vernünftiger gemacht werden kann. Die Tatsache, daß der Deutsche
Bundestag zu Hauf von Juristen bevölkert wird, hat zur Konsequenz, daß von diesem
Bundestag, einerlei, welche politische Richtung gerade die Mehrheit besitzt, keine gründlichen Rechtsreformen zum Wohle des Staates zu erwarten sind. Als mit der Vereinigung
Deutschlands die historische Möglichkeit bestand, daß das vereinte Deutsche Volk über
eine neue demokratische Verfassung abstimmt, wie es nach Art. 146 GG vorgesehen ist,
wurde diese Chance mit dem Faulheitsargument erschlagen, daß das Grundgesetz doch
die beste Verfassung sei, die Deutschland jemals gehabt habe, obwohl große Mängel im
Grundgesetz längst bekannt waren.

Aus Anlaß historischer Unrechtssituationen geraten die positivistischen Rechtsgelehrten allerdings immer wieder in große Bedrängnis, wenn nach einem positiven Recht Urteile gesprochen werden, die himmelschreiendes Unrecht sind. Auf eine derartige Situation
hat der hervorragende und dennoch weitgehend unbekannte Rechtsgelehrte Hans Reichel
zu Beginn des 1. Weltkrieges mit einer Formel folgenden Wortlauts reagiert:

> „Der Richter ist kraft seines Amtes verpflichtet, von einer gesetzlichen Vorschrift bewußt
> abzuweichen dann, wenn jene Vorschrift mit dem sittlichen Empfinden der Allgemeinheit
> dergestalt in Widerspruch steht, daß durch Einhaltung derselben die Autorität von Recht und
> Gesetz erheblich ärger gefährdet sein würde als durch deren Außerachtsetzung."[109]

---

109 Vgl. Hans Reichel, *Gesetz und Richterspruch, zur Orientierung über Rechtsquellen- und
Rechtsanwendungslehre der Gegenwart*, Zürich 1914, S. 242 oder in: Steffen Forschner, *Die
Radbruchsche Formel in den höchstrichterlichen „Mauerschützenurteilen"*, Inaugural – Dissertation zur Erlangung der Doktorwürde der Juristischen Fakultät der Eberhard-Karls-Universität Tübingen, Kirchheim/Teck 2003, S. 12.

Dies ist eine holistische Gerechtigkeitsformel, die durch die Sicherstellung des Staatsganzen vermittelst eines gemeinsamen „sittlichen Empfindens" motiviert ist. Dazu im scheinbaren Gegensatz steht die individuelle Gerechtigkeitsformel „jedem das Seine" (suum cuique), die bereits aus dem Altertum stammt. Versucht man zu bestimmen, was unter „jedem das Seine" zu verstehen ist , dann ist es dies: Was jedem aufgrund gemeinsamer sittlicher Vorstellungen zukommt oder nicht zukommt. Im Idealfall stimmen darum holistische und individuelle Gerechtigkeitsformeln zusammen.

Eine noch sehr viel prekärere Lage, als sie im ersten Weltkrieg vorlag, war nach dem zweiten Weltkrieg für die positivistischen Rechtsgelehrten gegeben, als es darum ging, nationalsozialistisches Unrecht, das nach dem gesetzten Recht der Nationalsozialisten, also nach positivem Recht, begangen wurde, abzuurteilen. Dazu schuf der durchaus auch positivistisch eingestellte Lübecker Rechtsgelehrte Gustav Radbruch (1878 – 1949) eine formale Gerechtigkeitsformel, die nach ihm als Radbruchsche Formel bezeichnet wird:

„Der Konflikt zwischen der Gerechtigkeit und der Rechtssicherheit dürfte dahin zu lösen sein, daß das positive, durch Satzung und Macht gesicherte Recht auch dann den Vorrang hat, wenn es inhaltlich ungerecht und unzweckmäßig ist, es sei denn, daß der Widerspruch des positiven Gesetzes zur Gerechtigkeit ein so unerträgliches Maß erreicht, daß das Gesetz als ‚unrichtiges Recht' der Gerechtigkeit zu weichen hat."[110]

Die Radbruchsche Formel hat im Nachkriegsdeutschland eine ganze Reihe von gut begründeten Anwendungen gefunden[111], obwohl sie noch einer inhaltlichen Bestimmung von Gerechtigkeit bedarf, auf die Gustav Radbruch nur durch folgende Feststellung hinwies:

„ wo Gerechtigkeit nicht einmal erstrebt wird, wo die Gleichheit, die den Kern der Gerechtigkeit ausmacht, bei der Setzung positiven Rechts bewußt verleugnet wurde, da ist das Gesetz nicht etwa nur ‚unrichtiges Recht', vielmehr entbehrt es überhaupt der Rechtsnatur."[112]

Heute werden die Reichelsche wie die Radbruchsche Formel für richterliche Möglichkeiten angesehen, Unrecht zu vermeiden, das durch die positivistische Anwendung von gesetztem ungerechtem Recht entstünde. Gerade aber darum darf an dieser Stelle nicht unerwähnt bleiben, daß auch Radbruch noch dem fundamentalen Irrtum unterliegt, zu meinen, daß ein von ihm behaupteter Konflikt zwischen Gerechtigkeit und Rechtssicherheit nur so gelöst werden könne, „daß das positive, durch Satzung und Macht gesicherte Recht auch dann den Vorrang hat, wenn es inhaltlich ungerecht und unzweckmäßig ist". Dies ist ein eklatanter Widerspruch, wenn „gesichertes Recht" zugleich auch „inhaltlich ungerecht sein kann". Damit verliert ein solches „gesichertes Recht" von Anfang an seine

---

110 Vgl., ebenda S. 8.

111 Dies gilt für Prozesse über nationalsozialistisches Unrecht ebenso wie für sozialistisches Unrecht in der DDR. Vgl. ebenda oder Robert Alexy, *Mauerschützen. Zum Verhältnis von Recht, Moral und Strafbarkeit*, Hamburg 1993.

112 Vgl. Steffan Forschner a.a.O. S.12.

„Rechtsnatur" und lädt die Mächtigen dazu ein, ungerechtes Recht zu schaffen und zu sprechen, und sei es nur in einem einzigen Richterspruch, gegen den trotz seiner Widersprüchlichkeit kein Einspruch mehr möglich ist oder auch in den scheinbaren Rechtsnormen und entsprechenden Richtersprüchen diktatorischer Systeme. Widersprüche dürfen in einem Rechtssystem nicht zugelassen werden; denn sie zerstören nicht nur nach Kant die Vernunft.

6.3.5 Eine Gerechtigkeitsformel zur Vermeidung von Autoimmunerkrankungen des Staates

Wie bereits erwähnt, hat der Gerechtigkeitsbegriff zwei Seiten, die individuelle und die globale. In Platons *Staat* wird dieser Polarität des Gerechtigkeitsbegriffs dadurch Rechnung getragen, indem die Konstruktion eines idealen Staates vorgeführt und diese Konstruktion in einer strikten Isomorphie auf den Bürger übertragen wird. Hiernach ist der ideale Staat das Urbild und der Bürger ein Abbild dieses Ideals, d. h., das Ganze des Staates und die Gewährleistung der Dauerhaftigkeit des Staates liefert die Eigenschaften und Handlungsvorschriften, den die Bürger zu genügen haben, um gerecht zu sein.

Aristoteles hat die grundsätzliche Konstruktion von etwas Seiendem gegenüber dem Vorgehen seines Lehrers Platon umgedreht. Aristoteles geht vom Einzelnen aus, so daß die Eigenschaften des Einzelnen die Eigenschaften der Ganzheiten bestimmen, die durch Einzelnes gebildet werden. Wenn der vor 200 Jahren gestorbene Friedrich von Schiller in seinen Votivtafeln über das Ehrwürdige sagt:

> „Ehret ihr immer das Ganze, ich kann nur Einzelne achten, Immer im Einzelnen nur hab'
> ich das Ganze erblickt.",

so nimmt Schiller die aristotelische Tradition auf, die über die Aufklärung dazu geführt hat, den einzelnen Menschen in den Vordergrund der Betrachtung zu stellen und ihm unveräußerliche Menschenrechte zuzubilligen. Wie bereits erwähnt, ist sogar das ganze Rechtssystem der Bundesrepublik Deutschland – jedenfalls der Theorie nach – auf dem fundamentalen Menschenrecht der Würde des Menschen und den daraus folgenden Menschenrechten aufgebaut. Hier folgt das Ganze des Staates im Gegensatz zu Platon aus den Eigenschaften und Handlungsabsichten seiner Bürger.

Daß es dennoch zu den hier kurz erläuterten Autoimmunerkrankungen unseres Staates kommen konnte, liegt sicher in der grundsätzlich unvermeidbaren Diskrepanz zwischen Theorie und Praxis, insbesondere aber auch an grundgesetzwidrigen Gesetzen, die immer noch rechtswirksam sind, obwohl sie dem Geist des Mittelalters, der Kaiserzeit oder gar des Nationalsozialismus entstammen, und auch an neu erlassenen Gesetzen, die unseren Staat massiv schädigen, weil in ihnen der einzeln Handelnde noch als potentieller Verbrecher angesehen wird und ihm nicht zugetraut wird, als Bürger auch zum Wohle des Staatsganzen selbstverantwortlich tätig sein zu wollen. Diese Gesetze sind von Menschen

erstellt worden, die noch von der mittelalterlichen Vorstellung von Bürgern mit einer auto-
ritativen Lebenshaltung geleitet sind und die den Geist des Grundgesetzes, der sich in
Bürgern mit einer selbstverantwortlichen Lebenshaltung äußert, noch nicht erfaßt haben.

Zu diesen Gesetzen gehören die bereits zitierten Teile der Abgabenordnung, des
GmbH-Gesetzes (z.B.§ 64 und § 84 GmbHG) und der Zivilprozeßordnung. Damit den
staatschädigenden Wirkungen dieser Gesetze Einhalt geboten werden kann, bedarf es
einer Gerechtigkeitsformel, in der die gegenseitige Abhängigkeit von Staatswohl und Bür-
gerwohl berücksichtigt wird. Denn tatsächlich sieht das Grundgesetz nicht vor, Gesetze
als grundgesetzwidrig zu erkennen, die staatsschädigend sind, indem sie z. B. auf scheinbar legalem Wege aktive, einsatzbereite und verantwortungsvolle Menschen, die für das
Florieren des Wirtschaftslebens unentbehrlich sind, ihrer Wirkungsmöglichkeiten berau-
ben. Dies geschieht jedoch, z. B. durch die §§ 64 und 84 des GmbH-Gesetzes. Denn natürlich darf der Versuch, Arbeitsplätze zu erhalten, nicht unter Strafe gestellt werden. Und es
versteht sich aufgrund der bestehenden Gesetzeslage von selbst, daß ein Geschäftsführer
keine Verpflichtungen mehr eingehen darf, wenn seine Firma zahlungsunfähig geworden
ist. Täte er dies, dann machte er sich zumindest der Betrugsabsicht schuldig, zu dessen
Vermeidung bereits strafrechtliche Bestimmungen gemäß § 263 StGB gibt. In § 64 und §
84 aber wird bereits die Betrugsabsicht unterstellt und das darf nicht sein; denn dies verletzt die Würde der Bürger, die das Amt eines GmbH-Geschäftsführers auf sich nehmen.
Diese gesetzlichen Bestimmungen sind null und nichtig, weil sie das Grundgesetz sogar
in seinem grundlegendsten Kern, dem Art 1 GG, verletzen. Wenn aber durch derartige
Gesetzesunvernunft die Wirtschaft geschädigt wird, dann haben alle Bürger darunter zu
leiden. Und tatsächlich findet sich im Grundgesetz keine explizite Bestimmung darüber,
die es verbietet, solche staatsschädigenden Gesetze zu erlassen. In der politischen Praxis
wäre lediglich der Hinweis möglich, daß der Bundespräsident solchen staatsschädigenden
Gesetzen aufgrund seines Eides nicht durch seine Unterschrift Rechtskraft verleihen darf.
Wenn derartige staatschädigende Gesetze dennoch Rechtskraft besitzen, dann kann hier
nur das Bundesverfassungsgericht durch die Klage eines Betroffenen Abhilfe schaffen.

In einer Gerechtigkeitsformel, die den Richtern an die Hand gegeben werden sollte, um
sie aus ihrer klassischen tragischen Situation zu befreien, wäre es aus den vorstehenden
Überlegungen geraten zu versuchen, holistische und individuelle Gerechtigkeit miteinander zu verbinden.[113] Dabei ist davon auszugehen daß es eine gegenseitige Abhängigkeit
zwischen dem Wohl der einzelnen Bürger und dem Wohl des Staatsganzen gibt. Die formale Bedingung der gegenseitigen Abhängigkeit wird auf Grund ihrer einheitstiftenden
Funktion als *unitarisch* bezeichnet. Und wenn unter der formalen Bedingung für jegliche
Sittlichkeit die Vermeidung von Schädigungen verstanden wird, dann läßt die folgende
unitarische Gerechtigkeitsformel auch eine Verbindung der Reichelschen mit der Rad-
bruchschen Formel erkennen:

---

113 Man kann systematisch hier von einer staatsrechtlichen Vereinigung der platonischen und der
     aristotelischen Auswirkungen auf die Theorie der Staatenbildung und der Bildung von Rechts-
     systemen sprechen.

Unitarische Gerechtigkeitsformel:

Wenn in der Anwendung eines Gesetzes auf einen Einzelfall der Schaden für den Einzelnen und den Staat größer ist als ein möglicher Schaden, der bei Nichtanwendung des Gesetzes einträte, dann ist das gesetzte Recht für diesen Fall Unrecht, und es hat die Anwendung dieses Gesetzes zu unterbleiben.

Es wird nun behauptet, daß die richterliche Anwendung der unitarischen Gerechtigkeitsformel das Auftreten von Autoimmunerkrankungen des Staates verhindern kann. Der Verfasser ist sich der Reichweite dieser Behauptung bewußt und bittet deshalb darum, sie von anderen Gesichtspunkten her, als sie hier eingenommen wurden, zu prüfen; denn es ist durchaus denkbar, daß noch weitere Aspekte oder auch weiter spezifizierende Bedingungen in die unitarische Gerechtigkeitsformel aufzunehmen sind, damit durch sie die hier angesprochene Problematik der Selbstschädigung des Staates durch eigene Gesetze einer Lösung zugeführt werden kann.

6.4   Anhang 4

Wolfgang Deppert, Hamburg 1997

Zur Bestimmung des erkenntnistheoretischen Ortes religiöser Inhalte

(Vortrag auf dem 2. deutsch-russischen Symposion des ‚Zentrums zum Studium der deutschen Philosophie und Soziologie' vom 10. – 16. März 1997 in der Katholischen Universität Eichstätt)

6.4.1   Die Trennung von Religion und Erkenntnistheorie

Wer meint, daß der Glaube anfängt, wo das Wissen aufhört, dem wird der Versuch, religiöse Inhalte in die Erkenntnistheorie einzuordnen, als widersinnig erscheinen. Für ihn gehören wissenschaftliche Erkenntnis und Religion gänzlich verschiedenen Bereichen an, die gar keinen gemeinsamen Ort besitzen. Eine Quelle für diese auch unter Wissenschaftlern weitverbreitete Auffassung findet sich im Mittelalter in der Lehre von den zwei Wahrheiten der Averroisten, durch die die menschliche von der göttlichen Wahrheit unterschieden wird oder auch die philosophische Wahrheit von der theologischen, so daß „etwas theologisch wahr sein kann, was philosophisch nicht wahr ist, und umgekehrt."[114]

---

114 Vgl. W. Windelband, *Lehrbuch der Geschichte der Philosophie*, hrsg. von Heinz Heimsoeth, Verlag von J.C.B. Mohr, Tübingen 1935, S.269 oder E. J. Dijksterhuis, *Die Mechanisierung des Weltbildes*, Springer-Verlag, Berlin 1983, S.182. Die Lehre von der doppelten Wahrheit hat ihren Ursprung im Aufbrechen mythischer Denkformen durch die Relativierungsbewegung (siehe W. Deppert, Systematische philosophische Überlegungen zur heutigen und zukünftigen Bedeutung der Unitarier. In: W. Deppert, W. Erdt, A. de Groot (Hg.), *Der Einfluß der Unitarier auf die europäisch-amerikanische Geistesgeschichte*, 1. Bd. der Reihe „Unitarismusforschung", Frankfurt/Main 1990, S. 129–151 und in W. Deppert, *Philosophische Untersuchun-*

Durch diese Bestimmung der doppelten Wahrheit wird allerdings der Theologie und der Philosophie noch der gleiche Objektbereich zugesprochen, über den sie Aussagen machen, etwa wenn Pietro Pomponazzi in seinem *Tractatus de immortalitate animae* 1516 zu der philosophischen Erkenntnis kommt, daß die Seele nicht unsterblich sein könne, daß aber deshalb die theologische Auffassung von der Unsterblichkeit der Seele durchaus nicht abzulehnen sei. Da der Ursprung der theologischen Wahrheit göttlicher Natur ist, so stand im Mittelalter und noch lange danach die theologische Wahrheit im Rang sehr viel höher als die philosophische Wahrheit. Es gab aber noch viele Versuche, die philosophische aus der theologischen Wahrheit abzuleiten, wie er vor allem von Thomas von Aquin unternommen wurde. Im Laufe der Geschichte entwickelte sich jedoch aus der Lehre von der doppelten Wahrheit eine vollständige Trennung von Religion und Erkenntnistheorie.

Die Denkbarkeit einer Ableitungsbeziehung zwischen philosophischen und theologischen Erkenntnissen gibt es schon für Kant nur noch im Bereich der praktischen Philosophie, sie geht im Bereich der theoretischen Philosophie spätestens mit Kant verloren; denn für ihn beziehen sich religiöse Glaubensinhalte nur auf den Bereich der praktischen Philosophie. Darin aber kehrt sich der Ableitungszusammenhang um: Die Philosophie liefert für Kant die Grundlagen und den Rahmen des religiös Glaubbaren. Die grundsätzliche Trennung von erkenntnistheoretisch fundiertem, menschlichem Wissen über die Welt und dem religiösen, durch göttliche Offenbarung gesicherten Glauben über das Funktionieren der Welt wurde durch Kant zu einer unüberbrückbaren Kluft. Religiöser Glaube ist für Kant transzendente Spekulation, die keinerlei erkenntnistheoretische Rechtfertigung besitzt, es sei denn die moralphilosophische Rechtfertigung, daß der religiöse Glaube den Menschen dazu hinführt, ein moralisches Wesen zu werden.

Kants Anspruch, mit den reinen Formen der Erkenntnisvermögen die unbedingten Bedingungen aller möglichen Erfahrung für alle Zeiten gefunden zu haben, läßt sich heute nicht mehr aufrechterhalten, weder zu einer verbindlichen Begründung der Moralphilosophie noch zu einer allgemein anerkennbaren Begründung der Erkenntnistheorie. Aus dieser Einsicht zogen viele Philosophen unseres Jahrhunderts die Konsequenz, jegliche Metaphysik abzulehnen. Dies gilt vor allem für die Philosophen, die der sogenannten Analytischen Philosophie zuzuordnen sind. So versuchten die logischen Positivisten, die kritischen Rationalisten sowie die Konstruktivisten sich im Aufbau metaphysikfreier Erkennt-

---

gen zu den Problemen unserer Zeit. Die gegenwärtige Orientierungskrise. Ihre Entstehung und die Möglichkeiten ihrer Bewältigung, Vorlesungsmanuskript, Kiel 1994.). Dadurch entsteht das Problem, eigenes Denken von göttlicher Eingebung zu unterscheiden. Das Auftreten heiliger Schriften ist damit begreiflich, daß dieses Problem dadurch gelöst werden soll, daß ausschließlich die heiligen Texte göttlichen Ursprungs sind und sich dadurch grundsätzlich vom eigenen Denken unterscheiden. Die orientierende Kraft geht dann nur von den heiligen Schriften aus. Das Problem der Unterscheidung von göttlichen und eigenen Denkinhalten tritt wieder auf, sobald die heiligen Texte interpretationsbedürftig sind. Wenn ich richtig sehe, wird mit Ausnahme der katholischen und der islamisch-fundamentalistischen Religionsphilosophie die interpretierende Autorität in der gegenwärtigen Religionsphilosophie dem Gläubigen selbst zugestanden.

nistheorien und Ethiken zu überbieten. Sie alle stehen noch im Banne des von Auguste Comte aufgestellten Drei-Stadien-Gesetzes, nach dem der Mensch in seiner Entwicklung nacheinander das theologische und metaphysische Stadium durchlaufe, um schließlich das positive oder wissenschaftliche Stadium zu erreichen.[115] So unterstellen selbst Wilhelm Kamlah und Paul Lorenzen schon der frühen Theologie, sie habe „den Glauben der Christen als einen () vorläufigen Notbehelf verstanden, dem die vernünftige selbständige Einsicht folgen solle."[116] Und dementsprechend mißverstehen sie Augustinus' Satz: fides praecedit intellectum.[117]

Da für die Denker, die meinen, theoretische und praktische Erkenntnissysteme ohne den Rückgriff auf Metaphysik aufbauen zu können, alle Metaphysik irgendwie mit Religion zu tun hat, wurde durch sie der Graben zwischen wissenschaftlichem Wissen und religiösem Glauben noch tiefer. Aber aus der Einsicht, daß Kants Metaphysik so wie alle anderen Metaphysiken zeitbedingt sind, läßt sich eine ganz andere Konsequenz ziehen als es die Antimetaphysiker getan haben. Diese andere Konsequenz soll hier dargestellt werden.

---

115 Vgl. Auguste Comte, *Cours de philosophie positive*, 6. Bände, Paris 1830–1842, dtsch.: *Die positive Philosophie*, 2 Bände, 1883.

116 Vgl. Wilhelm Kamlah, Paul Lorenzen, *Logische Propädeutik. Vorschule des vernünftigen Redens*, Bibliogr. Inst., Mannheim 1967, S.126.

117 Augustinus will damit betonen, daß der Glaube die Voraussetzung zum Erkennen ist, wie er es auch in *De civitate dei (Vom Gottesstaat)* (10. Buch, 22. Kap.) sagt: „Diese Gnade Gottes, durch die er uns seine große Barmherzigkeit beweist, ist es, die uns in diesem Leben durch Glauben leitet und nach diesem Leben durch Schauen der unwandelbaren Wahrheit zur endgültigen Vollendung führt." (Augustinus, *Vom Gottesstaat*, übers. von Wilhelm Thimme, Artemis Verlag/DTV, 1. Band, 2.Aufl., München 1985, S. 503.)

Die Meinung einer sich historisch verschiebenden Grenze zwischen Wissen und Glauben zu Ungunsten des Glaubens hat Ludwig Robert schon vor Comte mit Hilfe einer Parabel dargestellt:

Zu dem Adler sprach die Taube:

Wo das Denken aufhört, da beginnt der Glaube;

Recht, sprach jener, mit dem Unterschied jedoch,

Wo du glaubst, da denk ich noch.

Vgl. Ludwig Robert, *Schriften. Der Glaube*, 1835. Diese Parabel läßt sich so verstehen, daß derjenige, der meint, in seinen Erkenntnisbemühungen ohne Metaphysik auskommen zu können, die Begründung oder auf einen Grund verzichtet. Darum muß er sich, dem Adler gleich, in die Lüfte erheben, um ohne Bodenhaftung frei zu schweben. Nur leider bedarf auch der kühnste Adler irgendwann eines sicheren Landeplatzes. Metaphysikfreie Erkenntnistheorie und Ethik ist wie ein Fliegen im Geiste ohne einen begründenden Grund, ohne die Möglichkeit anzukommen.

6.4.2 Historisch abhängige Begründungen von Erkenntnistheorie und Ethik

Erkenntnistheorie und Ethik sind begründende Unternehmen, und jede Begründung fordert die Frage nach der Begründung der Begründung heraus. Darum sind Erkenntnistheorie und Ethik nur möglich, wenn es Endpunkte der Begründung gibt. Eine Erkenntnistheorie oder eine Ethik sind sogar wesentlich bestimmt durch ihre Begründungsendpunkte, die häufig auch als Grundsätze oder Prinzipien bezeichnet werden. Wenn unser Forschen und Handeln eine systematische Begründung erfahren soll, dann können wir dies nur mit Hilfe von solchen Grundsätzen erreichen, die ihrerseits keiner Begründung mehr bedürfen. Traditionell wird das Unternehmen, derartige Anfangspunkte des Begründens aufzustellen, als Metaphysik bezeichnet. Der Verzicht auf Metaphysik bedeutet darum, die Frage nach den Begründungsendpunkten nicht zu stellen oder sie bewußt unbeantwortet zu lassen und durch eine „Philosophie des Irgendwie" zu ersetzen.

Kant hatte gemeint, mit seiner Methode des Fragens nach den Bedingungen der Möglichkeit von Erfahrung, die er die transzendentale Methode nannte, die Metaphysik des Erkennens und der Sitten intersubjektiv bestimmen zu können. Nur weil sich – wie bereits erwähnt – zeigen läßt, daß die Bedingungen der Möglichkeit von Erfahrung, die Kant noch für unbedingt hielt, von der spezifischen historischen Lage abhängig sind[118], müssen nicht alle Versuche, eine Metaphysik aufzustellen, für unsinnig erklärt werden, wie es die Antimetaphysiker tun. Es ist meines Erachtens sehr viel einsichtiger, daraus den Schluß zu ziehen, daß die Metaphysik, die heute jemand errichtet, ebenso historisch bedingt sein wird wie alle anderen auch.

Diese historisch relativistische Einsicht wird für alle diejenigen Denker, die den Sinn ihres Nachdenkens darin erblicken, Vordenker für die eigene und die nachfolgenden Generationen zu sein, eine Sinnkrise heraufbeschwören, wenn sie sich nicht gar einer weiteren Vertreibung aus dem Paradies des eigenen, für allgemeingültig gehaltenen Denkens ausgesetzt sehen. Für alle, die sich selbst als ein historisches Wesen auffassen, ist die Einsicht der eigenen historischen Relativität jedoch unproblematisch. Denn sie sind sich von vornherein der schlichten Tatsache bewußt, daß mit den eigenen Argumentationen kein Anspruch mehr auf Allgemeingültigkeit verbunden werden kann, heute nicht und erst recht nicht in Zukunft. Andererseits verbindet sich mit dieser Einsicht ebensowenig eine Beliebigkeit der Argumente. Denn historische Relativität behauptet ja gerade, daß die Gültigkeit von Argumenten gebunden ist an eine historische Situation. Historische Situationen aber lassen sich gewiß nicht durch Beliebigkeit charakterisieren auch dann nicht, wenn es uns unmöglich erscheint, ihr Auftreten und ihre Abfolge im Voraus zu bestimmen.[119]

---

118 Der Nachweis dafür findet sich besonders deutlich herausgearbeitet in Kurt Hübner, *Kritik der wissenschaftlichen Vernunft*, Alber Verlag, Freiburg 1978.

119 Wie anders ist es etwa zu verstehen, daß schon im Mythos der langfristige Ablauf des Geschehens von Schicksalsgottheiten bestimmt wurde, deren Ratschluß sich sogar alle anderen Götter

Gewiß aber wird nach heutigem Verständnis die Geschichte, die sich uns als eine Ab-folge von historischen Situationen darstellt, wesentlich auch von Menschen gemacht. D.h., wir haben im Menschen ein *kreatives Potential* anzunehmen, durch welches die Verän-derungen im historischen Prozeß der Tradierung erklärt werden können. Dieses kreative Potential soll hier als fortschrittsneutral verstanden werden, das sowohl die Fähigkeit zu Neuerungen bedeuten kann als auch die Unfähigkeit, Traditionen weiterzuführen, d.h., das kreative Potential ist nur für die Veränderung der Tradition verantwortlich, sei sie nun als Fortschritt oder als Rückschritt einzustufen. Das kreative Potential läßt sich nur im *einzelnen* Menschen ansiedeln, da alle Fähigkeiten der Menschen immer über ein-zelne Menschen realisiert werden, auch wenn es sich dabei um massenhaft auftretende Fähigkeiten handelt.[120] Damit macht das kreative Potential im einzelnen Menschen den Menschen zu einem historischen Wesen. Denn ohne das kreative Potential im Einzelnen könnte es keine Veränderung der Tradition und mithin keine Geschichte geben. Darum sind die großen Veränderungen in der Geschichte stets von Einzelnen ausgegangen, sei es nun Laotse, Sokrates, Buddha, Jesus, Kopernikus, Luther, Bruno, Galilei, Newton, Kant oder Einstein und Heisenberg.

6.4.3 Der Mensch als ein auf Sinn ausgerichtetes Wesen

Wie läßt sich erklären oder wenigstens verständlich machen, daß einzelne Menschen die Kraft besitzen, nach ihren eigenen, traditionsverändernden Grundsätzen zu leben und zu arbeiten? Denn das ist gewiß, daß es immer mächtige Bestrebungen gegeben hat und ge-ben wird, die mit allen Mitteln versuchen, die Tradition zu bewahren und die Traditions-veränderer zu bekämpfen. Woher nehmen Menschen die innere Standhaftigkeit, sich für ihre eigene Überzeugung drangsalieren, kreuzigen, töten oder sogar verbrennen zu lassen?

Es muß sich hierbei um Überzeugungen handeln, die den tiefsten Grund des Menschen berühren oder bestimmen, den wir als die innere Identität oder die Bedingungen der in-neren Existenz des Menschen bezeichnen können. Und wir haben anzunehmen, daß es das höchste und letzte Ziel des Menschen ist, diese innere Identität zu bewahren. Wer sich dessen bewußt ist oder es auch nur ahnt, wodurch die Bedingungen seiner inneren Exis-tenz bestimmt sind, wird alle äußeren Anfeindungen und Peinigungen ertragen, um sich nicht innerlich selbst zu vernichten. Alle Argumente, Bewertungen, Entscheidungen und Handlungen gewinnen erst durch die Beziehung zu den Bedingungen der eigenen inneren Existenz ihren Sinn. Dieser Sinn des menschlichen Handelns ist durch die Individualität des Menschen bestimmt. Ich nenne ihn darum den *individuellen Sinn*. Die Bedingungen

---

zu unterwerfen hatten.

120 Das kreative Potential ist eine über Hübners (1978) Regelsystem-Beschreibung hinausgehen-de Annahme. Vgl. Wolfgang Deppert, „Hermann Weyls Beitrag zu einer relativistischen Er-kenntnistheorie", in: Deppert, W. et al. (Hg.), *Exakte Wissenschaften und ihre philosophische Grundlegung*, Peter Lang, Frankfurt/M. 1988.

der inneren Existenz bestehen aus erlebten, erhofften oder geahnten Zusammenhängen zu etwas Existierendem, das dem Einzelnen wichtig ist. Darum ist der individuelle Sinn immer auf die Erhaltung dieser *tragenden Zusammenhänge* gerichtet.

Die Verkoppelung von Sinn und innerer Existenz des Menschen macht verständlich, warum es wohl keinen Menschen gibt, der sinnlos handeln und leben möchte und warum die Menschen eine große Angst vor Sinnverlust oder gar vor der Sinnlosigkeit des eigenen Lebens ausbilden. Wir können davon ausgehen, daß es für Menschen kennzeichnend ist, nichts Sinnloses tun zu wollen und danach zu streben, ihr Handeln mit Sinn zu erfüllen. Daß der Mensch ein auf Sinn ausgerichtetes Wesen ist, läßt sich auch aus der Tatsache entnehmen, daß der Mensch in vielen Lebensbereichen gegenüber anderen Lebewesen durch eine fehlende Instinktsteuerung ausgezeichnet ist. Menschen müssen darum für die Auswahl ihrer Handlungen andere Steuerungssysteme aufbauen, die irgendwie durch ihre Vernunftbegabung zu entwickeln sind. Handlungen gemäß eines solchen Steuerungssystems nennen wir auch sinnvoll. Da solche Steuerungssysteme in der Geschichte für große Ansammlungen von Menschen entstanden sind, will ich den Sinn, der mit ihrer Befolgung gegeben ist, den *kollektiven Sinn* nennen.[121]

6.4.4 Die historischen Entwicklungen zu kollektivem und individuellem Handlungssinn

In mythischer Zeit brachte die menschliche Vernunft auf geheimnisvolle Weise eine Götterwelt hervor, an die sich die Menschen gebunden fühlten und durch die ihre Handlungen bestimmt waren. Wie ich meine, tritt im Mythos keine Bewußtwerdung der inneren Existenz des Menschen auf und darum auch nicht das Problem der Sicherung seiner inneren Existenz. Mythische Menschen kennen die Entscheidungsproblematik, wie sie mit unserem heutigen Individualitätsbewußtsein verbunden ist, noch nicht. Sie handeln im selbstverständlichen Vollzug des Götterwillens, der ihnen durch die Kenntnis einer Fülle von Göttergeschichten bekannt ist. Sie verstehen das, was wir heute unser eigenes Denken nennen, als die Worte eines Gottes, der sie ihnen sagt und dem sie in ihren Handlungen folgen; denn der Sinn des Lebens besteht mythisch darin, den Götterwillen zu erfüllen.[122]

---

121 Menschen mit einer aurotitativen Lebenshaltung, die aufgrund der Überzeugung von der eigenen Unvollkommenheit sich von einem als vollkommen geglaubten Wesen führen lassen, richten sich auch heute noch nach kollektiven Sinnvorstellungen. Vgl. Wolfgang Deppert, *Philosophische Untersuchungen zu den Problemen unserer Zeit. Die gegenwärtige Orientierungskrise. Ihre Entstehung und die Möglichkeiten ihrer Bewältigung*, Vorlesungsmanuskript, Kiel 1994.).

122 Ich vermeide es, für Menschen, die noch ganz in einem mythisch bestimmten Bewußtsein leben, von einem kollektiven Handlungssinn zu sprechen, da, so wie eine Trennung von Einzelnem und Allgemeinem nicht gedacht wurde, auch die Gegenüberstellung von Individuum und Kollektiv nicht vorkam.

Erst mit dem schrittweisen Zerfall des Mythos tritt in zunehmendem Maße Individualitätsbewußtsein und Orientierungsnot auf, da durch die verlorengegangene Selbstverständlichkeit des mythisch bestimmten Lebensvollzugs die Frage nach dem Warum und nach
dem Sinn von Handlungen bewußt gestellt wird. Diese Fragen wurden in allen Völkern
und in allen Gegenden unserer Erde durch Systeme beantwortet, die wir traditionsgemäß
Religionen nennen. Ich möchte darum einen Unterschied machen zwischen Mythos und
Religion. Denn Religionen setzen ein Individualitätsbewußtsein voraus, das es im un-
gebrochenen, geschlossenen Mythos nicht gibt. Dennoch benutzen Religionen mythische
Vorstellungen. Warum? Mythische Vorstellungen lassen sich mit Hilfe der begrifflichen
Weltbetrachtung dadurch charakterisieren, daß in ihnen Allgemeines und Einzelnes in
einer Vorstellungseinheit zusammenfallen. Darum sind sie der Form nach im begrifflichen Argumentieren mögliche Begründungsendpunkte. Dies liegt daran, daß Begriffe je
nach Hinsicht etwas Allgemeines oder etwas Einzelnes darstellen, so daß sie ausschließlich *innerhalb* von Begriffspyramiden anzutreffen sind. Für die Eckpunkte der Begriffspyramiden gilt dies nicht, für sie gibt es entweder keinen noch allgemeineren Begriff oder
nichts Einzelneres mehr, das sich noch durch einen Begriff beschreiben ließe. So wird
etwa in der physikalischen Weltbetrachtung der Weltraum als das Allgemeinste und die
grundlegenden Elementarteilchen als das Einzelnste angesehen.[123]

Zur Kennzeichnung solcher Begründungsendpunkte habe ich in dem Vortrag während
des ersten Moskauer Symposions den Begriff der mythogenen Idee eingeführt und zwar
als „eine Vorstellung, die im Rahmen wissenschaftlichen Arbeitens auftritt und in der
Einzelnes und Allgemeines in einer Vorstellungseinheit zusammenfällt". Solche Begründungsendpunkte sind z.B. die mythogenen Ideen der *einen* Zeit, des *einen* Raumes oder
der *einen* Naturgesetzlichkeit. Während in der einen Zeit alle Vorgänge stattfinden, sind
deren Ereignisse sämtlich in dem einen Raum enthalten und die Gesetze ihrer Verbindungen gehören vollständig der einen Naturgesetzlichkeit an.[124] Mythogene Ideen können
ihren Ursprung im Mythos haben oder in der Geistesgeschichte neu entstehen.

In den allermeisten Fällen von historischer Religionsbildung sind es Leistungen einzelner Menschen, die als Religionsstifter zu bezeichnen sind, wie etwa Laotse, Buddha,

---

123 Der Versuch, diese Begründungsendpunkte genauer zu bestimmen, bewirkt stets eine weitere
Relativierung, so daß die damit verbundene Relativierungsbewegung als Verallgemeinerung
und als Vereinzelung im Rahmen begrifflicher Weltbeschreibung niemals zum Ende gelangen kann, es sei denn, es werden dabei ganzheitliche Begriffssysteme verwendet. Diese erweisen sich jedoch bei genauerer Betrachtung wiederum als der Ausdruck von mythogenen
Ideen. Vgl. Wolfgang Deppert, Hierarchische und ganzheitliche Begriffssysteme, in: G. Meggle (Hg.), Analyomen 2 – Perspektiven der analytischen Philosophie, Perspectives in Analytical Philosophy, Bd. 1. Logic, Epistemology, Philosophy of Science, De Gruyter, Berlin 1997,
S. 214–225.

124 Vgl. Wolfgang Deppert, Mythische Formen in der Wissenschaft: Am Beispiel der Begriffe von
Zeit, Raum und Naturgesetz, in: Ilja Kassavin, Vladimir Porus, Dagmar Mironova (Hg.), *Wissenschaftliche und Außerwissenschaftliche Denkformen*, Zentrum zum Studium der Deutschen Philosophie und Soziologie, Moskau 1996, S. 274–291.

Moses, Jesus, Paulus oder auch Luther. In den anderen Fällen halten die Menschen trotz des hereinbrechenden Individualitätsbewußtseins und des Verlusts von mythischem Bewußtsein an den überlieferten mythischen Gottheiten fest, wie dies etwa im Hinduismus, dem Shintoismus oder auch in den indianischen Religionen der Fall ist. Bei den Religionsstiftern hat man davon auszugehen, daß ihre Handlungen von einem individuellen Sinn getragen werden, da sie durch ihr kreatives Potential die Tradition verändern. Dennoch haben sie Religionen begründet, die den Gläubigen einen kollektiven Handlungssinn vermitteln. Generell läßt sich sagen, daß in den historischen Religionen die Sicherung der inneren Identität des Menschen durch die Bindung an ein überindividuelles Wesen gewährleistet wurde und daß deshalb von diesen Religionen ein kollektiver Handlungssinn vertreten und verbreitet wurde. Dies geschah vor allem durch die Vorbildfunktion der Religionsstifter. Auch die christliche Religion ist durch den Gedanken der Nachfolge geprägt, sei es nun die Nachfolge Jesu Christi oder die Nachfolge in der Schriftauslegung durch den Papst oder durch die Reformatoren in den verschiedenen christlichen Religionsgemeinschaften.

In dem Nachfolgegedanken ist aber angelegt, daß sich der ursprüngliche individuelle Sinn des Religionsstifters im Laufe der Geschichte auf die Gläubigen in dem Maße überträgt, wie die durch den Stifter vermittelten mythisch geprägten Glaubensinhalte verloren gehen. Dadurch wird die Interpretation der Bibel immer mehr zur individuellen Aufgabe des einzelnen Gläubigen, wenn er etwa nicht mehr an die mythogenen Ideen der Jungfrauengeburt und der leiblichen Auferstehung Jesu Christi oder an die Verbalinspiration der Evangelisten glaubt. Solche Entwicklungen haben sich schon im 19. Jahrhundert in der lutherischen Theologie vollzogen. Während sich der individuelle Handlungssinn der Religionsstifter auf eine überindividuelle innere Identität des Stifters stützte, so gilt dies heute nicht mehr für das Bewußtsein der eigenen historischen Relativität. Und die bange Frage tritt jetzt massenhaft auf, ob denn ein individueller Handlungssinn die Tragfähigkeit besitzen kann, um als sichere Grundlage für die Gestaltung des eigenen Lebens zu dienen.

6.4.5 Der historische Zusammenhang von Sinn- und Religionsbegriffen und deren Einfluß auf die Metaphysik

Nicht nur Religionsstifter haben durch ihr kreatives Potential Geschichte geschrieben, sondern alle, die aufgrund ihrer neuen Vorstellungen etwas in irgendeinem Bereich der menschlichen Kultur Neues gefunden oder erfunden haben, sei es nun im Bereich der Kunst, der Philosophie und der Wissenschaft, der Technik und des Handwerks, der Wirtschaft oder im Bereich von Unterhaltung, Reisen, Spiel und Sport. In all diesen Lebensbereichen ist das Neue lediglich als etwas zu verstehen, das den historischen Traditionsfluß der menschlichen Vorstellungen verändert. Gemäß der traditionellen Definitionen des Religionsbegriffes wird leicht Einigkeit darüber zu erzielen sein, daß die neuen religionsstiftenden Auffassungen der Religionsstifter *religiöser* Natur waren.

Ich behaupte nun, daß in dem Bereich der philosophisch-wissenschaftlichen Neuerungen es auch neue religiöse Überzeugungen einzelner Menschen waren, die als Grund für die Traditionsveränderungen anzusehen sind. Wie anders hätte die Kirche etwa Kopernikus, Bruno, Descartes oder Galilei wegen ihrer Lehren angreifen können, wenn diese nicht religiösen Vorstellungen entsprungen wären, die in irgendeiner Beziehung mit den Lehren der Kirche in Widerstreit gestanden hätten? Gewiß waren alle diese eigenen religiösen Überzeugungen auch durch bestimmte religiöse Traditionen beeinflußt, wie etwa Kopernikus durch die hermetischen Schriften, Bruno durch eben diese und den Neuplatonismus oder Newton durch den Arianismus, der heute auch als Unitarismus bezeichnet wird. Aber durch das besondere und wie ich meine einzigartige kreative Potential jedes Einzelnen ist aus der personenspezifischen Kombination von religiösen Überlieferungen eine eigene einzigartige religiöse Überzeugung entstanden, die schließlich die historische Sprengkraft hervorgebracht hat, wie sie mit den Gedanken der genannten historischen Persönlichkeiten verbunden waren. Aus diesen individuellen religiösen Überzeugungen bezogen alle ihre Schriften und Handlungen ihren Sinn, der sogar bis zur Bereitschaft führen konnte, das eigene Leben dafür einzusetzen. Hieraus folgt, daß die Bedingungen der inneren Existenz, die innere Identität oder die tragenden Zusammenhänge mit den religiösen Überzeugungen des Einzelnen gleichzusetzen sind.[125] So wie jene oft nur geahnt werden, so sind auch die religiösen Überzeugungen selten voll bewußt.

Da in den religiösen Überzeugungen der Einzelnen religiöse Überlieferungen Eingang gefunden haben, ist in ihren individuellen Sinnvorstellungen auch kollektiver Sinn eingebunden. Und entsprechend der Unterscheidung von individuellem und kollektivem Sinn ist auch der Religionsbegriff in individueller und kollektiver Hinsicht zu differenzieren. Die hier zu unterscheidenden Religionsbegriffe seien *Religion des Einzelnen* und *Religion der Gemeinschaft* genannt.

Dieser Zusammenhang von Religions- und Sinnbegriffen ist für die historischen Persönlichkeiten der Geschichte der Philosophie und der Wissenschaft offenkundig. Sie haben ihre neue Art, die Welt zu betrachten und die Standhaftigkeit, ihren eigenen Standpunkt durchzuhalten, aus ihrer eigenen Religion gezogen, die hier begrifflich als *Religion*

---

125 Diese Position vertritt bereits Augustinus, etwa wenn er in *De civitate dei (Vom Gottesstaat)* (10. Buch, 18. Kap.) sagt: „Volle Wahrheit ist es ja, was sein (Gottes) Prophet spricht: „Gott anzuhangen, ist mein höchstes Gut." Denn nach dem höchsten Gut, auf das alle Handlungen abzielen müssen, forschen alle Philosophen." (Augustinus, *Vom Gottesstaat*, übers. von Wilhelm Thimme, Artemis Verlag/DTV, 1. Band, 2.Aufl., München 1985, S. 497.) Das höchste Gut ist demnach schon für Augustinus die religiöse Überzeugung, durch die alles andere zu begründen ist. Und tatsächlich zieht sich der Gedanke, einen sicheren Begründungsanfang zu brauchen, von Hesiod angefangen und den milesischen Naturphilosophen wie Thales, Anaximandros und Anaximenes fortgesetzt durch die ganze antike griechische Philosophie durch, woraus später von Cicero der ursprüngliche nicht theistische Religionsbegriff der Rückbindung der Vernunft an etwas Sicheres bestimmt wurde, durch die die von der Vernunft entworfenen neuen Möglichkeitsräume erst verantwortungsvoll erprobt werden konnten. Cicero war von Lukrez beeinflußt, dessen Werk *De rerum natura*, er gut kannte. Vgl. Lukrez, *De rerum natura. Welt aus Atomen*, Reclam, Stuttgart 1986.

des Einzelnen gekennzeichnet wird.[126] Es ist ein systematischer Fehler, diesen Überzeugungsgrund als Metaphysik zu bezeichnen, wie es bis heute weitgehend getan wird; denn es gibt für jede Metaphysik noch Gründe, die in den grundlegenden sinnstiftenden Überzeugungen des Einzelnen zu finden sind, der eine Metaphysik aufstellt. Da die Metaphysik die Sinnhaftigkeit der Erkenntnisbemühungen des Menschen sicherstellen soll, kann der begründende Ort der Metaphysik nur im Religionsbegriff des Einzelnen gefunden werden, wie er hier beschrieben wurde. Die allgemein sinnstiftende religiöse Überzeugung geht der metaphysischen voraus, so wie schon nach Augustinus der Glaube all jenem vorhergeht, was überhaupt erkannt werden kann.[127] Da der einzelne Mensch ein historisches Wesen ist und da insbesondere seine religiösen Glaubensinhalte, die seine innere Identität bestimmen, historisch abhängig sind, so ist auch jede Metaphysik und jede ihrer Begründungen historisch abhängig.

Stellt man nach der hier gegebenen Bestimmung des Begriffes ‚Religion des Einzelnen‘ Descartes‘ Religion dar, dann zeigt sich der Zusammenhang zwischen Religion und Metaphysik besonders klar und deutlich:

Descartes glaubt an die Existenz eines absoluten, allervollkommensten und unendlichen Wesens und an die Feststellbarkeit der eigenen Existenz als der eines unvollkommenen und endlichen aber mit Erkenntnisfähigkeit begabten Wesens. Aus dieser religiösen Überzeugung entwickelt er seine Metaphysik der Erkenntnisregeln mit dem Wahrheitskriterium der Klarheit und Deutlichkeit, dessen Verläßlichkeit durch Gott sichergestellt ist und die Ontologie der beiden Substanzen des Denkens und der Ausdehnung, die nur von Gott und sonst nichts abhängig sind. Descartes‘ Metaphysik ist durch seine Religion, d.h., durch seine religiösen Glaubensinhalte eindeutig bestimmt.[128] Es sollte keinerlei Probleme darstellen, diesen Zusammenhang für alle anderen der genannten historischen Persönlichkeiten nachzuweisen, obwohl dies bisher auf solche Weise kaum gezeigt worden ist.

Demzufolge nehmen *religiöse Inhalte die erkenntnistheoretische Stelle der Begründung von Metaphysiken* ein. Dies ist ihr *erkenntnistheoretischer Ort,* Da alle Wissenschaft erst durch eine bestimmte Metaphysik möglich ist, weil sie nach Kant die Bedingung ihrer Möglichkeit ist, sind Wissenschaft und Religion nicht durch eine unüberbrückbare Kluft

---

126 Daß dieser Zusammenhang auch für weniger herausragende Persönlichkeiten der Philosophiegeschichte, wie etwa Bernard Bolzano oder Anton Günther, gilt, läßt sich dem kürzlich erschienenen Aufsatz von Kurt Hübner „Der mystische Rationalismus der deutschen Philosophie Böhmens im 19. Jahrhundert und seine Entwicklung" entnehmen, der erschienen ist in: *Schriften der Sudetendeutschen Akademie der Wissenschaften und Künste, Band 17, Forschungsbeiträge der Geisteswissenschaftlichen Klasse,* München 1996, S. 129 – 148.

127 Dies ist, wie ich meine, die korrekte Deutung von Augustinus‘ ‚fides praecedit intellectum‘, auf die sich Kamlah und Lorenzen fälschlicherweise beziehen. Vgl. FNn 3 und 4.

128 Erste begriffliche Arbeiten dazu finden sich in meinem Vortrag: „Orientierungen – eine Studie über den Zusammenhang von Religion, Philosophie und Wissenschaft", der abgedruckt ist in: J. Albertz (Hg.), *Perspektiven und Grenzen der Naturwissenschaft,* Freie Akademie, Wiesbaden 1980, S.121 – 135.

voneinander getrennt, sondern sie sind sogar unlöslich miteinander verbunden.[129] Das gilt
für die religiösen Inhalte der Religion des Einzelnen ebenso wie für die Religion der Gemeinschaft. Allgemeingültigkeit läßt sich darum für eine Metaphysik und die durch sie
begründeten wissenschaftlichen Methoden nur beanspruchen, wenn die erstere aus all-
gemeingültigen religiösen Überzeugungen ableitbar ist. Umgekehrt läßt sich behaupten:
Wenn eine Metaphysik in der Geschichte allgemeine Anerkennung gefunden hat, dann
müssen sich allgemeingültige religiöse Inhalte bestimmen lassen, durch die diese Metaphysik begründbar ist und durch die ihre allgemeine Anerkennung erklärt werden kann.
Darum konnte in bezug auf die Metaphysik Platons und Aristoteles' von den christlichen Metaphysikern des Mittelalters untersucht werden, welche religiösen Konzepte oder
Ahnungen Platon und Aristoteles gehabt haben. Dabei kamen sie zu dem Ergebnis, daß
diese antiken Denker den christlichen Glauben in wesentlichen Inhalten schon vorausge-
nommen hätten. Dies findet beispielhaft Augustinus[130] für Platon und Albert der Große
sowie Thomas von Aquin[131] für Aristoteles heraus. Der hier dargelegte Zusammenhang

---

129 Zur dichterischen Darstellung der Trennung von Religion und Wissenschaft habe ich in FN
     4 eine Fabel von Ludwig Robert angegeben. Zur Charakterisierung der hier vertretenen Auf-
     fassung sei ein Gespräch zwischen einem Anhänger der Analytischen Philosophie und einem
     Metaphysiker wiedergegeben.

     Analyt- und Metaphysikus
     Ein junger Analytikus,
     von forschem Dreiste
     sinnlich aufgelüstet,
     sagt sprachlich hochgerüstet
     zum alten Metaphysikus
     mit morschem Geiste:

     Wo durch des Verstandes Flügel
     das Wissen über Sinnliches
     unmißverständlich deutlich wird,
     da hat der Glaube ausgeirrt.
     Der Alte weist, scheinbar verwirrt,
     auf einen frischen Maulwurfshügel:

     Der Haufen dort
     stammt aus des Lebens Dunkel.
     Ich fühle glaubend mich hinein,
     um Schein und Irrtum zu entgehen.
     Doch fliegst du fort
     zum Geistesblitzgefunkel,
     so wirst du nie erleuchtet sein,
     um deines Lebens Sinn zu sehen. (W.D.)

130 Vgl. Augustinus, *De civitate dei*, 8. Buch.

131 Vgl. die Kommentare von Thomas von Aquin zu den Werken von Aristoteles.

von religiösen Glaubensinhalten und Metaphysik war somit im Mittelalter noch allgemein bekannt und anerkannt.

Daß dies auch noch für die Anfänge der Neuzeit gilt, hat uns Paul Feyerabend mit seinen Untersuchungen über die Nichtakzeptierbarkeit der Galileischen Wissenschaft durch die damaligen katholischen Wissenschaftler gezeigt. Feyerabend behauptet sogar: „Die Kirche zur Zeit Galileis hielt sich enger an die Vernunft als Galilei selber." „Ihr Urteil gegen Galilei war rational und gerecht", sagt er.[132] Was die Rechtfertigung der damaligen Theologen angeht, kann ich Feyerabend zustimmen; denn für sie war die Erkenntnis ermöglichende Metaphysik durch den damaligen Konsens in der katholischen Theologie notwendig begründet. Im Gegensatz zu Feyerabends Darstellung war aber Galilei in seiner Argumentation nicht weniger rational als die wissenschaftlichen Kirchenvertreter, da Galilei sich in seinen metaphysischen Positionen auf seine eigenen religiösen Überzeugungen stützen konnte, die freilich mit denen der katholischen Theologie in wesentlichem Widerspruch standen. Solange Galileis religiöse Vorstellungen nicht zum religiösen Allgemeingut geworden waren, konnte er allerdings keine Allgemeingültigkeit für seine Auffassungen beanspruchen.

An dieser Stelle wird es nochmals einsichtig, warum die Geschichte der Philosophie und der Wissenschaft erst durch die begriffliche Unterscheidung der Religion des Einzelnen und der Religion der Gemeinschaft verständlich wird. Die Geschichte der Religion der Gemeinschaft wurde nämlich durch die Reformation und den Augsburger Konfessionsfrieden zur Geschichte der Konfessionen. Und darum findet bis heute eine verhängnisvolle Gleichsetzung von Religion und Konfession statt, die zu einer begrifflichen Verwirrung geführt hat, die schließlich die bereits beschriebene scharfe und – wie ich jetzt sagen möchte – irrationale Trennung von Religion und Erkenntnis bewirkt hat, so daß die neuzeitliche Geschichte der Naturwissenschaft oft als die Geschichte der Befreiung der für objektiv und religionsunabhängig gehaltenen Naturwissenschaft von der theologischen Bevormundung mißverstanden wird.

6.4.6 Die Verallgemeinerung des Religionsbegriffes und seine Anwendung auf die Orientierungsproblematik unserer Zeit

Die historische Entwicklung des Menschseins hat heute zu einer Lage geführt, in der keine der überlieferten Konfessionen und mithin keine Religion der Gemeinschaft mehr auf redliche Weise einen Anspruch auf Allgemeingültigkeit stellen kann, weil die konfessionellen religiösen Inhalte nicht mehr oder nicht mehr in der nötigen Konformität geglaubt werden. Dies hat zur Folge, daß auch keine Metaphysik mehr als allgemeingültig anerkannt wird, es sei denn die Metametaphysik der Historizität des Menschseins oder wie Hübner sagt,

---

132 Vgl. Paul Feyerabend, *Wider den Methodenzwang*, 5. Aufl., Suhrkamp, Frankfurt/M. 1995, Kap. 14, S. 206ff.

die Metametaphysik von der Aspekthaftigkeit der Wirklichkeit.[133] Entsprechend ist auch die hier dargestellte Auffassung vom Zusammenhang der Religion des Einzelnen und seiner Metaphysik eine Metatheorie über die sinnstiftenden Zusammenhänge, die dem Menschen Orientierung liefern und die ich darum die *tragenden Zusammenhänge* nenne.

Die philosophische Einsicht, daß die Begründungsendpunkte von Erkenntnistheorien und Ethiken grundsätzlich nicht mehr allgemeingültig ableitbar sind, weder durch göttliche Offenbarung noch durch menschliche Scharfsinnigkeit, führt dazu, daß der Ort der Entscheidungsinstanz über die Akzeptanz von letzten Gründen nur im einzelnen Menschen angenommen werden kann. Gemeinsame Begründungen lassen sich nur auf Gemeinsamkeiten von individuellen Setzungen stützen, die das Nadelöhr der individuellen Entscheidung passiert haben. Dies ist der Grundgedanke der demokratischen Staatsform im jetzigen Deutschland. Er wird im Art. 1 des Grundgesetzes durch die Unantastbarkeit der Würde des Menschen ausgedrückt. Wenn wir unter der Würde des Menschen mit Kant die Sinn- und Wertsetzungskompetenz des Menschen verstehen, dann wird dem Menschen mit seiner Entscheidungsfähigkeit zugleich auch die Verantwortbarkeit seiner Entscheidungen zugemutet. Und die Situation, in der einst Martin Luther, Galileo Galilei oder Giordano Bruno standen, in der sie sich nur auf ihre eigene religiöse Überzeugung stützen konnten, um ihre eigene Identität zu wahren, tritt nun massenhaft auf. Darum ist es geboten, den Religionsbegriff so zu verallgemeinern, wie es hier mit dem Begriff der Religion des Einzelnen geschehen ist. Damit ist Religiosität nicht nur eine zufällige Begabung wie die der Musikalität, sondern

Religiosität ist eine grundlegende menschliche Eigenschaft. Sie ist die Fähigkeit zur Religion, durch die der Einzelne sein Leben sinnerfüllt gestalten kann.

Die Feststellung, daß die Menschen seit dem Beginn des Zerfalls des Mythos ihre Sinnfragen durch Religionen beantwortet haben, liefert einen weiteren Grund dafür, die Begriffe der Religiosität und Religion zu entkonfessionalisieren, um sie zur Kennzeichnung von Wesensmerkmalen des Menschen und seiner spezifischen Lebensproblematik verwendbar zu machen.

Die Religionsphilosophie kann sich damit nicht mehr als bloße Fachphilosophie begreifen, wie es etwa Musik-, Sport- oder Technikphilosophie sein mögen. Die Religionsphilosophie bekommt mit der Einsicht, daß es religiöse Inhalte sind, die die Metaphysik der Erkenntnis vom Sein und die Metaphysik der Erkenntnis vom Wollen und Sollen begründen, die Bedeutung, die einst die Theologie für die Philosophie besaß, nur mit dem Unterschied, daß mit der Religionsphilosophie keine normativen Ansprüche mehr verbunden werden können. Die Religionsphilosophie kann aber durch Analyse des Religionsbegriffes und über die Darstellung seiner historischen Gewordenheit die Orientierungsproblematik unserer Zeit erheblich aufhellen und mögliche Lösungswege aufzeigen.

---

133 Vgl. Kurt Hübner, Die Metaphysik und der Baum der Erkenntnis, in: Dieter Henrich und Rolf-Peter Horstmann (Hg.), *Metaphysik nach Kant?*, Stuttgart 1988.

Wenn der Einzelne durch religionsphilosophische Analysen, wie ich sie hier angedeutet habe, die selbstverantwortliche Aufgabe erkennt, die eigenen religiösen Inhalte, von denen er überzeugt ist, zu bestimmen, dann halte ich es für hilfreich, ein System von Fragen anzugeben, das als ein Leitfaden zur Bewältigung dieser Aufgabe dienlich sein kann.

Dies gilt insbesondere für Wissenschaftler, die sich darüber klar werden wollen, welche Festsetzungen wissenschaftlichen Arbeitens sie selbst vertreten können und welche nicht. Denn wenn die nach Hübner zum wissenschaftlichen Arbeiten notwendigen Festsetzungen weitgehend historisch tradiert sind, dann können sie durch religiöse Überzeugungen begründet worden sein, die nicht mehr mit den religiösen Überzeugungen heutiger Wissenschaftler übereinstimmen. Dabei muß gewiß bedacht werden, daß es durchaus möglich ist, von verschiedenen religiösen Inhalten zu gleichen metaphysischen und mithin wissenschaftskonstituierenden Auffassungen zu kommen. Aber das wird für den einzelnen Wissenschaftler erst entscheidbar, wenn er sich über seine religiösen Überzeugungen klar genug geworden ist.

Wenn es gar um die Aufstellung neuer Ethiken geht, die heute allerorten gefordert werden, dann ist es von außerordentlicher Bedeutung, die hier aufgezeigte Basis aller ethischen Argumentationen, die nur in den religiösen Überzeugungen der einzelnen Bürgerinnen und Bürger festgemacht gemacht werden können, sorgsam zu beachten.

Um so wichtiger wird die Beantwortung der Frage: Wie lassen sich die religiösen Inhalte für den Einzelnen bestimmen? Als Leitfaden dazu soll eine Klassifikation religiöser Inhalte dienen, die sich aus der Analyse des Begriffs sinnvoller Handlungen in Anlehnung an die Kantsche transzendentale Methodik ergibt.

6.4.7 Ein Leitfaden zum Auffinden eigener religiöser Inhalte

Der Zusammenhang zwischen sinnvollen Handlungen und dem hier erweiterten Religionsbegriff läßt sich in Kantischer Sprechweise so formulieren:

Religion ist die Bedingung der Möglichkeit für sinnvolles Handeln.

Da der Sinn einer Handlung durch die Zurückführbarkeit ihrer Begründungen auf die religiösen Inhalte bestimmt ist, muß diese Ableitungsbeziehung auch zwischen den möglichen Formen von Gründen für sinnvolle Handlungen bestehen. Dieser Zusammenhang ist ganz analog zu demjenigen zu denken, den Kant zwischen den möglichen Urteilsformen und den reinen Verstandesformen annimmt. Kant ist davon überzeugt, daß in jedem bewußten Wesen reine Formen der Erkenntnis vorhanden sind. Da diese reinen Formen alle Erkenntnisse der Form nach bestimmen müssen, so ist für Kant die Klassifikation aller möglichen Urteile, die zugleich alle möglichen Erkenntnisformen enthalten, der Leitfaden zum Auffinden der reinen Verstandesformen, der Kategorien.[134]

Wenn es dementsprechend gelänge, aus der Definition des Sinnbegriffs die möglichen Formen von Begründungen für sinnvolle Handlungen anzugeben, die bei der Begründung

---

134 Vgl. Wolfgang Deppert, Gibt es einen Erkenntnisweg Kants, der noch immer zukunftsweisend ist?, Vortrag auf dem Philosophenkongreß 1990 in Hamburg.

jeder sinnvollen Handlung auftreten müssen, dann sollten sich daraus die möglichen Formen der tragenden Zusammenhänge, d.h., der religiösen Inhalte ablesen lassen.

Die Gesamtheit der Gründe einer sinnvollen Handlung läßt sich wie folgt gliedern:

- Die Gründe, die den Zustand bestimmen, in dem sich der Handelnde befindet,
- die Gründe, durch die verständlich wird, was bestimmte Handlungen bewirken werden, d.h., wie und wodurch sich der Zustand verändern läßt,
- die Gründe, durch die der Handelnde die Bewertung der Zustände vornimmt, die er durch bestimmte Handlungen erreichen kann,
- die Gründe, durch die er aus den verschiedenen Bewertungen eine auswählt, durch die das Entscheidungsproblem für eine sinnvolle Handlung gelöst wird und
- die Gründe, die schließlich zur Ausführung der durch die Entscheidung bestimmten Handlung führen.

Da jede Handlung einen gegebenen Zustand in einen anderen, gewollten Zustand überführen soll, werden im Sinnbegriff Bestimmungen des Seins und des Sollens miteinander vermischt. Aufgrund des Hume'schen Gesetzes der Sein-Sollen-Dichotomie erweist es sich, daß der Sinnbegriff einem begrifflichen Bereich angehört, in dem sich Seins- und Sollensbegriffe miteinander verbinden.[135] Zur Erfüllung des Sinnbegriffs müssen das Sein des Ist-Zustandes, das mögliche Sein des Soll-Zustandes und das Sein des Wirkenden bestimmt werden, das den Ist-Zustand in den Soll-Zustand überführen kann. Ferner sind durch den Sollens-Bereich die verschiedenen Seins-Zustände und deren Überführbarkeit zu bewerten, wobei die Bewertungen der möglichen Sollzustände und der möglichen Wege dahin so zu ordnen sind, daß eine eindeutige Entscheidung möglich wird. Die Verbindung zwischen Seins- und Sollensvorstellungen bringt schließlich die Bestimmung hervor, wodurch die Handlung, für die die Entscheidung gefallen ist, ausgeführt werden soll. Die Klassifizierung der Gründe einer sinnvollen Handlung gibt darum auch Aufschluß über die verschiedenen Formen religiöser Inhalte, aus denen der Einzelne seine metaphysischen Bestimmungen über seine mögliche Erkenntnis des Seins und des Sollens oder Wollens ableiten kann.

Die fünf Gründe, die eine sinnvolle Handlung bestimmen, einerlei ob sich der Handelnde derer bewußt ist oder nicht, führen zu folgendem System von Fragen, durch die der Handelnde sich seine Gründe bewußt machen kann. Um eine sinnvolle Handlung ausführen zu können, bedarf es jedenfalls der bewußten oder unbewußten Beantwortung folgender fünf Fragen:

---

135 David Hume hat klar gemacht, daß man aus der Beschreibung des Seins keine Kriterien für ein Sollen gewinnen kann. Das erste Mal hat er die Sein-Sollen-Dichotomie 1740 beschrieben, die später als das Humesche Gesetz bezeichnet worden ist. Hume, D. (1740), *A Treatise of Human Nature: Being an Attempt to introduce the experimental Method of Reasoning into Moral Subjects*, Buch III, *Of Morals*, London.

1. Was ist das Gegebene, d. h., was existiert in welchen Existenzformen?
2. Was von dem Gegebenen ist das Wirkende und wie wirkt es?
3. Was von dem Gegebenen und von dem Wirkenden ist das Bewertende und wie wird bewertet?
4. Wodurch fällt die Entscheidung?
5. Wodurch wird das Ergebnis der Entscheidung verwirklicht?

Da jedes Problem von der Art ist, daß ein Ist-Zustand in einen Sollzustand zu überführen ist, wobei nur unklar ist, wie dies geschehen kann, ist die Beantwortung dieser fünf Fragestellungen konstitutiv für alle Entscheidungen des Menschen. Im Falle der Grundlegung aller möglichen Sinnfragen nenne ich sie die fünf *religiösen Grundfragen*. Die Antworten werden aus drei Formen oder Bereichen religiöser Inhalte bestimmt, die sich im Laufe des Lebens unbewußt oder bewußt herausbilden und die ich als *den religiösen Glauben*, als *das religiöse Grundgefühl* und als *den religiösen Geborgenheitsraum* bezeichne.

6.4.8 Drei Bereiche oder Formen religiöser Inhalte

Der *religiöse Glaube* bestimmt, was es in den verschiedenen Existenzformen gibt, d.h., was als das Gegebene angesehen wird und wie es gegeben ist. So etwas grundlegend Gegebenes liegt z.B. bei der Beantwortung der Fragen vor, ob es einen oder mehrere Götter oder gar keine selbständige Existenzform von Göttern gibt, so daß Gottesvorstellungen nur in Gedanken existieren, oder der Frage nach den Existenzformen von Materie, Naturgesetzen, Gefühlen, Gedanken u.s.w. *Der religiöse Glaube legt die möglichen Formen und Inhalte des Gegebenen fest* und bestimmt somit die ontologische Metaphysik. Das *religiöse Grundgefühl* oder die *religiöse Grundeinstellung* oder *Grundstimmung* erzeugt unsere Überzeugung von der Wirkung, die das Gegebene auf uns ausübt oder die wir auf das Gegebene ausüben können, so etwa die Vorstellung, daß alles Geschehen in Gottes Hand läge oder daß alles Geschehen naturgesetzlich bedingt sei oder daß der Mensch bestimmte Möglichkeiten habe, in das Geschehen einzugreifen oder daß es ein Wechselspiel von Wirken und Bewirktwerden gäbe, schließlich auch die Überzeugung davon, wie wir selbst zu unseren religiösen Aussagen kommen, durch göttliche Offenbarung oder durch eigenes Bemühen. Das Wirkende ist dabei stets so definiert, daß es Existenzformen verändert. *Durch das religiöse Grundgefühl wird aus dem Gegebenen das Wirkende bestimmt.* Der religiöse Glaube und das religiöse Grundgefühl bestimmen die metaphysischen Erkenntnisformen über das Sein. *Der religiöse Geborgenheitsraum gestattet uns, das Gegebene, das Wirkende und das Zu-Bewirkende zu bewerten* und dadurch Ziele, Zwecke und Werte zu setzen und Entscheidungen zu akzeptieren oder selbst zu fällen. Im religiösen Geborgenheitsraum liegt somit die Erkenntnisquelle vom Wollen und Sollen.

Es kann hier nicht näher auf die Frage eingegangen werden, wie sich die Inhalte des religiösen Glaubens und Grundgefühls bilden und wie der religiöse Geborgenheitsraum entsteht, da alle Auffassungen darüber bereits von bestimmten religiösen Vorstellungen abhängig sind. Auch soll hier noch nicht entschieden werden, ob diese drei Bereiche als religiöse Kategorien bezeichnet werden können. Das muß erst die Diskussion des vorgelegten religionsphilosophischen Modells zeigen und viele eingehende Untersuchungen, die ich auf dem Gebiet der theoretischen und der praktischen Philosophie hiermit anregen möchte.

6.5   Anhang 5

Vom Möglichen und etwas mehr

begonnen am 16. Mai 2017

Inhalt:

6.5.0   Bevor das Mögliche gedacht werden konnte

Wenn wir heute denken, daß die Menschen aus dem Tierreich stammen und daß alles Leben aus der Materie in Form von Atomen und Molekülen entstanden ist, dann muß offenbar die Möglichkeit dazu, in der Materie enthalten gewesen und noch immer vorhanden sein. Bis wir Menschen aber so etwas denken konnten, muß schon eine kaum übersehbare Menge an Strukturbildungen der Materie, d.h. an Materieverbindungen, in der Evolution des Tierreichs bis hin zum Menschen stattgefunden haben.

Da Lebewesen als offene Systeme mit einem Existenzproblem zu begreifen sind, das sie eine Zeit lang überwinden können, hat sich im Laufe der biologischen Evolution in den Lebewesen des Tierreichs eine Sicherheits- und Steuerungsorganisation ausgebildet, die wir heute das Gehirn der Tiere oder auch das Gehirn der Menschen nennen. Die zur Lösung der Existenzproblematik notwendigen fünf Überlebensfunktionen der Wahrnehmung, der Erkenntnis, der Maßnahmenbereitstellung, der Maßnahmedurchführung und der Energiebereitstellung müssen im Gehirn sehr zuverlässig miteinander verkoppelt sein, um Gefahren bisweilen auch sehr kurzfristig bewältigen zu können. Die dazu nötige *Verkopplungsorganisation* der Überlebensfunktionen läßt sich als das Bewußtsein der Tiere beziehungsweise der Menschen identifizieren. Die stets tätige Verkopplungsorganisation ist als sogenanntes integrierendes Bewußtsein, das von Psychologen gern als das Unbewußte bezeichnet wird, vom wachen Bewußtsein, das an die Gegenwart der äußeren Wirklichkeit ankoppelt, zu unterscheiden. Im Gehirn läuft die übergroße Fülle von Impulsen der Überlebensfunktionen über die Nervenenden unserer Sinnesorgane zusammen, so daß das integrierende Bewußtsein unentwegt tätig ist, ohne daß dieses neuronale Geschehen in Form von Gedanken in einem Wachbewußtsein wahrnehmbar ist.

Das Denken der Menschen ist schon von frühesten Zeiten her so verlaufen, daß die Gedanken Verbindungen von etwas anderem ebenfalls durch Gedanken Verbundenem darstellen. Die allerersten Gedanken, die von den Gehirnen als durch biologische Evolution entstandenen Sicherheitsorganen gedacht wurden, mußten von der Art sein, daß sie eine Gedankenverbindung von größtmöglicher Verläßlichkeit darstellten. Diese Verläßlichkeit besitzen aber nur ganzheitliche Strukturen, so daß das Gedachte in den Zeiten, in denen sich das Verstandeswesen Mensch erst allmählich herangebildet hat, stets einen ganzheitlichen Charakter besitzen mußte. Die intuitiv benutzten Begrifflichkeiten sind darum von ganzheitlicher Art, wovon die Begriffspaare die einfachsten ganzheitlichen Begriffssysteme sind. Die Voraussetzung dazu ist, daß sich in der Menschheitsentwicklung bereits die sprachliche Kommunikationsform in allereinfachsten Formen herangebildet hat, die offenbar als Zustimmung oder Ablehnung (ja-nein) auftreten, wie sie bereits mit der visuellen Kommunikationsform des Kopfnickens und des Kopsschüttelns gegeben sind.

Derartige erste Denkformen sind beherrschend für das menschliche Denken in der Zeit des Mythos zu finden, in der die durch die biologische Evolution entstandenen Gehirne als Sicherheitsorgane, ganz enorme Vereinfachungsleistungen zur Bewältigung der Informationsflut erbracht haben, die ihnen über die Nerven der Sinnesorgane ungebremst zugeflossen sind. Ähnliche Sinnesreize wurden zu Gebieten zusammengefaßt und ihnen eine Gebieterin oder ein Gebieter beigefügt, die später als Göttinnen oder Götter bezeichnet wurden, wodurch die von Kindesbeinen an erlebten verschiedenen Erfahrungsgebiete mit dem Begriffspaar <weiblich - männlich> unterschieden wurden. Entsprechendes gilt für die Begriffspaare <hell – dunkel>, <oben – unten>, <warm – kalt> oder auch <lebendig – tot> u.s.w. Für die dazu passenden Erfahrungsbereiche erfanden die menschlichen Gehirne Gottheiten, die unsterblich waren, weil auch die Gebiete, in denen sie als Gebieter herrschten, unvergänglich waren. Dadurch aber lebten die Menschen in mythischer Zeit in einer zyklischen Bewußtseinsform, nach der von Ewigkeit zu Ewigkeit immer das Gleiche geschah, so daß die Zukunft sich nicht von der Vergangenheit unterschied. In einer solchen Bewußtseinsform konnte die Denkform des Möglichen noch nicht auftreten; denn das Mögliche war immer auch zugleich das Wirkliche, sei es auch im Zeitmodus der Gegenwart, der Vergangenheit oder auch der Zukunft. In dieser Bewußtseinsform fällt auch das Einzelne und das Allgemeine stets zusammen.

Erst durch die Erfahrung, daß es Jahre der Dürre gibt, für die aus Gründen der Überlebenssicherung Vorsorge zu treffen ist, stellten die Gehirne aufgrund ihrer Sicherheitsfunktion die zyklische Zeit-Bewußtseinsform einer geschlossenen Zeitvorstellung um in eine Bewußtseinsform eines offenen Zeitverlaufs, in dem die Zukunft nicht mehr gleich der Vergangenheit ist. Dadurch zerbrach die paradiesische Zeit des Mythos und es traten Zukunftsängste auf, die durch die Gewinnung von Erkenntnissen zu überwinden waren, so wie dies im Mythos vom sogenannten Sündenfall und der Vertreibung aus dem Paradies in der Genesis beschrieben ist. Erst durch die mit der offenen Zeitvorstellung verbundene Unsicherheit des Lebensvollzugs konnte der Begriff des Möglichen aufkommen; denn durch die Erkenntnisgewinnung entstanden Einsichten über die möglichen Witterungsverhältnisse, auf die man sich rechtzeitig einzustellen hatte. Aber diese Denkform des Möglichen ist mit der Erkenntnis noch nicht direkt gemeint, die durch das verbotene Essen vom Baum der Erkenntnis im Paradies gewonnen wird. Damit kommt lediglich die Unterscheidung von lebensfreundlichen und lebensfeindlichen Umständen auf, die Unterscheidungsfähigkeit von *gut und böse*, welches wieder ein Begriffspaar ist, dem aber nun keine Gottheiten mehr zugewiesen werden, es sei denn mit den guten Engeln und dem bösen Teufel.

6.5.1   Das historisch erste Auftreten der Vorstellungen von etwas Möglichem

Obwohl der griechische Dichterphilosoph Hesiod noch ganz den mythischen Denkformen verhaftet ist, stellt er mit seiner Theogonie eine Abstammungslehre von den Gottheiten dar, die schon deutliche Züge einer aufkommenden offenen Zeitvorstellung trägt, denn das Entstehen der griechischen Götterwelt wird in einem Nacheinander dargestellt. So beginnt er mit folgender Behauptung
(Hesiod, Theogonie, 119-122):

„Wahrlich, als erstes ist Chaos entstanden, doch wenig nur später Gaia, mit breiten Brüsten, aller Unsterblichen ewig sicherer Sitz, der Bewohner des schneebedeckten Olympos, dunstig Tartaros dann im Schoß der geräumigen Erde (chtonos = Erdreich), wie auch Eros, der schönste im Kreis der unsterblichen Götter: Gliederlösend bezwingt er allen Göttern und allen Menschen den Sinn in der Brust und besonnen planendes Denken."[136]

Es sind eigenwilligerweise vier Gottheiten, mit denen Hesiod beginnt, wobei auch diese noch in eine Reihenfolge gestellt sind. Er läßt das Ganze mit dem Gott Chaos beginnen. Hier spricht Hesiod nur von einem ersten und einem nachfolgenden Entstehen. Dabei ist nicht davon auszugehen, daß etwa die Erde Gaia oder Tartaros und Eros aus dem Chaos entstanden wären. Sie entstehen in einer quasi logischen Reihenfolge, wobei nicht gesagt ist, woraus sie entstünden, da sie selbst den Anfang für weitere Abfolgen darstellen. Betont wird lediglich, daß Chaos das erste sei, was in einem Aufbau der Götterwelt zu denken ist. Interessant ist festzustellen, daß von den vier Urgottheiten, *eine* sächlich (Chaos), *eine* weiblich (Gaia) und *zwei* männlich (Tartaros und Eros) sind. Was bewirken diese vier Urgottheiten?

Der sächliche Gott Chaos ist nur entfernt mit unserer heutigen Vorstellung von Chaos verwandt, wenn wir mit Chaos etwas vollständig Ungeordnetes verstehen, obwohl schon Platon das Wort ‚Chaos' in dieser Richtung verwendete. Chaos bedeutet ursprünglich Kluft und heißt hier etwas unermeßlich Leeres. Chaos hängt etymologisch mit unserem

---

136   Vgl. Hesiod, *Theogonie, Werke und Tage*, Griechisch-deutsch, herausgegeben und übersetzt von Albert von Schirnding, Artemis&Winkler Verlag, München 1991, S.15. Capelle übersetzt diese Stelle: „Zuerst von allem entstand das Chaos, dann aber die breitbrüstige Gaia, der ewig feste Halt für alle Dinge, und der dunkle Tartaros im Innern der breitstraßigen Erde, und Eros, der schönste unter den unsterblichen Göttern, er, der, gliederlösend, in allen Göttern und Menschen den klaren Verstand und vernünftigen Willen in der Brust überwältigt." (Capelle 1968, S.27), euruodeia sollte man eher mit ‚weiträumig' übersetzen.

Wort ‚Gaumen' zusammen, das ursprünglich etwas Klaffendes bedeutet. Chaos könnte
also als etwas wie ein offener Rachen verstanden werden, zumal im Altgriechischen die
Konsonantenkombination ‚ch' etwa so ausgesprochen wurde wie das ‚ch' in unserem deutschen Wort ‚Rachen'. Das altgriechische Wort ‚Chaos' weist somit auf etwas hin, wo etwas
sein könnte, aber nichts ist: Eine Art allgemeinster Raumidee als *Möglichkeitsraum*. Das
Mögliche kann für uns heute nur die *Existenzform des Denkbaren* haben; denn es tritt
nicht in der sinnlich wahrnehmbaren Welt in Erscheinung. Darum ist der Möglichkeitsraum des Hesiodschen Chaos die Vorform der geistigen Vorstellungswelt. Und so, wie für
die Menschen heute der geistige Vorstellungsraum die Quelle aller geplanten menschlichen Unternehmungen und Erzeugnisse ist, so ist für Hesiod das Chaos der ursprüng-
lichste Gott, der vor Gaia und vor Eros da ist und der allem andern göttlichen Geschehen
vorausgeht.

Gewiß darf man nicht meinen, daß Gaia diesen Raum voll ausfüllte. Neben ihr existiert
das Chaos fort; denn nach Hesiod gebiert das Chaos als Nächstes in der Reihenfolge das
Reich der Finsternis, das aus Erebos und der schwarzen Nacht (Nyx) besteht. Und im Vers
814 der Theogonie berichtet Hesiod, daß „das Titanengeschlecht noch jenseits des düste-
ren Chaos" hause. Das Chaos ist der Quell der dunklen Nachtsubstanz, des Ungeformten,
indem es die einzigen direkten Nachkommen den männlichen Gott Erebos (Finsternis)
und die Göttin Nyx hat. Sonderbarerweise wird die Göttin des Tages Hemera und der Gott
des Himmelsblau Äther (Aither) durch Nyx geboren, nachdem sie sich mit ihrem Bruder
Erebos „liebend vereinigt" hatte (Hesiod, Theogonie, 125). Wir mögen darin ein Gleichnis
dafür erblicken, daß auch unsere eigene geistige Welt für uns weitgehend dunkel ist, daß
aber dennoch aus ihr unsre klaren Vorstellungen in unser Bewußtsein treten.

In der weiteren Nachfolge vermehrt sich von den Urgottheiten nur Gaia. Eros hat gar
keine Nachkommen und Tartaros läßt sich einmal mit Gaia ein (822). Den Nachkömmling
des Tartaros, Typheus, aber vernichtete Zeus ähnlich wie zuvor die Titanen, die Zeus so
wie Typheus in den Tartaros verdammte. Dem Gott der Finsternis und des Todes; Tartaros
war es nicht gestattet, weitere Nachkommen zu haben. Der Sieg des Lebens über das Reich
des Todes ist hier durch Hesiod in mythischer Form klar dargestellt.

Es gibt nach Hesiod zwei Grundsubstanzen: die aus dem Chaos und die aus Gaia stammenden Götter. Während das Chaos für die Modalität der Möglichkeit zu stehen scheint,
so läßt sich die Erdsubstanz mit der Modalität des Daseins in Verbindung bringen. Die
durch das Chaos bestimmte mythische Substanz möge als *Möglichkeitssubstanz* bezeichnet werden, während die durch Gaia bestimmte mythische Substanz *Realsubstanz* genannt
sei. Das Wirkende aber scheint durch Eros gegeben zu sein. Erst durch die Anwesenheit
von Eros kann das Chaos Erebos und Nyx gebären und Gaia den Himmel Uranos. Eros
selbst vermehrt sich nicht, weil er das vermehrende, das verändernde Prinzip selber ist.

Eros ist die *Wirksubstanz* und hat damit einen noch höheren Grad von Ewigkeit als die
anderen Götter; denn er ist das schöpferische oder wie ich auch gern sage, das *zusammenhangstiftende Prinzip*. Freilich kann auch ein solches Prinzip nicht im Unmöglichen tätig
sein. Darum geht der Möglichkeitsraum, das Chaos, dem schöpferischen, dem erotischen
Prinzip voraus. Dieses kann nur dann wirksam werden, wenn schon etwas da ist, auf das

es einwirken kann. Man kann Gaia und Tartaros zusammenfassen und sie das *Vorhandene* oder das *Wirkliche* nennen; denn nach Hesiod befindet sich Tartaros innerhalb von Gaia. Tut man das, dann bilden die Urgottheiten Hesiods ein ganzheitliches Begriffssystem aus drei Elementen, ein Begriffstripel aus.

Das Begriffstripel (Mögliches (Chaos), Wirkliches (Gaia + Tartaros), Verwirklichendes (Eros)) ist tatsächlich ein ganzheitliches Begriffssystem, weil sich die drei Elemente des Möglichen, Wirklichen und des Verwirklichenden gegenseitig bedingen.; denn das Mögliche ist dadurch bestimmt, daß es wirklich werden kann, ist also durch das Verwirklichende und das Wirkliche bestimmt. Das Wirkliche muß möglich und verwirklicht sein, und das Verwirklichende bedarf des Möglichen und des Wirklichen, um etwas zu verwirklichen.

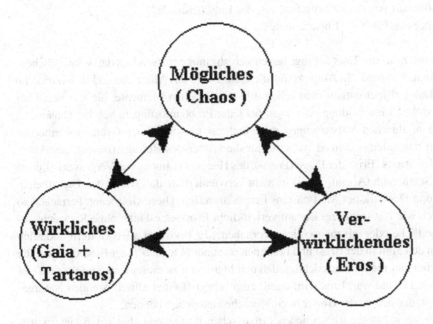

Abb. 2   Hesiods Urtripel

Auch wenn von Hesiod mit der Erschaffung dieses Urtripels das Mögliche nur intutiv gedacht hat, so haben seine Arbeiten doch fortgewirkt auf das Denken der nach ihm weiter denkenden sogenannten Vorsokratiker, die eine Fülle von neuen Denkmöglichkeiten hervorgebracht haben, durch welche wieder auf ganz intuitive Weise der erst viel später von Cicero herausgearbeitete Religionsbegriff entstanden ist, weil sich für die Vorsokratiker die Notwendigkeit ergab, die Verwirklichung der neuen Denkmöglichkeiten hinsichtlich ihrer lebensfreundlichen Brauchbarkeit abzusichern.

6.5.2 Zur Existenzproblematik des Möglichen

Das Begriffstripel Hesiods, welches seiner grundlegenden Bedeutung wegen als *Urtripel* bezeichnet wird, faßt bereits die heutige Lebensproblematik der Menschen zusammen, die im Ausführen von sinnvollen Handlungen besteht. Wenn wir eine sinnvolle Handlung ausführen wollen, dann müssen wir – bewußt oder unbewußt – folgende fünf Fragen beantworten:

1. Was ist das Gegebene und wie ist es gegeben?
2. Was von dem Gegebenen ist das Wirkende?
3. Was von dem Wirkenden ist das Bewertende?
4. Wer oder was von dem Bewertenden ist das Entscheidende?
5. Wer oder was führt die Entscheidung aus?

Die Antworten auf die 2. bis 5. Frage lassen sich zusammenfassend als das Verwirklichende auffassen, während die Antwort auf die erste Frage das Mögliche und das Wirkliche betrifft. Das Urtripel enthält also schon alle wesentlichen Elemente, die wir heute bei jeder sinnvollen Entscheidung oder sogar bei jeder Problemlösung zu beachten haben.

Da die mythischen Vorstellungen ganz und gar personifizierte Grundprobleme des Menschen darstellen – denken wir etwa an die Götter des Betrugs (Apate), des Alters (Geras), des Streits (Eris), der Plage (Ponos), des Hungers (Limos), des Vergessens (Lethe) oder der Schmerzen (Algea) - so ist es nicht verwunderlich, daß wir in den Urgottheiten die Grundproblematik des Menschseins bereits antreffen. Diese Gottheiten herrschen so unerbittlich wie Naturgesetze. Darum verwirklicht Eros seine Pläne ohne Rücksicht sogar auf göttliche oder gar menschliche Vorhaben. „Er bezwingt allen Göttern und allen Menschen den Sinn in der Brust und besonnen planendes Denken", sagt Hesiod, wobei die Übersetzung hier nicht berücksichtigt, daß den Menschen zu dieser Zeit ein selbständiges Denken noch fremd war. Eros wird damit zum Inbegriff einer allumfassenden Naturgesetzlichkeit, der sich weder Götter noch Menschen entziehen können.

Auch wenn wir heute wegen unseres inzwischen weitgehend abgelegten Unterwürfigkeitsbewußtseins nicht mehr an persönliche Götter glauben können, so bringt uns doch das genauere Nachdenken über das Mögliche erneut in Problemlagen, über die Theologen in ihrem Gottesglauben wieder Mut fassen könnten. Denn bestimmte Probleme in der Quantenmechanik bekommen wir nur in den Griff, wenn wir uns erlauben, neben der äußeren Wirklichkeit noch eine innere Wirklichkeit von Systemen zu definieren, welche gerade aus der Menge der möglichen Zustände dieser Systeme besteht. Diese inneren Wirklichkeiten sind von der Art, daß sie nicht mit Hilfe unserer Sinne wahrnehmbar sind, da sie ja nicht der äußeren und das heißt zugleich auch nicht der sinnlich wahrnehmbaren Wirklichkeit angehören. Wir können diese inneren Wirklichkeiten nur denken oder bei quantenphysikalischen Systemen mit Hilfe von Schrödingergleichungen dieser Systeme sogar berechnen. So liefert die quadrierte Lösung der Schrödingergleichung eines bestimmten quantenphysikalischen Systems sogar die Wahrscheinlichkeitsverteilung von

Meßergebnissen, die wir an diesem System vornehmen können, d.h. die Lösung der Schrödingergleichung liefert uns eine Information über die Realisierungsgrade der möglichen Zustände dieses Systems, d.h., die verschiedenen Zustände des Systems besitzen Möglichkeitsgrade ihrer Realisierung, die sich über die Losung der Schrödingergleichung sogar berechnen lassen. Dann aber müssen ja wohl diese Möglichkeitsgrade der Systemzustände auch vorhanden sein, aber bloß wo? In der sinnlich-wahrnehmbaren Wirklichkeit sind sie ja wohl nicht enthalten; denn dann müßten sie sich direkt wahrnehmen und messen lassen.

Wenn aber Möglichkeiten grundsätzlich nur gedacht werden können, dann können sie ja wohl nur deshalb vorhanden sein, weil sie in irgend einer Weise gedacht werden. Nun besteht unser gesamtes Universum aus einer unübersehbaren Menge von Systemen, die durch ihre inneren Wirklichkeiten, die Möglichkeiten zu den ebenso unübersehbar vielen Veränderungen in der Welt liefern. Und bei diesem Gedanken werden die Theologen frohlocken; denn könnte es denn nicht nur der allmächtige Schöpfergott sein, der die inneren Wirklichkeiten der Systeme denkt, die er alle geschaffen hat? Ist das etwa ein neuer Gottesbeweis, an den Kant allerdings noch nicht gedacht hat?

Suchen wir zur Lösung der Denkbarkeit von etwas nach etwas anderem, das die inneren Wirklichkeiten der mannigfaltigen Systeme in der Welt denken kann und auch denkt, damit es sie auch in einem Denken gibt. Der erste, der dazu eine Denkmöglichkeit vorbereitet hat, scheint Giordano Bruno mit seiner Vorstellung vom Göttlichen gewesen zu sein, was in allem auch im denkenden Menschen wirksam ist. Für Descartes war dies vermutlich aber noch zu schnell gedacht; denn für ihn war es in seiner 6. Meditation klar, daß man das sinnlich Wahrnehmbare vom geistigen Bereich trennen müsse, was er meinte, durch die Einführung von zwei grundsätzlich voneinander getrennten Substanzen, sicherstellen zu können, durch die res extensa (die ausgedehnte Substanz) und durch die res cogitans (die denkende Substanz). Und da hat Descartes offenbar inzwischen auch an etwas gedacht, was denken kann, aber deshalb keine Person sein muß, wenngleich er dennoch diese beiden Substanzen in seinem allervollkommensten Wesen vereinigt sehen wollte, welches freilich doch wieder ein persönlicher Gott war, der allerdings bereits gewisse pantheistische Züge hatte, so daß Newton wieder ca. 50 Jahre später den Weltenraum als das Sensorium Gottes begriff, durch das er mit seiner denkenden Substanz an allen Orten des Universums zugleich sein konnte. Das pantheistische Göttliche wurde dann etwa 100 Jahre später von Goethe und Schiller in ihrer eigenen Kreativität so stark erlebt, daß sie es dichterisch verehrten, etwa wenn Goethe sagt:

"Was wär ein Gott, der nur von außen stieße, Im Kreis das All am Finger laufen ließe! Ihm ziemts, die Welt im Innern zu bewegen, Natur in Sich, Sich in Natur zu hegen, So daß, was in Ihm lebt und webt und ist, Nie Seine Kraft, nie Seinen Geist vermißt."[137]

---

137 Aus dem Gedicht ‚Proömion' In: Goethes Werke, herausgg. von Heinrich Kurz, 1. Band, Leipzig, Verlag des Bibliographischen Instituts, S, 316

Diese erlebte eigene Göttlichkeit führt dann bei Friedrich Hölderlin in seinem Gedicht 'Menschenbeifall' zu einem ersten Anflug von Überheblichkeit, wenn er dort formuliert:

> An das Göttliche glauben die allein, die es selber sind.

Diese von ihm nur zart angedeutete Überheblichkeit führt dann bei Friedrich Hegel in die tödliche Falle des Absolutismus, welcher im Wissenschaftsglauben des Rassismus und des sogenannten wissenschaftlichen Marxismus-Leninismus bis heute unsägliches Leid über die Menschheit und die Natur gebracht hat. Dennoch liefert dies alles Zeugnis von dem nahezu allgewaltigen Denkvermögen, das in der Vorstellung vom Göttlichen mit enthalten ist, was eigentümlicherweise von englischen und amerikanischen Unitariern wie Thomas Paine, Ralf Waldo Emerson, Davis Jefferson, David Thoreau, Charles Darwin in den Relativismus der Kreativität überführt wurde, der sich vor allem aus der Beachtung der Entwicklungen in der biologischen und kulturellen Evolution herleitet, welche von ihnen mit dem Hinweis begründet wurden, daß alle Kreativität und damit die Einzigartigkeit allen Seins und aller Lebewesen einem inzwischen von allen Wissenschaften anzunehmendem Zusammenhangstiftenden entstammen, in dem sich das Sein selber denkt und alle Möglichkeiten zu Veränderungen schafft und das darum auch im Brunoschen Sinn als das Göttliche bezeichnet werden kann. Durch seine Zusammenhang stiftenden Funktionen werden im Göttlichen alle möglichen Zustände gedacht, wenn das Göttliche nicht durch Personifizierung eingeschränkt und verabsolutiert wird.

6.5.3 Zur Gefahr eines verabsolutierenden Glaubens ans Göttliche

Wenn sich nun in der Vorstellung eines in der gesamten Welt wirksamen Göttlichen nun die Antwort auf die Frage gefunden zu haben scheint, wodurch und wie das Mögliche jeder Art existiert, dann kommt doch damit der Verdacht auf, daß damit nun doch wieder etwas Absolutes gegeben sein könnte, das für alle Zeiten gilt und daß auf diese Weise doch wieder all die Gefahren womöglich nur in anderem Gewand wieder auftreten könnten, welche die Menschheit mit den Verabsolutierungen vergangener Zeiten durchlitten hat.

Tatsächlich wird das Loblied des Göttlichen nicht nur von mir gesungen, auch mein verehrter Kollege Volker Gerhardt hat vor kurzem ein sehr lesenswertes Buch dieser Thematik mit dem Titel gewidmet "Vom Sinn des Sinns – Versuch über das Göttliche"[138]. Allerdings räumt er noch die Möglichkeit zur Personifizierung des Göttlichen ein, was ich nach dem hier bereits Ausgeführten in der Tat für eine Gefahr zur Verabsolutierung halte. Diese Gefahr könnte auch in einer erneuerten Stärkung des zur Verabsolutierung neigenden Wissenschaftsglaubens bestehen, indem argumentiert wird, daß hier mit der Einführung eines in Allem wirkasamen Zusammenahngstiftenden, welches auch das Göttliche

---

138 Vgl. Volker Gerhardt, Der Sinn des Sinns – Versuch über das Göttliche, Beck Verlag, München 2017.

genannt werden kann, eine unveränderliche und mithin unbedingte Begründung für die Bedingungen der Möglichkeit von wissenschaftlicher Erkenntnis eigeführt worden sei, so daß dadurch den wissenschaftlichen Erkenntnissen eine göttliche und damit unveränderliche Verläßlichkeit zukomme.

Diese Argumentation geht allerdings von der Unveränderlichkeit des in seinen Eigenschaften gänzlich unbestimmten Zusammenhangstiftenden aus, was freilich nicht zulässig ist, weil die Unveränderlichkeit des Zusammenhangstiftenden in keiner Weise behauptet werden kann, da es sich bei der Vorstellung vom Zusammenhangstiftenden oder auch vom Göttlichen um keinen Begriff sondern um eine mythogene Idee handelt, die begrifflich nicht näher bestimmt werden kann, als daß es sich dabei um eine Vorstellungseinheit von Einzelnem und Allgemeinem handelt.

Durch die bislang ungelöste Problematik der mathematischen Beschreibung von ganzheitlichen Begriffssystemen und deren Verkopplungen insbesondere zum Beschreiben von lebenden Systemen, ist der ursprüngliche Wunschtraum der sogenannten KI, lebende, intelligente Lebewesen künstlich erzeugen zu können einstweilen ausgeträumt gewesen. Doch inzwischen ist insbesondere vor dem neuerlichen Aufkommen eines zur Verabsolutierung neigenden Wissenschaftsglaubens zu warnen, der sich nun in romanhaften Darstellungen der Bereiche der Informatik-Disziplin der künstlichen Intelligenz (KI) abspielt, und zwar sogar mit Phantasien dergestalt, man müsse Vorsorge treffen; denn die Möglichkeiten des Entstehens von eigenständig agierenden Maschinenmenschen mit künstlicher Intelligenz und künstlichem Lebenswillen müßten ins Auge gefaßt werden, weil sie für die biologischen Menschen zur Gefahr würden und sie von ihrer bisherigen Vormachtstellung vertreiben oder sie sogar zu vernichten drohen. Die Schreiberlinge solchen wissenschaftlichen Blödsinns werden aber durch den Unverstand der Medienvertreter von diesen derart hofiert und sogar zu Multimillionären gemacht. Dies ist tatsächlich nur vor dem Hintergrund eines inzwischen schon wieder weit verbreiteten Wissenschaftsglaubens verstehbar, dem auch die Medienvertreter erlegen sind und der nicht noch durch die hier dargestellten Zusammenhänge zu den mythogenen Ideen eines überall wirksamen Göttlichen verstärkt werden darf.

6.6   Anhang 6

Wolfgang Deppert (21. März 2011):

Liebe Freunde der Natur, des Menschengeschlechts und unserer immer noch schönen Erde,

die Bevölkerung ist in Deutschland in einen Zustand der ungebremsten Kettenreaktion einer hysterischen Angst vor den Gefahren der friedlichen Nutzung der Kernenergie geraten, obwohl die Verhältnisse in Japan nicht auf die in Deutschland übertragbar sind. Nun hat sogar unsere Regierung die Abschaltung von Reaktoren veranlaßt, die auf naturfreundlichste Weise Energie für unser Leben bereitgestellt haben. Das hätte nach sachgerechter Beurteilung der Lage nicht geschehen dürfen. Wie konnte es zu derartigen kurzsichtigen Aktionen kommen?

Trotz der äußerst beklagenswerten Geschehnisse in Japan, haben wir doch von der reaktorphysikalischen Seite sogar eine sehr erfreuliche Feststellung zu treffen: Der GAU, wie er in Tschernobyl stattgefunden hat, läßt sich nun mit 100%iger Sicherheit ausschließen. Der größte anzunehmende Unfall, der sich in Tschernobyl ereignete, war die Explosion des Reaktors aufgrund einer ungebremsten Kettenreaktion in den Brennelementen. Was dort geschah, war eine kleine Atombombenexplosion, „klein" deshalb, weil bei einer Atombombe der Zustand der ungebremsten Kettenreaktion gezielt verlängert wird, was freilich in Tschernobyl so nicht geschah. Die Reaktoren in Japan haben aufgrund ihres *negativen Reaktivitätskoeffizienten* lange vor der Knallgasexplosion die Kettenreaktion automatisch abgeschaltet. Darum ist die dabei frei gewordene Energie keine Kernspaltungs- sondern lediglich chemische Energie gewesen, die sehr, sehr viel kleiner ist, als die in Tschernobyl frei gewordene Kernspaltungsenergie. Wir können nun also 100%ig sicher sein, daß der GAU nicht eintritt, wenn wir unsere Kernreaktoren mit einem *negativen Reaktivitätskoeffizienten* ausstatten und nicht mit einem *positiven*, wie dies in Tschernobyl der Fall war. Natürlich hat auch die in Japan noch immer mögliche Kernschmelze äußerst fatale Folgen gehabt, aber eben gerade nicht die verheerende Explosionsgefahr mit der Verbreitung sehr langlebiger Isotope auch in sehr ferne Umgebungen, so wie sich dies durch den GAU in Tschernobyl ereignet hat. Leider werden aufgrund der kernphysikalischen Unkenntnisse der Politiker und der Journalisten diese immerhin ein wenig beruhigenden Tatsachen gänzlich übersehen und gar nicht erwähnt. Im Gegenteil dazu werden in vielen öffentlichen Sendungen scheinbare Fachleute herangezogen, die ihre Erfahrungen mit Tschernobyl eins zu eins auf die japanischen Verhältnisse übertragen, was allerdings wenig wahrhaftig und sehr unverantwortlich ist.

Zudem ist ganz aus dem Blick gekommen, daß wir sachlich die Risiken abzuwägen haben, die sich mit den verschiedenen Energiebereitstellungsverfahren verbinden. Da sind vor allem die mit der Kernenergie unvergleichbar viel größeren Schädigungen zu nennen, die wir durch das Verbrennen der fossilen Materialien wie Kohle, Erdöl und Erdgas sogar tagtäglich hinzunehmen gewohnt sind. Wir haben in Deutschland jährlich etwa 40.000

Lungenkrebstote zu beklagen, davon sind nach meinen Informationen etwa 12% auf karzinogene Stoffe zurückzuführen, die wir durch das Verbrennen von Kohle, Erdöl und Erdgas in unsere Lunge einatmen. Das sind etwa 400 Tote pro Monat allein in Deutschland. Ist denn den Kernenergie-Gegnern dieser zur Kernenergie unvergleichlich viel höhere Blutzoll unserer Bevölkerung aufgrund der Energiebereitstellung durch fossile Energieträger völlig einerlei? Das wäre Menschenverachtung in einem höchst erschreckenden Ausmaß. Aber kennen sie diese Zusammenhänge überhaupt? Wissen sie denn nicht, daß wir mit dem elektrischen Strom aus Kernkraft den ganzen Verkehr auf Wasserstoff umstellen können, so daß aus den jetzt noch Tod bringenden Abgasen schlichter Wasserdampf wird? Vergeßt den Ökofaschismus, dem jede Form von Selbstkritik abgeht! Denkt lieber an die Tierwelt, die ebenso unter der täglich schlechter werdenden Atemluft zu leiden hat. Darum müßten alle Tierschutzorganisationen für Energiebereitstellungsanlagen eintreten, die jedenfalls unsere Atemluft *nicht* fortlaufend verpesten, wozu ja zweifellos auch die Kernenergieanlagen gehören, die nun gerade abgestellt worden sind. Das sind doch ganz offensichtlich menschen- und naturfeindliche Maßnahmen.

Die Förderungen und der Transport besonders von Erdöl richtet eine Umweltkatastrophe nach der anderen an, wenn wir etwa nur an den Golf von Mexiko denken, ganz zu schweigen von den ungezählten Tankerunglücken usw. Was aber das Entnehmen von ungeheuren Mengen an Erdöl und Erdgas aus dem Erdinneren in der Tektonik der Erdoberfläche anrichtet, ist meines Wissens bisher überhaupt noch nicht untersucht worden. Die entstehenden Hohlräume setzen in der Erdkruste Ausgleichbewegungen in Gang, die wiederum von Druckwellen begleitet sind, welche sich erst an den tektonischen Plattenrändern in Form von Erdbeben bemerkbar machen können. Es ist demnach durchaus nicht undenkbar, daß der menschliche Raubbau an den Schätzen der Erde in dem weit übertriebenen Maße, wie er heute aus Profitgier betrieben wird, sogar als der Auslöser der in äußerst kurzen Zeiträumen aufeinanderfolgenden extrem starken Erdbeben zu diagnostizieren ist. Wir müssen also sehr viel weiter ausholen, um ein sachlich begründetes Abwägen der Risiken, die mit den verschiedenen Arten der Energiebereitstellung verbunden sind, vornehmen zu können.

Besonders aber kommt es mir darauf an, daß wir endlich begreifen, daß wir uns nicht weiterhin als Schmarotzer gegenüber der Natur verhalten dürfen. Wir Menschen haben einen ungeheuer großen Energienutzungsanspruch, den wir mit unserem Lebensstil verbinden, der vermutlich in das Zehntausendfache geht gegenüber den Tieren mit einer vergleichbaren Biomasse, wie vielleicht von einem Rehbock oder von einer Hirschkuh. Nun hat sich aber ein sehr fein austariertes Gleichgewicht im gesamten Energiehaushalt der Natur, der ja ausschließlich durch die Sonnenenergie beliefert wird, über Jahrmilliarden eingestellt. Wenn wir Menschen nun meinen, aus diesem Energiehaushalt ungeheuer große Energiemengen entnehmen zu dürfen, dann ist dies unverantwortlich schmarotzerhaftes Verhalten, und die Natur wird mit uns Menschen irgendwann so verfahren, wie sie es mit allen Schmarotzern getan hat, sie wird sich der Menschheit entledigen. Aber das können wir doch wohl nicht ernsthaft wollen! Also müssen wir uns aus Verantwortung für die Sicherung der Existenz der Menschheit um ein symbiotisches Verhältnis mit der Natur bemühen, und das heißt, wir müssen durch nicht müde werdende geistige Anstrengungen Energiebereitstellungsanlagen erfinden, durch die dem Natur-Energiehaushalt nichts mehr an Energie entnommen wird. Die Denkmöglichkeit dazu bietet meines Wissens bisher nur die gewinnbare Kernenergie durch Fissions- oder besser noch durch Fusionsvorgänge von Atomkernen und die Erdwärme, deren Nutzung einen Abkühlungseffekt bewirken würde, der darum nötig ist, weil alle vom Menschen selbst erzeugte Energie eine Erwärmung der Erde bewirkt, die wir auf jeden Fall zu mindern haben.

Nun wird heute immer wieder versucht, alle energiepolitischen Hoffnungen auf die sogenannten erneuerbaren Energien zu legen. Schon die unwahrhaftige Bezeichnung der „erneuerbaren Energien" scheint darauf hinzuweisen, daß es sich hier um einen womöglich nicht bewußt wahrgenommenen aber doch unterschwellig vorhandenen Schwindel handelt; denn grundsätzlich lassen sich Energien nicht erneuern, sondern nur umformen. Da das Wort „erneuern" irgendwie einen positiven Klang besitzt, läßt sich mit der Wortbildung der erneuerbaren Energien vertuschen, daß es sich hier um einen Diebstahl am Energiehaushalt der Natur handelt, der gerade nicht für ein symbiotisches Zusammenleben in der Natur tauglich ist. Den ersten Hinweis auf die Unsinnigkeit der Konzeption der sogenannten erneuerbaren Energien haben wir bereits mit der natur- und selbstschädigenden Produktion des Biosprits E10 erhalten. Ferner sollte es eine Warnung sein, daß plötzlich Vögel tot vom Himmel fallen, vermutlich weil durch die magnetischen Felder der Wind-Energiegeneratoren ihre erdmagnetischen Wegweiser verstellt wurden, und sie deshalb orientierungslos ihre Flugziele nicht erreichen können und darum immer weiter fliegen, bis sie vor Entkräftung tot vom Himmel fallen.

Um aktiven Naturschutz mit Hilfe naturfreundlicher Energiebereitstellungsanlagen zu leisten, habe ich mehrfach vorgeschlagen, die Kernenergieanlagen untertage, z.B. im Ruhrgebiet oder im Saarland, zu bauen. Dadurch werden diese Gebiete wieder die Zentren der deutschen Energieversorgung, wie sie es durch die Kohle einmal waren, und die alten Kumpels hätten wieder Arbeit.[139] Ebenso untertage sollten auch die Wiederzugriffslager für die Spaltprodukte eingerichtet werden, die zum großen Teil aus hochwertvollen Rohstoffen bestehen, wenn wir etwa nur an Technetium, Rhodium oder Ruthenium denken. In diesen Wiederzugriffslagern, sind die radioaktiven Stoffe möglichst nach ihrer späteren Verwertbarkeit getrennt zu lagern, wozu durchaus auch die Möglichkeit gehört, die vorhandene Radioaktivität zur Erzeugung von Heißdampf zu verwenden; denn das sind ja die Energieformen, die jetzt in Japan die Gefahr der Kernschmelze herbeiführen. Damit wird der Begriff des Atommülls ebenso obsolet wie der der Endlager, die ohnehin eine menschliche Überforderung bedeuten. Die Gefahren der Kernschmelze treten in untertage gebauten Kernkraftwerken nicht mehr auf, weil die Kühlung nicht mehr vom Funktionieren von Kühlwasserpumpen abhängig ist; denn das Kühlwasser wird durch die Gravitation von allein nach unten befördert, und wenn es sich dann erhitzt hat, schießt es als Heißdampf wieder nach oben, wo wir ihn (den Heißdampf) zur Erzeugung von Strom durch unsere Dampfturbinen jagen, und danach schicken wir das Kondensat wieder zum Kühlen

---

139 Vergleiche etwa den beigefügten Artikel aus den Borkener Nachrichten vom 31. Januar 2011.

nach unten, so daß wir einen wunderbar isolierbaren Kreislauf erhalten, in den auch die aus globalen Abkühlungsgründen erforderliche Nutzung von Erdwärme über Heißdampf-erzeugung einbezogen werden kann. All die Kühlprobleme, die wir jetzt in Japan kennen und die uns nicht ruhig schlafen lassen, sind für Kernenergie-Anlagen, die etwa in einer Tiefe von 500 oder 800 m installiert sind, grundsätzlich nicht mehr vorhanden. Das müs-sen wir zweifellos aus den schrecklichen Unfällen in Japan lernen.

Dies wird aber nur dann möglich werden, wenn die Antikernkrafthysterie sich soweit dämpfen läßt, daß es zu einer sachlichen Diskussion der vernünftigen Risikoabwägung zum Schutz der Menschheit und der Natur, von der wir leben, kommen kann. Erst dann können wir die einzige Möglichkeit ergreifen, unter Aufwendung all unserer verfügba-ren Intelligenz aus den möglicherweise unvermeidbaren Katastrophen zu lernen. So ist es auch gewesen, als wir überhaupt die Stromerzeugung mit Hilfe von Dampfkesseln und Dampfturbinen eingeführt haben. Da gab es fast regelmäßig Katastrophen, wenn ein Dampfkessel explodierte und ganze Häuserviertel zerstört wurden. Glücklicherweise hat man daraus gelernt und Überdruckventile eingebaut, eine komplizierte Technik des „Ab-drückens" von Dampfkesseln und Dampfrohren ersonnen und schließlich den TÜV einge-führt, der die korrekte Durchführung der Sicherheitsmaßnahmen bis heute überprüft, was allerdings gegenwärtig die weitaus geringste Beschäftigung des TÜV's geworden ist. Seit-dem aber explodieren keine Dampfkessel mehr, und die damalige Maschinenstürmerei hat sich nachträglich als eine frühe Form einer zerstörerischen Massenhysterie erwiesen. Und wenn wir aus den sehr bedauerlichen Unfällen in Japan lernen, daß wir unsere Kern-energieanlagen künftig weltweit mit einem *negativen Reaktivitätskoeffizienten* und noch viel sicherer nur noch möglichst tief untertage ausbauen, dann wird es auch keine Knall-gasexplosionen von Reaktorbehältern mehr geben.

Ich bin derzeit noch sehr unsicher, ob die sehr viel militantere Massenhysterie der Kern-kraftgegner noch eine positive Entwicklung zuläßt, wie sie damals durch den TÜV eingelei-tet wurde. Dennoch bleibe ich optimistisch; denn die Menschheit hat doch auch gelernt, das Feuer zu zähmen, obwohl allzuoft Haus und Hof, ganze Dörfer oder gar Städte abbrannten. Dazu wurden Feuerschutzmaßnahmen entwickelt, Blitzableiter erfunden und schließlich gibt es durch die Einführung von Feuerwehren kaum noch von Menschen herbeigeführte Brandkatastrophen. So werden wir eines Tages mit Hilfe der friedlichen Nutzung der Kern-energie durch Fusion (wie es die Sonne auch macht) und der Erdwärme zu einem friedlichen symbiotischen Zusammenleben mit der Natur vorstoßen, um das Überleben beiderseitig auf sehr lange Zeit zu sichern. Auf denn, machen wir aus Feinden Freunde!

Schluß der Theorie der Wissenschaften als Start und Aufbruch zum gemeinsamen wissenschaftlichen Arbeiten zur Existenzsicherung der Menschheit und der Natur im Weltganzen

7

7.0 Vorbereitungen zum Einbringen der Ernte aus den vier Bänden *Theorie der Wissenschaft*

Wer ernten möchte muß in einen fruchtbaren Boden gesät oder gepflanzt haben. Nun gibt es im Abschnitt 3.3.0 dieses Bandes folgendes Ernte-Versprechen über drei wissenschaftliche Urbereiche:

> „Wie sich aber diese drei wissenschaftlichen Urbereiche möglichst genau charakterisieren lassen, soll erst am Ende dieses Bandes und damit auch als eine Art Endergebnis der Arbeit an dem ganzen Werk „Theorie der Wissenschaft" wie eine reife Frucht geerntet werden."

In welcher Weise aber sollte ich in den bisher verfaßten Texten etwas gesät oder gepflanzt haben, was sich nun als reife Frucht ernten läßt? Tatsächlich habe ich wohl schon im ersten Band mit dem Begriff ‚Hesiodsches Urtripel‘ etwas eingeführt, das sich im Nachhinein als eine Art Pflanzung von grundsätzlichen Wissenschaftsbereichen betrachten läßt. Das ganzheitliche Begriffssystem aus den drei Elementen ‚Möglichkeit‘, ‚Wirklichkeit‘ und ‚Verwirklichung‘, das ich als das Hesiodsche Urtripel bezeichnet habe, weil es sich aus einer adäquaten Interpretation der drei Urgötter ‚Chaos‘, ‚Gaia‘ und ‚Eros‘ ergibt, aus denen Hesiod in seiner Theogonie die Gesamtheit der Götterwelt entstehen läßt, kann tatsächlich noch weiter formalisiert werden, so daß der Verdacht aufkommt, damit die Gesamtheit aller denkbaren Wissenschaftsbereiche erfassen zu können.

Diese Vermutung wird schon durch die Drei-Gliederung bestärkt, die das ganze Werk des Aristoteles durchzieht. Sicher hat er schon früh die Werke von Hesiod gelesen; denn

© Springer Fachmedien Wiesbaden GmbH, ein Teil von Springer Nature 2019
W. Deppert, *Theorie der Wissenschaft*, https://doi.org/10.1007/978-3-658-15124-9_7

es war in den gebildeten Haushalten üblich, die Schriften der Weisen zu lesen, wie in demjenigen, dem Aristoteles entstammt und in dem er aufgewachsen ist. Darum dürfen wir vermuten, daß Aristoteles schon früh die Dreigliederung kannte, die Hesiod in seiner *Theogonie* in seinem Aufbau der Götterwelt eingeführt hat. Außerdem aber war intuitiv schon eine Dreigliederung in dem üblichen Gesprächsaufbau, des Dialogs angelegt, der vermutlich von Sokrates ganz bewußt durch seine Gespräche auf der Agora eingeführt worden ist und die Platon in seinen Dialogen übernommen hat, und dabei geht es nicht selten um *eine Behauptung, eine Gegenrede* und den Versuch *einer Synthese*, was sehr viel später von Hegel als das generelle Fortschrittsprinzip von These, Antithese und Synthese sogar absolutistisch zusammengefaßt wurde, um die Bewegung generell für alle Zeiten und alle Orte zu beschreiben, was in dieser Absolutheit zu den verheerenden Folgen des unmenschlich gleichmacherischen Kommunismus geführt hat.

Das erste Mal scheint bei Aristoteles eine ganz bewußte Dreigliederung in seinen Vorlesungsmanuskripten zur *Rhetorik* aufzutauchen, und zwar schon sehr früh im dritten Kapitel als dritte Feststellung, die da lautet: *„Hieraus ergeben sich notwendig drei Gattungen der Rede: die beratende Rede, die gerichtliche Rede und die Prunkrede."* Und Aristoteles erläutert sogleich, daß sich die drei Redegattungen auf die drei Modi der Zeit beziehen, *die beratende Rede auf die Zukunft, die gerichtliche Rede auf die Vergangenheit* und *die Prunkrede auf die Gegenwart.* Dies ist freilich eine Dreigliederung, die die Menschheit spätestens seit der Überformung des mythischen Bewußtseins durch ein offenes Zeitbewußtsein kennt.

Dadurch fragt sich, ob es wenigstens eine formale Ähnlichkeit zwischen der Dreigliederung der Zeitmodi und dem Hesiodschen Urtripel gibt. Gewiß hat der Gott ,Chaos' in der Deutung des Möglichkeitsraumes mit der Zukunft eine formale Ähnlichkeit, da in der Zukunft all das aufbewahrt ist, was noch möglich ist, und die Göttin ,Gaia' hat als das Wirkliche, das in der Vergangenheit aus dem Bereich des Möglichen bereits verwirklicht wurde, eine klare Beziehung zur Vergangenheit, und der Gott ,Eros' steht als der Verwirklicher für die Gegenwart, weil das Verwirklichen sich stets in der Gegenwart ereignet.

Demnach ist die Ablösung des mythischen *zyklischen Zeitbewußtseins*, in dem in der Zukunft das nur scheinbar Vergangene stets wieder geschieht, durch ein *offenes Zeitbewußtsein* in Hesiods Theogonie bereits intuitiv angelegt, und damit auch das Erkenntnisstreben, durch welches die Menschen in der offenen und damit unbekannten Zukunft das Lebensfreundliche, *das Gute*, vom Lebensfeindlichen, *das Böse*, zu unterscheiden lernten, eine Notwendigkeit in der Entwicklung der Menschheit, die durch den **alttestamentarischen Sündenfall** durch **das Essen vom Baum der Erkenntnis** in der Zeit der Entstehung des offenen Zeitbewußtseins deutlich beschrieben ist, weil **die mythische Zeit** freilich im Nachhinein **als die paradiesische Zeit empfunden** wurde, da in dieser Zeit ein sehr vertrauter Umgang der Menschen mit den Göttern dadurch möglich war, indem schlicht *der Götterwille* erfüllt wurde, der durch *die von menschlichen Gehirnen erfundenen Göttergeschichten* bekannt war, die von Generation zu Generation verläßlich weitererzählt wurden.

Die Dreigliederung des Aristoteles hat in seiner Rhetorik-Vorlesung bereits Konsequenzen auf die Gliederung eines jeden Staates aufgezeigt, die er in seiner Politik-Vorlesung dann im 4. Buch seines Werkes *Politik* im 14. Kapitel explizit ausarbeitet. Hier spricht Aristoteles bereits von der *beratenden Gewalt*, die für die Gesetzgebung und für allgemeine Beschlüsse wie über Krieg und Frieden zuständig ist. Die *zweite Gewalt* wird von *der Regierung*, der Magistratur, ausgeübt, die wir heute als die Ministerien bezeichnen und die *dritte Gewalt* besteht aus einer Institution für die Rechtspflege. Aristoteles diskutiert noch im Einzelnen wie *diese drei Gewalten, die wir heute die Legislative, die Exekutive und die Judikative nennen*, in seinen verschiedenen Vorstellungen von Demokratien zu besetzen sind. Diese drei Gewalten entsprechen genau den drei Redearten der Rhetorik des Aristoteles, indem in der *Legislative* die auf die Zukunft bezogene *beratende Rede* gepflegt, in der *Prunkrede* die Güte der Entscheidungen der *Exekutive* in der Bewältigung der Gegenwartsprobleme angepriesen und in der *Judikative* die auf die Vergangenheit bezogene *gerichtliche Rede* ausgeübt wird.

Die aristotelischen Ideen zur Dreigliederung der möglichen Redeformen, welche dazu geeignet sind, mögliche Überzeugungen und die Einrichtung von staatstragenden Gliedern zu begründen, haben sich eigenwilliger Weise in den Begründungen der religiösen Wirkmächte des Christentums in Form der Trinitätslehre fortgesetzt, welche ein ganzheitliches Zusammenwirken von *Gott Vater*, *Gottes Sohn* und dem *Heiligen Geist* behauptet, wobei *Gott Vater* die *zukunftssichernde Funktion der Gesetzgebung, Gottes Sohn die Funktion der gegenwärtigen religiösen Wirkmacht* und dem *Heiligen Geist die Rolle der richtenden Macht über die begangenen Taten der Menschen* in der Vergangenheit zufällt. Diese aristotelische Begründung der Trinitätslehre wurde in der Kirchengeschichte von verschiedenen christlichen Gruppierungen heftig angegriffen, weil sie vor allem dazu diente, den politischen Herrschern, die unbeschränkte Macht der drei trinitarischen Gewalten in einer Person zu sichern. Denn nach dem trinitarischen Verständnis verfügten die von Gott eingesetzten Herrscher über die drei trinitarischen Gewalten in einer Person, was freilich nicht mit dem aristotelischen Gedanken der Gewaltenteilung begründbar war. Dieser Zusammenhang wurde in der Lutherischen Reformation besonders deutlich, weil Luther sein reformatorisches Schriftprinzip ‚sola scriptura' verletzte, um an der Trinitätslehre festhalten zu können, obwohl diese nicht in der Bibel vorkommt. Und der Grund dafür ist eindeutig: *Luther gründete seine persönliche Sicherheit auf den Schilden deutscher Fürsten, deren unbeschränkte Macht, Gesetzgeber, Regent und Richter in einer Person zu sein, er mit der Ablehnung der Trinitätslehre nicht einschränken wollte.* Und darauf sei hiermit wenigstens einmal im immernoch bestehenden Lutherjahr hingewiesen.

Aber ganz gewiß hat die Reformation einen besonderen Anstoß zur Ausbildung der europäischen geistigen Bewegung der sogenannten Aufklärung gegeben, die wesentlich wiederum die Entstehung der verschiedensten Wissenschaften befördert hat. Denn Luthers Einsicht, daß der Mensch zu selbständigem Denken und Beurteilen in der Lage ist, die auch schon den womöglich ersten Reformator Johann Hus beflügelt hat und von der die anderen späteren Reformatoren ebenso durchdrungen waren, ist bereits die geistige Quelle der Aufklärung gewesen, welche Immanuel Kant gleich am Anfang seines Aufsatzes „Was ist Aufklärung?" so zusammengefaßt hat:

*„**Aufklärung** ist der Ausgang des Menschen aus seiner selbstverschuldeten Unmündigkeit.* *Unmündigkeit* ist das Unvermögen, sich seines Verstandes ohne Leitung eines anderen zu bedienen. *Selbstverschuldet* ist diese Unmündigkeit, wenn die Ursache derselben nicht am Mangel des Verstandes, sondern der Entschließung und des Mutes liegt, sich seiner ohne Leitung eines anderen zu bedienen. *Sapere aude!* Habe Mut, *dich* deines *eigenen* Verstandes zu bedienen! Ist also der Wahlspruch der Aufklärung."[140]

Da Kant davon überzeugt war, alle Menschen seien mit einer identisch gleichen Vernunft begabt, konnte er nicht ahnen, daß nicht nur die „Faulheit und Feigkeit" die Ursachen der Unmündigkeit der Menschen sind, sondern die unterentwickelten Bewußtseinsformen, die vom Klerus der jeweils vorherrschenden Offenbarungsreligion bewußt an ihrer Weiterentwicklung gehindert worden sind. Wenn aber diese Unterdrückung unterbleibt, bringt die **kulturelle Evolution** Bewußtseinsformen hervor, die wir denen der europäischen geistigen Bewegung der Aufklärung zuzurechnen haben.

Es ist bereits klar geworden, daß der biologischen Evolution eine kulturelle Evolution folgen mußte, weil aufgrund der wahrhaft ungeheuer vielen Verschaltungsmöglichkeiten der Nervenzellen in den Gehirnen, die von der biologischen Evolution hervorgebracht wurden, ganz bestimmte Verschaltungsformen während des Heranwachsens der einzelnen Lebewesen bis zum Erwachsenwerden zu durchlaufen sind, welche sich von Generation zu Generation durch neuronale Verschaltungs-Mutationen stufenweise mehren, wenn sie die Überlebenssicherheit der Lebewesen befördern. Und da das Bewußtsein der Lebewesen gerade aus den neuronalen Verschaltungen der fünf Überlebensfunktionen besteht, werden durch die kulturelle Evolution aufeinanderfolgende Bewußtseinsformen hervorgebracht, wodurch die Bewußtseinsentwicklung der Kinder stattfindet.[141]

7.1   Zur Bewußtwerdung der Evolutionsprinzipen im Denken der Menschen

Im Band II der Theorie der Wissenschaft, in dem es um die Darstellung des Werdens der Wissenschaft geht, ist bereits festgestellt worden, daß die beiden Evolutionsarten der biologischen und der kulturellen Evolution durch die gleichen Evolutionsprinzipien möglich werden, das *principium individuationis* und *das principium societatis*. In den hier soeben vorgestellten Betrachtungen zu der formalen Verwandtschaft zwischen der aristotelischen Dreigliederung der staatlichen Gewalten und dem grundlegenden Hesiodschen Urtripel hat sich deutlich gezeigt, daß zu den beiden Evolutionsprinzipien der Vereinzelung und der Vergemeinschaftung noch ein drittes Prinzip hinzuzufügen ist, welches beide mitein-

---

140 Vgl. in: *Immanuel Kant, Ausgewählte kleine Schriften*, Felix Meiner Verlag Hamburg 1965, I. Beantwortung der Frage: Was ist Aufklärung? (1784), Seite 1.

141 Dies gilt auch schon für höherentwickelte Säugetiere, insbesondere für Lernprozesse nach der Domestizierung.

ander in einem wirklichen Evolutionsschritt verbindet und welches darum als *principium conjugationis* bezeichnet werden möge. Bei Hesiod ist es der Gott ‚Eros', der das Mögliche des Gottes ‚Chaos', das bei Aristoteles in der Zukunft liegt und die Staatsform der ‚Legislative' bestimmt, mit dem Wirklichen der Göttin ‚Gaia' verbindet, das sich bei Aristoteles in der Vergangenheit als Wirkliches bereits ereignet hat und von der Staatsform der Judikative repräsentiert wird. Bei Aristoteles liegt das erotische Verbindungsprinzip des Hesiod, in der Gegenwart, welche in der Staatsform der Exekutive den Fortschritt zu kreieren hat. Darum darf es an einem evolutionären Verbindungsprinzip, das den Zusammenhang zwischen der Vereinzelung und der Vergemeinschaftung etwa im Staatswesen als Gerechtigkeit und zwischen den einzelnen Menschen in Form der Liebe hervorbringt, nicht fehlen, d.h., auch das Verbindungsprinzip gehört zu den Bedingungen der Möglichkeit von Evolution.

Als deutsche Übersetzung dieses dritten lateinisch formulierten Evolutionsprinzips könnte man für die biologische Evolution an ein *Passungsprinzip* denken, um damit einen Brückenschlag zu den erkenntnistheoretisch sehr engagierten Biologen und Wissenschaftstheoretikern Konrad Lorenz und Gerhard Vollmer zu riskieren, da sie in ihrer *Evolutionären Erkenntnistheorie* davon bewegt sind, die biologische Evolution so zu verstehen, daß sich mit ihr eine Anpassung an real vorhandene Strukturen vollziehe.[142] Dies könnte auch damit zusammenstimmen, daß in der kulturellen Evolution, die harmonische Verbindung von Vereinzelungs- und Vergemeinschaftungsprinzip im Konzept der Individualistischen Ethik bereits als Gerechtigkeit definiert worden ist.[143] Aber wie sich sogleich zeigen wird, haben wir aufgrund einer genauen Begründung dafür, daß die biologischen Evolutionsprinzipien auch für die kulturelle Evolution gelten, hierfür noch einen allgemeineren Ausdruck zu wählen.

Die in diesem Abschnitt hervorgehobenen *evolutionären Wissenschaften* beschäftigen sich mit der Aufklärung der Vorgänge in der biologischen und der kulturellen Evolution. Dazu gehört in der Fortführung von Kants Erkenntnisweg wesentlich die Herausarbeitung der Bedingungen der Möglichkeit von Evolution, und dies bedeutet vor allem

---

142 So formuliert Gerhard Vollmer in seinem Werk *Evolutionäre Erkenntnistheorie,* erschienen bei *S.* Hirzel, Wissenschaftliche Verlagsgesellschaft Stuttgart 1975, 5. Aufl. 1990 auf Seite 102: *„Unser Erkenntnisapparat ist ein Ergebnis der Evolution. Die subjektiven Erkenntnisstrukturen passen auf die Welt, weil sie sich im Laufe der Evolution in Anpassung an diese reale Welt herausgebildet haben. Und sie stimmen mit den realen Strukturen (teilweise) überein, weil nur eine solche Übereinstimmung das Überleben ermöglichte."* Nach der hier dargestellten Erkenntnistheorie mit den dazugehörigen Evolutionsprinzipien lassen sich Gerhard Vollmers Einsichten über den Passungscharakter unserer „subjektiven Erkenntnisstrukturen" „auf die Welt" so verstehen, daß wir als Lebewesen, die der biologischen Evolution entstammen, durch die Prinzipien geworden sind, welche die biologische Evolution überhaupt erst möglich gemacht haben, zu denen auch das hier so bezeichnete Passungsprinzip gehört.

143 Vgl. W. Deppert, *Individualistische Wirtschaftsethik (IWE),* Springer Gabler Verlag 2014, S. 51f.

die Herausarbeitung der Prinzipien, nach denen Evolution überhaupt nur stattfinden kann, wie sie hier soeben nochmals erwähnt wurden.

Die beiden ersten evolutionären Prinzipien des Individuations- und des Gemeinschaftsprinzips sind bereits im Band I im Abschnitt 10.10.3 *Zum Aufbau der theoretischen Wissenschaften vom Leben überhaupt* als Bedingungen der Möglichkeit von biologischer Evolution deutlich herausgearbeitet worden. Für die kulturelle Evolution konnte das Entsprechende im Band II im Abschnitt *11. Der wissenschaftliche Stand im 21. Jahrhundert* durch die Wirksamkeit der *Relativierungsbewegung* in der Wissenschaftsgeschichte gezeigt werden, da mit jeder Verallgemeinerung auch stets eine Vereinzelung verbunden ist, so daß beide Arten der Evolution von den gleichen Prinzipien der Vereinzelung und der Vergemeinschaftung, welche formal auch stets als eine Verallgemeinerung zu begreifen ist, regiert werden. Weil aber ein Evolutionsschritt erst dann möglich wird, wenn beide Prinzipien in einer Mutation zusammenwirken, war es nötig, das dritte Evolutionsprinzip *das principium conjugationis,* einzuführen.

Nun können Relativierungen eine problemlösende Funktion aber auch eine problemerzeugende Funktion haben. So hatte etwa Einsteins spezielle Relativitätstheorie die problemlösende Funktion, die klassische Mechanik mit der elektromagnetischen Wechselwirkung in einer Theorie verbindbar zu machen, aber die Relativierung des Familienbegriffs durch den allgemeineren Begriff der Lebensgemeinschaft erzeugte das neue Entscheidungsproblem herauszufinden, welche der möglichen Lebensgemeinschaftsformen erstrebenswert ist. Diese Herausforderung an die Entscheidungsfähigkeit des Menschen kann aber durchaus als ein Fortschritt gewertet werden, da die Entscheidung zu einer bestimmten Lebensgemeinschaft sicher mehr Gewißheit in die eigene sinnvolle Lebensführung tragen kann, so daß ich nun vorschlagen möchte, das Verbindungsprinzip des *principium conjugationis* verallgemeinernd als *Fortschrittsprinzip* zu bezeichnen, was dann für die biologische Evolution ebenso zutrifft wie für die kulturelle Evolution.

Und auch das als Fortschrittsprinzip bezeichnete Verbindungsprinzip fügt sich durchaus gut in die hier dargelegte Erkenntnistheorie ein, in der Erkenntnis als eine gelungene Zuordnung von etwas Einzelnem zu etwa Allgemeinem verstanden wird, und wo der Fortschritt ja gerade in der dadurch gewonnenen Erkenntnis besteht, welche eben durch die besondere Verbindung von etwas Einzelnem mit etwas Allgemeinem zustandekommt. Der scheinbar unaufhaltsame Fortschritt durch wissenschaftliche Erkenntnisse hat allerdings zu einem euphorischen Fortschrittsglauben oder auch Wissenschaftsglaubens geführt, bei dem gar nicht mitbedacht wurde, daß der Fortschritt auch in die Irre führen kann und daß vor allem durch den wissenschaftlichen Fortschritt nicht alle Wünsche erfüllbar sind, was schließlich zu einer Ernüchterung führen mußte, die zweifellos mit zu der sich immer weiter verbreitenden Orientierungskrise unserer Zeit geführt hat. Zweifellos ist es inzwischen in der kulturellen Evolution zu kaum übersehbar vielen Fehlentwicklungen gekommen.

Fehlentwicklungen werden in der biologischen Evolution durch den in der Natur stattfindenden überaus harten Kampf ums Überleben ausgesondert, was oft aus humanitären Gründen in der kulturellen Evolution nicht stattfindet. Der Kampf ums Überleben könnte in der biologischen Evolution durchaus als ein viertes Prinzip verstanden werden, das auch zu den Bedingungen der Möglichkeit von Evolution gehörend zu verstehen ist. Darum ist darüber nachzudenken, ob es nicht sinnvoll wäre, auch in der kulturellen Evolution noch ein viertes grundlegendes Evolutionsprinzip einzuführen, durch welches sichergestellt wird, daß bestimmte Evolutionsschritte *nicht* in die Irre laufen und nicht die Gefahr besteht, durch sie die bisherigen Evolutionserfolge zu schädigen.

Darum ist es ratsam noch einmal darüber nachzudenken, wo die geistigen Wurzeln, der bisher zusammengetragenen drei Evolutionsprinzipien liegen.

Auf diesem Wege scheint es doch sehr verwunderlich zu sein, daß wir die nun herausgearbeiteten Evolutionsprinzipien durchweg zurückführen können auf erkenntnistheoretische Prinzipien der Antike, die sogar bis in die Übergangszeit zurückreichen, in der sich im antiken Griechenland allmählich der Übergang vom Mythos zum Logos vollzogen hat, wovon das Hesiodsche Urtripel ja nur ein besonders beredtes Beispiel ist. Allerdings läßt sich diese antike Quelle nur für die ersten drei evolutionären Prinzipien heranziehen. Aber auch für das vierte Prinzip findet sich in der aristotelischen Ursachenlehre ein wohlbestimmter Ursprung. In seiner Ursachenlehre erläutert Aristoteles, daß es vier verschiedene Ursachen für irgendwelche Tatbestände gäbe[144]:

> *die causa materialis, auch Stoffursache genannt, die causa formalis, auch als Formursache bezeichnet, die causa efficiens, welche heute als Wirkursache verstanden wird und die causa finalis, die als Zweckursache bezeichnet werden kann.*

Die drei ersten *Ursachen* entsprechen den ersten drei Evolutionsprinzipien, wie wir sie der Form nach schon bei Hesiod im sogenannten Urtripel haben vorfinden können. Die vierte Ursachenart der Sinn- und Zweckbestimmung scheint sich in der Entwicklung der Bewußtseinsformen während der Zeit der Vorsokratiker entwickelt zu haben, da mit ihnen eine Tendenz zur Absicherung von Neuerungen verbunden war, welche durch die Vernunft eingeführt wurden, wobei diese Absicherung meist durch besonders herausragende Göttergeschichten erfolgte oder durch philosophische Konzeptionen, zur Systematisierung der Götterwelt, wie sie etwa von Hesiod in seiner Theogonie erfolgte.

Für die Wissenschaft der Bewußtseinsgenetik liefert darum die Erforschung der Vorsokratiker reichhaltiges Forschungsmaterial; denn offensichtlich sind die Bewußtseinsformen, in denen Sokrates oder sein philosophischer Enkel Aristoteles gedacht haben, von den mythischen Bewußtseinsformen hinsichtlich der Beantwortung der Frage, *warum etwas zu tun ist*, deutlich verschieden. In der mythischen Bewußtseinsform wird lediglich nach dem Willen der Göttinnen oder Götter gefragt, wodurch das bestimmt ist, *was zu tun ist*. Sokrates, Platon und Aristoteles, die Mitglieder der sogenannten *philosophischen Familie*, fragen dagegen danach, *ob es vernünftig ist*, etwas Bestimmtes zu tun, und sie fragen damit nach den durch ihre Vernunft einsehbaren Gründe für eine Handlung. Und

---

144 Vgl. ARISTOTELES' PHYSIK, Vorlesung über Physik, Erster Halbband, griechisch-deutsch, übers. u. Hrsgg. Von Hans Günter Zekl, Felix Meiner Verlag Hamburg 1987, S. 63, klassische Zitierweise: Phys. II 3 194b16–195a3.

der Lateiner Cicero, der über das begründende Vorgehen der Vorsokratiker und die Lehren der philosophischen Familie gründlich unterrichtet war, bezeichnete diese Gründe des vernünftigen Handelns mit dem von ihm neu geschaffenen Substantiv *religio*, das er aus dem Verb *relegere* ableitete, aus der Tätigkeit des gründlichen Nachlesens und Nachdenkens.

Die Neigung Platons, die Begründungen des menschlichen Handelns zu verabsolutieren, hat dann leider in den Offenbarungsreligionen zu einer in mythische Bewußtseinsformen rückwärtsgewandten regressiven Umdeutung des Religionsbegriffs des Cicero geführt, wodurch der mit der kreativen Sinnstiftungsfähigkeit des Menschen verbundene Religionsbegriff des Cicero so pervertiert wurde, daß die furchtbarsten Greueltaten in der Menschheitsgeschichte durch Religion begründbar wurden.

Das Wort *Religion* ist dadurch mit einem kaum noch zu beseitigendem Makel versehen worden, was aber dennoch zu versuchen ist, weil der Religionsbegriff, wie er von den Vorsokratikern und der philosophischen Familie implizit und von Cicero explizit im zweiten Buch seiner Schrift „De natura deorum" (Über das Wesen der Götter) eingeführt wurde, von elementarer Bedeutung für die Darstellung des kreativen Wesens der Menschen ist.

Die Frage danach, warum wir heute die Bedingungen der Möglichkeit der biologischen und der kulturellen Evolution schon in den philosophischen Arbeiten der griechischen und römischen Antike auffinden können, beantwortet sich nun sehr einfach damit, daß freilich auch die Menschen, die wir als die antiken Griechen und Römer bezeichnen, in ihrem physischen Sein der biologischen Evolution und in ihrem bewußten Denken der kulturellen Evolution entstammen und darum in ihrem Nachdenken die Prinzipien vorgefunden haben, aufgrund derer sie überhaupt evolutionär entstanden sind. Insbesondere gilt dies auch für die Prinzipien, die auch in der kulturellen Evolution wirksam sind, wodurch erklärbar wird, warum Aristoteles in seinem Denken die vierte Ursachenform, die Zweckursache gefunden hat, die aber von Hesiod, der in seinem Denken noch stark von mythischen Bewußtseinsformen bestimmt war, noch nicht explizit benannt werden konnte, obwohl sie intuitiv in seinem Werk *Werke und Tage* (Erga kai hemerai) wirksam war.

Darauf, daß die für das mythische Zeitalter charakteristische Bewußtseinsform der extremen Unterwürfigkeit schon bei den höher entwickelten Säugetieren nachweisen läßt, ist bereits hingewiesen worden, daß sich aber auch das besonders bei den Vorsokratikern aufzeigbare rückversichernde Verhalten auch schon bei den Tieren nachweisen läßt, das habe ich heute gerade von meiner Katze Paula erfahren. Da ich am Totensonntag schon früh nach Kiel zu fahren hatte, habe ich meiner Paula einen Napf mit einem berühmten Katzenfutter vollgefüllt, von dem ich aber schon einmal bemerkt hatte, daß sie dieses Futter trotz seiner Berühmtheit gar nicht recht mag, so daß ich davon ausgehen konnte, daß sie bis spät in den Abend damit auskommen könnte. Als ich nach Hause kam, hatte sie fast gar nichts davon gefressen und während der Nacht zum Montag hat sie wieder nur ganz wenig davon verzehrt und das blieb so bis heute (Dienstag) Nachmittag. Nach meinem kurzen Mittagsschlaf stellte ich dann aber gegen 16 Uhr fest, daß sie mit einmal alles aufgefressen hatte, so daß ich ihr von dem gleichen Futter noch einmal die letzte aber immer noch reichliche Portion verabreichte. Und auch diese ziemlich große Portion hatte Paula in weniger als zwei Stunden wieder weggeputzt. Dieses Verhalten war für mich so auffallend, daß mir klar wurde, daß meine Katze offenbar abgewartet hat, ob ihr das für sie kaum bekannte Futter gut tat oder nicht. Bei dieser Art von Rückversicherung ist ihr offenbar bewußt geworden (Katzen haben doch auch ein Bewußtsein!), daß es keinerlei Bedenken gegen dieses Futter gibt, so daß sofort alles ohne Bedenken verzehrt werden konnte. Natürlich hatte sich durch ihre sich selbst auferlegte lange Prüfungszeit ein enormer Hunger angesammelt, was für mein Dafürhalten aber nicht erklärt, warum sie auch auch den kräftigen Nachschlag so schnell weggefressen hat, es hat wohl inzwischen sogar geschmeckt. Hat sie mir mit ihrem Fressverhalten womöglich gezeigt, wie es Tiere generell anstellen, um herauszufinden, ob etwas bislang Unbekanntes fressbar ist oder nicht? Es ist durchaus denkbar, daß sich dieses Fressverhalten durch die biologische Evolution ausgebildet hat oder sollten wir gar davon ausgehen, daß es bei den domestizierten Tieren schon erste Ansätze einer kulturellen Evolution der Bewußtseinsformen gibt?

Da tut sich ein nicht wenig spannender evolutionärer Forschungsbereich im Rahmen der hier angeregten neuen Wissenschaft der Bewußtseinsgenetik auf; denn wenn die Tiere auch über ein Bewußtsein verfügen, dann werden sich auch in ihnen verschiedene Bewußtseinsformen einstellen, je nachdem wie sich in ihren Gehirnen die fünf Überlebensfunktionen ausgebildet haben. Und bei meinem Katzenbeispiel geht es offenbar um die Ausdifferenzierung der Energiebereitstellungsfunktion der Säugetiere.

Aber auch unter den Menschen, mit denen wir es direkt zu tun haben, lassen sich erstaunliche Unterschiede der Bewußtseinsformen beobachten. Da haben sich zum Beispiel für die Wissenschaft der Bewußtseinsgenetik gerade durch eine Großveranstaltung im Hebbelsaal der Kieler Universität am Welttag der Philosophie 2017 zum Aristotelesjahr 2017 interessante Forschungsfelder über vermutlich kleine Veränderungen der Bewußtseinsformen von Akademikern aufgetan, die jedoch von großer Wirkung sind. Der ausgewählte Termin bot sich an, um in größeren akademischen Kreisen erneut bewußt zu machen, welch großer Einfluß auf unser heutiges Leben von den weit herausragenden philosophischen und wissenschaftlichen Leistungen des Aristoteles noch immer ausgehen. Tatsächlich wurde diese Veranstaltung auch durch das gänzlich unerwartete und sehr beeindruckende Auftreten des sehr bekannten Kieler Philosophen Prof. Dr. Hermann Schmitz trotz seiner altersbedingten Gebrechen zu einem großen Erfolg. Aber diese Veranstaltung wäre beinahe nicht zustandegekommen, da aus der Kieler Universität Einwände gegen sie erhoben wurden, weil das Geburtsjahrjubiläum des Aristoteles von 2400 Jahren doch schon im Vorjahr 2016 gewesen sei und entsprechend viele Veranstaltungen zu dem überaus bedeutungsvollen Werk von Aristoteles schon im Jahr 2016 stattgefunden hätten. So hätte an der Freien Universität Berlin im Jahre 2016 bereits eine groß angelegte Ringvorlesung aus Anlaß der 2400-jährigen Existenz des Aristoteles gegeben, an der eine Fülle von internationalen Aristoteles-Experten teilgenommen hätten. Und diese Ringvorlesung sei sogar vom *Aristoteles-Zentrum Berlin* unter dem Titel „2400 Jahre Aristoteles und Aristotelismen" organisiert worden.

Aristoteles ist im Jahr 384 vor Chr. in Stageira geboren worden. Und darum hat man 384 und 2016 addiert, was tatsächlich 2400 ergibt, und darum haben Akademiker des Aristoteles-Zentrums in Berlin die Aristoteles-Ringvorlesung „2400 Jahre Aristoteles" schon im vergangenen Jahr abgehalten, obwohl Aristoteles im Jahr 2016 erst 2399 Jahre alt war. Denn leider ist mit dieser Addition ein kulturgeschichtlicher Fehler begangen worden, weil das Jahr 384 v. Chr. dem Jahr -383 entspricht. Das liegt daran, daß in der christlichen Zeitrechnung, die im Jahre 525 von dem Mönch Dionysius Exiguus vorgeschlagen und etwa ab 1060 n. Chr. von der katholischen Kirche zur Datierung der Ereignisse vor der angeblichen Geburt Christi eingeführt wurde, das Jahr Null fehlt; denn in der Zeit des Exiguus gab es im ganzen Abendland die Zahl Null noch nicht. Dies hat Gründe, die sogar auch auf Aristoteles zurückführen, da für ihn die Zahlen das Viele kennzeichnen und mithin die Zahlen erst mit der Zwei anfangen; denn die Einheit ist ja noch kein Vieles.

Dieser kulturgeschichtliche Fehler ist schon zum angeblichen 2400sten Todesjahr des Sokrates von den philosophischen Kollegen in Athen 2001 begangen worden. Da man wohl auch in Athen schon in der Schule lernt, daß Sokrates im Jahre 399 v. Chr. den Schierlingsbecher getrunken habe, so hat man 399 mit 2001 addiert und 2001 die Feierlichkeiten zum 2400sten Todesjahr in Athen begangen, was wir von Athener Kollegen erfuhren, als wir in Kiel im Jahr 2002 das Sokrates-Jahr ausriefen.

Nun war von einem Verantwortlichen des Aristoteles-Zentrums in Berlin zu erfahren, daß man sich nach der Ausrufung des Aristoteles-Jahres 2016 durch die Aristoteles-Universität Thessaloniki gerichtet habe. Da aber die vorherrschende kulturelle Macht der Griechisch-othodoxen Kirche in Griechenland ungebrochen zu sein scheint, liegt die Vermutung nahe, daß die Akademiker der Aristoteles-Universität Thessaloniki noch mittelalterlich anmutende Bewußtseinsformen bewahrt haben, wonach es zwei Wahrheiten gibt: die theologische und die menschliche und entsprechend zwei Wirklichkeiten in der Vergangenheitsdarstellung: diejenige, die mit Hilfe der christlichen Zeitrechnung beschrieben wird und diejenige, die mit der modernen astrophysikalisch bestimmten Zeitrechnung erfaßt wird. Könnte es nun sein, daß sich die Bewußtseinsformen einer derartigen Wirklichkeitsspaltung in der Trennung von Geistes- und Naturwissenschaften erhalten hat? Und könnte es nun ferner so sein, daß ich die Bedenken gegen unsere Aristoteles-Veranstaltung zum Welttag der Philosophie 2017 auf eine sich derartig manifestierende Unterscheidung von Bewußtseinsformen zurückzuführen habe, wenn mir der betreffende Kollege schreibt:

> „Alle Feierlichkeiten waren im letzten Jahr – zu recht! Das Jahr Null existiert in der historischen Zeitrechnung – im Gegensatz zu der astronomischen – nicht."

Demnach scheint es für den Kollegen eine Wirklichkeit zu geben, die mit Hilfe der historischen Zeitrechnung beschrieben wird und eine andere, die durch die astronomische Zeitrechnung erfaßt wird, und daß wir uns als Historiker nach der historischen Zeitrechnung zu richten haben. Mir scheint, daß sich hier erneut Forschungsarbeit für die neue Wissenschaft der Bewußtseinsgenetik auftut, denn wir haben doch davon auszugehen, daß die 14 Vortragenden der Ringvorlesung die geistesgeschichtlichen Zusammenhänge der Datierung durch die christliche Zeitrechnung gekannt haben und daß sie die Unwahrheit der Behauptung kannten, daß im Jahre 2016 Aristoteles vor 2400 Jahren geboren wurde, wo es doch im Jahr 2016 erst 2399 Jahre waren, es sei denn, sie hätten aufgrund ihrer Bewußtseinsform auch die hier beschriebene Trennung einer geistesgeschichtlichen Wirklichkeit von einer naturwissenschaftlichen Wirklichkeit vorgenommen.

Die hier angedeutete Trennung von Geistes- und Naturwissenschaften hat leider auch die Einheit der Wissenschaft in Frage gestellt und insbesondere hat das Immage der Geisteswissenschaftler darunter stark gelitten, so daß die Geisteswissenschaftler gegenüber den Naturwissenschaftlern stark an Vertrauen in der Bevölkerung verloren haben. Gerade im jetzt noch währenden Aristoteles-Jahr sollte dafür geworben werden, den Vertrauensverlust der Geisteswissenschaftler wieder wett zu machen, und als ein kleiner Anfang dazu, indem die hier dargestellte Wahrheit über das Aristoteles-Jahr nicht mehr verschwiegen wird. Auch dies gehört zur Verantwortung der Wissenschaft, damit die kulturelle Evolution durch sie in friedfertige Bahnen gelenkt wird, welche das Überleben der Menschheit und der Natur auf möglichst lange Zeit sicherstellen.

Die Aristoteles-Veranstaltung in Kiel hat in der Diskussion mit dem wohl besten noch lebenden Aristoteleskenner Hermann Schmitz während der spannenden Diskussionen deutlich gemacht, daß Aristoteles nicht nur ein Dreigliederer war, der die drei Staatsgewalten erdacht hat, sondern daß er darüber hinaus mit seinem Hinweis auf die Notwendigkeit der Zweck- oder Sinn-Ursachen auch schon ein viertes Evolutionsprinzip vorweg gedacht hat, das in der kulturellen Evolution noch auf eine vierte Staatsgewalt hinsteuert, die auf die Sinnhaftigkeit im staatlichen Geschehen zielt.

7.2   Die Erhellung der Urbereiche der Wissenschaften durch die evolutionären Wissenschaften

Mit dem Bewußtwerden der Evolutionsprinzipien im Menschen entstehen Forschungsbereiche, die für die Weiterentwicklung der Menschheit und damit auch für deren Existenzsicherung von größter Bedeutung sind. Schon bei der Diskussion über das Werden der Wissenschaft hat sich gezeigt, welche nachhaltige Bedeutung dem Hesiodschen Urtripel zukommt, da es bereits auf die Forschungsbereiche des Möglichen, des Wirklichen und des Verwirklichenden deutlich hinweist.

Durch die Bemühung, die Kant'sche Frage nach den Bedingungen der Möglichkeit von Evolution zu beantworten, konnten die ersten beiden Evolutionsprinzipien das *principium individuationis* und das *principium societatis* gefunden werden. Durch den Vergleich mit den ontologischen Grundlagen, die dem Hesiodschen Urtripel entspringen, ergab sich die gedankliche Korrespondenz zwischen dem Individuellen und dem Wirklichen sowie die zwischen dem Gemeinschaftlichen und dem Möglichen, da durch das Mögliche das Allgemeine gedacht werden kann, welches das Individuelle gemeinschaftlich vereinnamt. Das im Urtripel enthaltende Verwirklichende weist den Weg zum dritten Evolutionsprinzip der Verbindung zwischen Einzelnem und Allgemeinem, welches das *principium con-jugationis* genannt wurde.

Diese drei Evolutionsprinzipien lassen sich der Form nach zwanglos mit den drei Prinzipien der aristotelischen Rhetorik verknüpfen; denn das Individuelle und das Wirkliche findet in der Gegenwart statt, für das Gemeinschaftliche ist in der Zukunft zu planen, und über das in der Vergangenheit Verwirklichte ist zu urteilen, ob die Verbindung von Einzelnem und Allgemeinen zum Gemeinschaftlichen gelungen ist oder nicht, wie es im besonderen in einem Richterspruch oder in einer Erkenntnis geschieht, warum der Richterspruch als Urteil bezeichnet wird. Aber in dieser Formulierung kündigt sich bereits ein viertes Prinzip an, nach dem beurteilt werden kann, ob die mit der Verwirklichung stattgefundene Verbindung auch zweckreich, vernünftig oder gar sinnreich war. Dieses vierte Evolutionsprinzip der Sinnhaftigkeit möge einstweilen nach einem Vorschlag des Medizin- und Umweltethikers Prof. Dr. Werner Theobald einstweilen *principium rationis* heißen.

Wenn die Ableitung dieser vier Evolutionsprinzipien korrekt ist, dann ist es nicht verwunderlich, daß sie nicht nur zu den Bedingungen der Möglichkeit der biologischen Evolution gehören, sondern auch zu den Bedingungen der Möglichkeit der kulturellen Evolution, da diese ja nur dadurch stattfindet, weil die Menschen, die diese zweite Evolution durch die Entwicklung ihrer Bewußtseinsformen und den damit verbundenen Gemeinschaftsbildungen hervorbringen, selbst Produkte der biologischen Evolution sind. Dies ist nun freilich eine durchaus überraschende aber dennoch sehr einsichtige Verkopplung der Geisteswissenschaften mit den Naturwissenschaften. Die Wissenschaften, welche die Analyse der möglichen Formen von Evolutionen betreiben, mögen selbst als *evolutionäre Wissenschaften* bezeichnet werden, wie dies in der Überschrift zu diesem Absatz bereits geschehen ist. Dieser Wissenschaftsbereich läßt sich nun schon als ein wissenschaftlicher Urbereich begreifen, weil von ihm alle möglichen Wissenschaften betroffen sind. Mit den vier wissenschaftlichen Urbereichen der vier Evolutionsprinzien, gesellt sich noch ein fünfter wissenschaftlicher Urbereich, über den sich die ersten vier überhaupt erst finden ließen. Ist das etwa die Philosophie selbst?

7.3   Zur wissenschaftlichen Erforschung der wissenschaftlichen Urbereiche

7.3.1   Der Wissenschaftsbereich der Erforschung des Einzelnen (Science of paticulars)

In den ersten und zugleich mythischen Bewußtseinsformen kann Einzelnes und Allgemeines noch nicht unterscheiden werden, und darum gibt es im Mythos noch keine Begriffe, die sich erst allmählich bei den Vorsokratikern entwickeln, die deshalb so heißen, weil Sokrates der erste war, der begrifflich dachte. Die damit verbundene Relativität des Denkens verführte den Sokrates Schüler Platon zu der Überzeugung, daß das begriffliche

Denken des Sokrates in den Untergang führe, wovon Sokrates das erste traurige Beispiel sei und daß Sicherheit nur vom Allgemeinen ausgehen könne, warum Platon die Urbilder des Allgemeinen, die Ideen erfand, so daß das Einzelne bei ihm eine sehr untergeordnete Rolle spielte. Der philosophische Enkel des Sokrates Aristoteles aber entdeckte die Bedeutung des Einzelnen erstmalig, weil sich am Einzelnen die Veränderungen vollziehen, die zu erforschen sind, was mit der platonischen Erkenntnistheorie der Ideenlehre unmöglich ist, weil es keine Idee von der Veränderung geben kann, weil die platonischen Ideen unveränderlich sein müssen, was für eine Idee der Veränderung aber undenkbar ist. Aristoteles beginnt darum seine Erkenntnistheorie mit der Entdeckung des Einzelnen, das er das *Diesda*, das *Todeti* nennt. Wie bereits im Band II *Das Werden der Wissenschaft* dargestellt, hat sich im Mittelalter der Universalienstreit über die Frage der Existenzform der Universalien zugetragen, dessen Auswirkungen bis in unsere Zeit hineinreichen. Die Universalien werden als die Allgemeinbegriffe verstanden, was freilich heute verwirrend klingt, weil die Begriffe – wie im Band I ausführlich gezeigt – je nach Hinsicht etwas Allgemeines oder etwas Einzelnes darstellen können. Der Ausgang des mittelalterlichen Universalienstreits wurde weitgehend durch den gemäßigten Nominalismus des William von Ockham bestimmt, wonach es keine eigene Existenzform des Allgemeinen gibt, so daß alles, was wir in der Welt wahrnehmen nur stets etwas Einzelnes ist, wovon auch Kant noch zutiefst überzeugt war, so daß er das Allgemeine des Apfelbaums selbst im aristotelischen Sinne nicht bemerkt hat, wonach das Allgemeine durch das Gemeinsame von Vielem bestimmt ist, und das Gemeinsame der im Herbst unter dem Apfelbaum liegenden einzelnen Äpfel ist aber der Apfelbaum, der somit ein wahrnehmbares Allgemeines' darstellt, wobei dieses Allgemeine nach Aristoteles in den Dingen, im Todeti, bereits angelegt ist.

Als mögliche Folge des gemäßigten Nominalismus, der sich nach dem Universalienstreit weitgehend durchgesetzt hatte, war man lange Zeit der Meinung, es könne gar keine Wissenschaft vom Einzelnen geben, da doch mit den Begriffen der Wissenschaft stets nur Allgemeines beschrieben werden könne. Aber inzwischen ist gerade in den Wissenschaften vom Leben deutlich geworden: *Jedes Lebewesen ist einzigartig und bildet eigene Gesetzmäßigkeiten aus*, die sich sogar als *Systemgesetze* beschreiben lassen[145], wodurch das *Kosmisierungsprogramm* zu kritisieren war und ist, weil die Systemgesetze einzigartiger Lebewesen keine kosmischen Gesetze sind.[146]

Insbesondere hat Kurt Lewin schon 1922 mit seinem Begriff der *Genidentität*, mit dem Lebewesen überhaupt erst korrekt beschreibbar sind, nicht nur die Möglichkeit einer Wis-

---

145 Auf die Notwendigkeit, Lebewesen insbesondere wegen ihrer eigenständigen zeitlichen Organisation, die nicht der physikalischen Zeit unterworfen ist, zu untersuchen, ist mit aller Eindringlichkeit bereits in W. Deppert, *Zeit. Die Bestimmung des Zeitbegriffs, seine notwendige Spaltung und der ganzheitliche Charakter seiner Teile*, Steiner Verlag, Stuttgart 1989 hingewiesen worden, was womöglich dazu geführt hat, daß inzwischen ein Nobelpreis für derartige Untersuchungen über eigenständiges periodisch-zeitliches Verhaltens von Zellen vergeben werden konnte.

146 Vgl. FN 9 und 48.

senschaft vom einzelnen Lebewesen, sondern sogar deren Notwendigkeit aufgezeigt.[147] Die Bestimmung genidentischer Systeme durch ihre Geschichtsfähigkeit und ihre Geschichtlichkeit macht deutlich, daß es nicht nur biologische Lebewesen sind, welche die Eigenschaft der Genidentität besitzen, sondern daß dies auch für alle kulturellen Lebewesen zutrifft. So ist z.B. auch jede Sprache oder auch jede Nation ein kulturelles Lebewesen mit einer eigenen Genidentität. Aber auch einzelne makroskopische Gegenstände besitzen die Eigenschaft der Genidentität, so daß das Forschungsfeld der *Wissenschaft vom Einzelnen* unübersehbar groß ist, das die gesamte sinnlich wahrnehmbare Wirklichkeit umfaßt und hinsichtlich der physischen Größenordnungen von der Nano-Teilchen-Forschung über die Erforschung der einzelnen Bestandteile der gesamten Biosphäre bis hin zu den Bestandteilen des astrophysikalischen Kosmos reicht. Aber auch im Bereich des begrifflich-konstruktiven Denkens finden sich einzelne Theorien und Gedankengebäude, die auch jeweils als etwas Einzelnes identifizierbar und damit unterscheidbar sind, so daß auch im sogenannten geistigen Bereich die Einzigartigkeit von gedanklichen Systemen auf ihre Erforschung harren.

Gewiß ist auch das Einzelne stets mit Begriffen zu beschreiben. Und den Begriffen wird meist nachgesagt, daß mit ihnen stets etwas Allgemeines beschrieben wird, obwohl Begriffe freilich auch als etwas Einzelnes angesehen werden können. Aber wenn wir etwas Einzelnes mit Begriffen erfassen, dann benutzen wir sie durchweg in ihrer Allgemeinheitsfunktion, und wir haben das besondere Problem zu lösen, wie sich etwas Einzelnes als etwas Einzigartiges mit Allgemeinheiten beschreiben läßt. Dabei haben wir stets den Unterschied von begrifflichem und existentiellem Denken und die verschiedenen Existenzformen zu beachten, auf die sich unser existentielles Denken beziehen kann. Darum werden die Methoden in einer Wissenschaft vom Einzelnen philosophisch durch die Überlegungen über die Möglichkeiten des interdisziplinären wissenschaftlichen Zusammenarbeitens zu gewinnen sein. Die Bedingung dafür, daß ein Einzelnes wirklich sein kann, ist die Widerspruchsfreiheit seiner Darstellung, die im nächsten Abschnitt behandelt wird.

7.3.2 Der Wissenschaftsbereich des Allgemeinen oder des generell Möglichen

Das Mögliche hat zur Bedingung, daß es in einer bestimmten Existenzform wirklich werden kann. Das Mögliche wird im begrifflichen Denken bestimmt, und einerlei, in welcher Existenzform es verwirklicht werden soll, seine begriffliche Konstruktion muß widerspruchsfrei sein, weil uns unsere Vernunft verbietet, eine Existenzform des Widersprüchlichen zuzulassen. Die Vernunftwahrheit des verbotenen Widerspruchs geht schon auf

---

147 Vgl. Lewin, K. (1922), *Der Begriff der Genese in Physik, Biologie und Entwicklungsgeschichte, eine Untersuchung zur vergleichenden Wissenschaftslehre*, Berlin und ders. (1923), Die zeitliche Geneseordnung, *Z.f.Phys.*, 8, S.62–81.

Sokrates, Platon und Aristoteles zurück und ist bis heute erhalten geblieben. Der Widerspruch ist gekennzeichnet durch eine Aussage, die zugleich wahr und nicht wahr sein soll. Der Satz vom verbotenen Widerspruch stellt eine tiefgründige Verbindung zwischen dem Gedachten und der in irgendeiner Existenzform gedachten Wirklichkeit her. Denn wirklich kann nur werden, was in sich selbst nicht widersprüchlich ist, und das ist eine rein gedankliche Forderung.

Aber gibt es da nicht Schriftwerke, welche ja Verwirklichungen gedanklicher Wirklichkeiten sind, in denen sich Widersprüche finden? Die gibt es sogar zu Hauf, wenn man etwa in Hegels Werke hineinschaut[148]. Er kannte gewiß aus der Geschichte der Philosophie, das Bestreben, Widersprüche auszuräumen und machte aufgrund seiner naturwissenschaftlichen Unbildung den Fehler, *im Auftreten von Widersprüchen das Bewegungsprinzip überhaupt* anzunehmen, das auch in der sinnlich wahrnehmbaren Wirklichkeit für die Bewegungen und generell für alle Veränderungen verantwortlich sei. Freilich konnte er noch nicht die Bewegungsprinzipen kennen, die sich aus den quantenphysikalisch bestimmbaren Attraktoren in Form von Edelgaselektronenkonfigurationen ergeben. Nun sind Hegels Werke in Buchform trotz ihrer widersprüchlichen Inhalte längst in der sinnlich wahrnehmbaren Wirklichkeit ungezählter Bibliotheken und privater Bücherregale angekommen. Die Schwierigkeit liegt dabei nicht in der Existenzform der sinnlich wahrnehmbaren Wirklichkeit; denn in die haben sich die von Hegel gepflegten Widersprüche in der gedanklichen Existenzform nicht niedergeschlagen, obwohl Hegel das sogar gemeint hat, daß es sogar laufend geschehe, weil das Geschehen in der Wirklichkeit nur durch in der Wirklichkeit vorhandene Widersprüche ablaufe. Die Widersprüche, die sich geistige Wirrköpfe in der Vergangenheit bis in unsere Gegenwart hinein immer wieder leisten und zu Papier bringen und sich auf diese Weise als Totengräber der Philosophie betätigen, haben aber auch in der geistigen Existenzform auf die Dauer keinen Bestand, was

---

148 Eines der Hauptwerke Georg Wilhelm Friedrich Hegels *Phänomenologie des Geistes* ist wohl sein unrühmlichstes Beispiel für extrem ungenaues Denken, wo schließlich der bloße Unterschied zum Widerspruch gemacht wird und wo schon seine wichtigsten Begriffes, wie etwa das Absolute, fortlaufend widersprüchlich gebraucht werden, weil das Absolute nichts anderes ist als das Abgetrennte, zu dem er aber in seinem angeblichen Wissen über das Absolute stets eine Verbindung herstellt, so daß es nicht mehr das Absolute ist, worüber er meint, etwas zu wissen.

Widersprüchliche Formulierungen finden sich nahezu auf jeder Seite. Als kleines Beispiel davon möge ein Zitat aus der Phänomenolgie des Geistes II zu Beginn des dritten Absatzes stehen:

„Das Dieses ist also gesetzt als *nicht dieses*, oder als *aufgehoben*; und damit als nicht Nichts, sondern ein bestimmtes Nichts, oder *ein Nichts von einem Inhalte*, nämlich dem *Diesen*."

In diesem furchtbar ungenauem Denken, macht er stets aus dem Nichts ein Etwas, was immer schon ein Widerspruch ist, der den Leser beim Lesen des gesamten Werkes ein steter Begleiter ist.

Die furchtbare Konsequenz dieses schludrigen Denkens ist leider, daß der sogenannte Marxismus-Lenismus dieses in sich widersprüchliche Denken von Hegel übernommen hat, was leider zu den unmenschlichen Konsequenzen des politischen Kommunismus geführt hat.

zweifellos den fortlaufenden Niedergang der Hegelschen Philosophie bewirkt, aber gewiß nicht mehr den der Philosophie, die sich mit den Grundlagenproblemen unserer Zeit und deren möglichen Lösungen beschäftigt.

Der wichtigste Forschungsbereich über das Aufspüren des Denkmöglichen in Form von allgemeinen Denkkonstruktionen ist bis heute die Logik und die Mathematik, die theoretischen Wissenschaften und die Philosophie, wenn in ihr die Grundlagenprobleme unserer Zeit behandelt werden. Aber es gibt heute keine Wissenschaft, in der nicht dieser grundlegende Urbereich der Wissenschaft geübt und gepflegt werden muß, um verläßliche wissenschaftliche Ergebnisse zu erzielen.

Schon seit Aristoteles ist das erkenntnistheoretische Problem bekannt, wie sich aus dem Betrachten und Begreifen von etwas Einzelnem auf etwas Allgemeines schließen läßt, dem sich das Einzelne zuordnen und dadurch eine Erkenntnis gewinnen läßt. Den Versuch von etwas Einzelnem auf etwas Allgemeines zu schließen, nennt man die Induktion. Und Aristoteles erfand dafür das neue Substantiv ‚Hypolepsis‘, womit er eine Form göttlichen Beistands auszudrücken trachtete, den wir brauchen, um eine ausweglose Situation zu bewältigen, wie sie stets dann gegeben ist, wenn wir vom Einzelnen auf etwas Allgemeines schließen.[149] Aristoteles stand in seiner Not, das Allgemeine zu etwas Einzelnem aus diesem nicht bestimmen zu können, freilich noch ganz unter dem Einfluß von Platons Ideenlehre, die er kritisieren mußte, weil er das Wichtigste, was es damals und heute in der Welt zu beschreiben gibt, die Veränderungen in der Welt zu erfassen mit ewig gleichbleibenden Idee nicht leisten konnte, warum es auch keine Idee der Veränderung geben konnte. Insofern befand er sich selbst, was die Bestimmung des Allgemeinen angeht, in einer schier ausweglosen Situation, und fand schließlich die Formel, daß das Allgemeine dasjenige ist, das Vielem gemein ist. Und das Problem, wie sich vom Diesda, vom Todeti, vom Einzelnen ausgehend das Allgemeine finden lassen könnte, benötigte er göttliche Hilfe, die er mit dem Substantiv *Hypolepsis‘* zum Ausdruck brachte.

Die Situation ist heute in dieser Hinsicht nicht anders. Wenn wir so einen Begriff wie ‚Zusammenhangserlebnis‘ einführen und danach fragen, wie es zu Zusammenhangserlebnissen kommt, die, wenn sie sich methodisch gesichert reproduzieren lassen zu Erkenntnissen werden, in denen der Zusammenhang von etwas Einzelnem mit etwas Allgemeinem dann als gesichert erscheint, so können wir auf diese Frage nur mit der Annahme antworten, daß in uns ein Zusammenhangstiftendes wirksam ist, für das wir getrost wieder die Bezeichnung eines Göttlichen verwenden können.[150] Diese Problematik führt nun eindeutig auf die Frage nach der Möglichkeit des kreativen Denkens und Arbeitens, die im nächsten Abschnitt zu behandeln ist.

---

149 Diesen Sachverhalt hat Werner Theobald in seiner wunderbaren Doktorarbeit ‚*Hypolepsis – mythische Spuren bei Aristoteles*‘ herausgearbeitet, die beim Academia Verlag in Sankt Augustin 1999 erschienen ist.

150 Vgl. dazu das durchaus tiefsinnige Werk von Volker Gerhardt, *Der Sinn des Sinns. Versuch über das Göttliche*, C.H.-Beck Verlag, München 2017.

7.3.3 Der Wissenschaftsbereich des Verwirklichens

Verwirklichen soll hier als ein erstmaliges Hinzufügen zur Wirklichkeit verstanden werden, so daß nur etwas verwirklicht werden kann, was vorher noch nicht wirklich war. Das bedeutet: das Verwirklichen setzt stets einen vorangegangenen kreativen Akt im Denken voraus, durch den etwas Neues gedacht wurde. Damit sind im Wissenschaftsbereich des Verwirklichens die Möglichkeiten dazu möglichst systematisch zu thematisieren und zu erforschen. Dabei tritt wieder die Kantische Frage nach den Bedingungen der Möglichkeit von kreativen Gedanken auf. Damit betreten wir jedoch einen Bereich, der seit Jahrhunderten durch die Dogmatik der Offenbarungsreligionen gar nicht ins Blickfeld geraten durfte und somit auch nicht konnte; denn Schöpferkraft war nur dem allmächtigen Schöpfergott zu eigen. Die Wissenschaft hatte darum die Aufgabe, die Schöpfungen Gottes zu erforschen und sich nicht anzumaßen, dabei selbst kreativ tätig zu sein und sich damit der Gotteslästerung schuldig zu machen. Und die Künstler, die es in der Geschichte schon sehr früh gegeben hat, haben ihre Kreativität stets persönlich von Gott verliehen bekommen. Als dann Immanuel Kant behauptete, daß der Mensch schon *vor* aller Erfahrung zu *apriorischen Einsichten* fähig sei, die er nicht durch die Wahrnehmung der göttlichen Schöpfung erworben habe, sondern durch seine eigene *kreative Fähigkeit*, wurde seine Philosophie im sektiererisch geprägten Amerika abgelehnt, was mit der Überbetonung der Empirie im ganzen anglo-amerikanisch gefärbten Kulturgebiet noch immer heftig nachklingt.

Inzwischen ist in der Kindererziehung längst deutlich geworden, daß schon die kleinen Kinder sich sehr gern künstlerisch durch Singen, Tanzen, Malen, Basteln, Bauen und Kneten betätigen, was lange Zeit noch so interpretiert wurde, daß Gott mit seiner schützenden Hand besonders die Kinder behüte.

Nun sind aber künstlerische Tätigkeiten seit langem von der Art, daß es mit ihnen nicht um die Bewältigung der physischen Existenz geht, sondern um die Lust am Schaffen von etwas Neuem, das durch die Künstlerinnen und Künstler eigenständig hervorgebracht wird. Da die Bewegungen des Körpers und insbesondere der Hände von den Gehirnen der Menschen gesteuert werden, sind es *abstrakte Strukturen*, die anzulegen die Gehirne in der Lage sind und die sich besonders dann weiter ausbilden, wenn die schöpferischen Fähigkeiten der Kinder schon im Kindesalter gepflegt und geübt werden. Abstrakt sind diese Strukturen, weil sie sich nicht auf etwas Konkretes richten, auf etwas, das es schon gibt. Die abstrakten Denkfähigkeiten, wie sie besonders für logisches und mathematisches Denken aber auch für jegliches wissenschaftliches Arbeiten erforderlich sind, werden bereits im Kindesalter angelegt und später noch weiterentwickelt, wenn die künstlerischen Tätigkeiten auch von den Heranwachsenden weiter ausgeübt und damit auch gepflegt werden. Dem Singen und der Musik kommt dabei eine hervorgehobene Funktion zu, weil *Musik die abstrakteste Kunst aller Künste* ist. Nun sind aus dem deutschen Sprachraum erstaunlich viele der bedeutendsten Musiker und Komponisten hervorgegangen, und in Deutschland und Österreich wurde über Jahrhunderte lang viel Haus- und Chormusik gepflegt, so daß sich in den Gehirnen der in diesem musikalisch geprägten aufwachsenden jungen Leute abstrakte Strukturen ausgebildet haben, was sich dann dahingehend ausgewirkt hat, daß in diesem Sprachraum besonders viel hervorragende Wissenschaftler und Kulturschaffende herangewachsen sind. Dieser Zusammenhang ist eindeutig: Die beste Förderung der kreativen Leistungsfähigkeit der Menschen ist die frühkindliche und lebenslange aktive musikalische Betätigung, weil die Gehirne der Menschen dadurch die abstrakten Strukturen aufbauen, erhalten und weiterentwickeln, die für alle kreativen Leistungen bishin zur Verwirklichung von Inventionen und Innovationen in der Wirtschaft und der Wissenschaft erforderlich sind. Ein bereits im Band II ‚*Das Werden der Wissenschaft*' beschriebenes beredtes Beispiel für diesen Zusammenhang ist das Aufblühen der islamischen Wissenschaft vom 8. bis 14. Jahrhundert und ihr rapider Niedergang, der schon mit dem Musikverbot im Islam im 13. Jahrhundert begann.

Inzwischen hat sich durch den überhand nehmenden Einfluß der Massenmedien des Funks und des Fernsehens die Lage in Deutschland und wohl auch in ganz Europa völlig verändert. Schon in den Kindergärten wird nur noch wenig gesungen und an den höheren Schulen fast gar nicht mehr. Hier liegt zweifellos ein verantwortungsloses Verhalten der Bildungswissenschaftlerinnen und -wissenschaftler vor, das zu einem katastrophalen Einbruch der Kulturleistungen im deutschen und ebenso im ganzen europäischen Sprachraum führen wird, wenn nicht auf schnellstem Wege vor allem im medialen Bereich eine grundlegende Änderung des Hör- und Fernsehangebots vollzogen wird. Wer sich nur einmal damit gequält hat, sich den ‚Eurovision Song Contest' anzuhören und anzusehen, der weiß, wovon ich rede. Da wird nicht gesungen, sondern gebrüllt oder geschrien und dies nur mit äußerst kurzatmigen Tonfetzen, die im Zusammenhang meist nur höchstens aus drei Tönen bestehen und die allenfalls einem rhythmischen Gedanken folgen aber überhaupt keinen musikalischen Gedanken darstellen, der geeignet wäre, im Gehirn abstrakte Strukturen zu erhalten oder gar aufzubauen. Der sogenannte ESC ist eine verantwortungslos kulturschädigende Veranstaltung mit unübersehbar negativen Folgen; denn vom ESC gehen keinerlei Anregungen zu eigenem kreativem Schaffen aus, nicht einmal zum Mitsingen, allenfalls zum Mitbrüllen. Und darum horchen wir vergebens in die milde Frühlingsabendluft hinein, um von irgendwoher ein Frühlingslied zu hören.

Das war in Europa und besonders in Österreich, Deutschland, Polen, Tschechien und Ungarn einmal ganz anders und ebenso in Dänemark, in Norwegen, in Schweden und in Finnland. Überall wurde aus Herzenslust gesungen, wenn Menschen aus fröhlichen Gründen zusammenkamen. Sollte das alles vorbei sein, nur weil ein paar mitverantwortliche Leute mit dem albernen Schlagergesinge und -gegröle im Zuge der Vermassung der Menschen durch das Fernsehen so unendlich viel Geld einheimsen können?

Es sollte eines der wichtigsten Ziele der politischen Europäisierung sein oder auch erst werden, europäische Chöre zu begründen, in denen das überaus reichhaltige Liedgut an europäischen Volksliedern gepflegt und weiterentwickelt wird. Das *Lied an die Freude*, die Europahymne von Beethoven und Schiller, könnte ein Ansporn dazu sein, denn von dem gemeinsamen Singen geht der Zauber aus, um die Menschen zusammenzubinden, die durch die Mode streng geteilt wurden, wie es Schiller so treffend getextet hat und wovon eine Verbrüderung zum friedlichen und freudigen Zusammenleben aller Menschen ausgehen kann. Dies wäre so überaus sinnreich, wenn es sogar von Staats wegen gefördert werden könnte, wovon im nächsten Abschnitt die Rede sein soll.

7.3.4 Der Wissenschaftsbereich des Zweckmäßigen oder Sinnvollen

Seit der Entdeckung der Vernunft durch die Vorsokratiker schätzten die antiken Griechen die Möglichkeit, durch die Vernunft das menschliche Leben neu und womöglich besser zu gestalten. Aber es war niemals sicher, ob das Neu-Erdachte auch wirklich zur Verbesserung des Lebens beitragen konnte. Darum haben sich die vorsokratischen Philosophen vor herben Enttäuschungen durch den Rückgriff auf altbewährte und meist noch mythisch verstandene göttliche Instanzen abgesichert, was zweifellos eine Vorform des von Cicero eingeführten Begriffs der Religio, des gründlichen rückwärtsgewandten Nachdenkens darstellte. Zweckmäßig und schließlich auch sinnvoll konnte nur Alt-Bewährtes sein.

Aufgrund der bewußtseinsgenetisch gewiß erklärbaren verkürzenden Übernahme des Religionsbegriffs durch die Offenbarungsreligionen hat sich um diesen theistisch entstellten Religionsbegriff sogar eine erste Wissenschaft gebildet, die als Theologie sich anheischig machte, die göttliche Wahrheit zu vertreten und damit die ranghöchste aller Wissenschaften zu sein, die allmählich von Philosophen oder philosophisch argumentierenden Fachleuten angeregt und etabliert wurden. Durch den Führungsanspruch der Theologie blieb zweifellos der durch die Vorsokratiker und durch Cicero intendierte Sinnbezug der Religion erhalten, weil freilich bei den Offenbarungsreligionen das Sinnvolle nur durch den Bezug auf den allmächtigen Schöpfergott bestimmbar war, was leisten zu können, die Theologen von sich behaupteten. Gewiß haben sich die Theologen mit der Behauptung, einen direkten Kontakt zu den Gedanken des Schöpfers zu haben, erheblich übernommen, vor allem in unserer Zeit, in der immer weniger junge Leute mit einem derartigen Unterwürfigkeitsbewußtsein heranwachsen, welches ihnen ermöglicht, noch an einen allmächtigen Schöpfergott glauben zu können; denn zweifellos werden die Bewußtseinsformen von uns Menschen von der kulturellen Evolution, an der wir teilhaben, weiter entwickelt, indem sich unser Bewußtsein bislang zu immer größerer Selbständigkeit und Selbstverantwortung hin bewegt. Wenn aber durch die kulturelle Evolution schon seit geraumer Zeit, die Möglichkeit verloren geht, an einen persönlichen Schöpfergott glauben zu können, dann wird der Theologie somit ihr einstiges Forschungsgebiet entzogen, und ihre Vertreter sollten sich aus Selbsterhaltungsgründen besinnen, in welcher Weise sie den ursprünglichen Religionsbegriff der Sinnsuche wieder ins Spiel bringen können, wie es hier bereits im 3. Kapitel im Rahmen des Versuchs das Ganze der Wissenschaft zu beschreiben mit dem Forschungsgebiet der *Religiologie* sogar im Rahmen einer religiologischen Fakultät vorgeschlagen worden ist. Der *Wissenschaftsbereich des Zweckmäßigen oder Sinnvollen* gehört demnach in den Aufgabenbereich der noch zu etablierenden *religiologischen Fakultät*, womit dem Nachfolgefach der Theologie, der Religiologie, eine ähnlich grundlegende Aufgabe zufällt, wie sie die Theologie einmal beansprucht hat.

Die großen Zweck- und Sinnkonzepte mögen an dieser Stelle einmal zusammengefaßt werden. Wie bereits mehrfach betont, ist das Ganze der Wissenschaft so zu bestimmen, daß dieses große Gemeinschaftsunternehmen der Menschheit die Aufgabe hat, die Möglichkeiten zu ersinnen und zu verwirklichen, welche die größtmögliche Sicherheit für ein möglichst langes Überleben der Menschheit und mit ihr der Natur gewährleisten. Sinn haben darum alle Konzepte, welche das Leben einzelner Lebewesen in einer solchen Weise sichern, welche zugleich das gemeinschaftliche Zusammenleben im Naturganzen fördert. Die erreichbaren Kenntnisse über das Naturgeschehen, werden auch bei optimaler interdisziplinärer Zusammenarbeit nie ausreichen, um die Sinnhaftigkeit einer Maßnahme gemäß dieser Sinnbestimmung voll zu gewährleisten, es wird darum immer zu einem Abwägen des Für und Wider kommen müssen, was darum ein besonderes bleibendes Übungsfeld in dem Wissenschaftsbereich des Zweckmäßigen oder des Sinnvollen sein und bleiben wird.[151]

Es gibt aber auch noch ein sehr formales Kriterium für die Zweckmäßigkeit oder Sinnhaftigkeit von Untersuchungen oder bestimmten Maßnahmen, und dieses formale Kriterium ist durch den Begriff der *Vollständigkeit* gegeben.

Denn es ist sinnlos, eine Untersuchung zu einer Problematik abzuschließen, wenn noch nicht alles von dem, was zu untersuchen möglich war, untersucht worden ist, so daß das Untersuchungsergebnis deshalb verfälscht wird, weil bestimmte andere Möglichkeiten der Untersuchung gar nicht vorgenommen worden sind. Hierzu bedarf es einer Vorstellung oder eines Begriffs von der *Vollständigkeit* der Untersuchung zu einer gewählten Untersuchungsproblematik. Entsprechendes liegt bei der Anwendung gewisser vorhandener Lösungsmöglichkeiten in einem Problemfall vor, um eine Lösung für die Problemsituation zu erzielen. Auch in diesem Falle brauchen wir eine Vorstellung von der *Vollständigkeit* der angewandten Lösungsmethoden, denn auch in diesem Fall ist es sinnlos, die Lösungsversuche einzustellen, wenn noch nicht alle möglichen Lösungsverfahren angewandt wurden.

Dazu sind die Untersuchungsverfahren oder die Problemlösungsmethoden begrifflich zu erfassen und in ein System dieser Begriffe einzuordnen. Grundsätzlich ist eine Vollständigkeit von Begriffen dann gegeben, wenn sie alle einem *ganzheitlichen Begriffssystem* zugehören. Und ein ganzheitliches Begriffssystem ist dadurch bestimmt, daß sich alle Teilbegriffe eines Systems von Begriffen in existentieller oder semantischer Hinsicht in gegenseitiger Abhängigkeit befinden. Dies gilt stets für Begriffspaare oder Begriffstripel, wenn mit ihnen alle möglichen Fälle beschreibbar sind. Natürlich gibt es höherelementige ganzheitliche Begriffssysteme, die sich aus Begriffspaaren konstruieren lassen, wie etwa ein Tripel dadurch, daß das Begriffspaar selbst als neutrales Element dem Paar hinzugefügt wird.[152]

---

151 Zur Klärung der Sinnproblematik ist das eben zitierte Buch auch hilfreich, aber die darin verharmloste Peronifizierung des Göttlichen halte ich wegen der damit verbundenen Verabsolutierungsgefahr nicht für empfehlenswert.

152 Verschiedene Methoden zur Erzeugung von höherelementigen ganzheitlichen Begriffssystemen sind angegeben in: W. Deppert, „Hierarchische und ganzheitliche Begriffssysteme", in:

Die ersten drei Evolutionsprinzipien *das Vereinzelungsprinzip* (principium individuatio-nis), das *Vergemeinschaftungsprinzip* (principium societatis) und das *Verbindungs- oder Fortschrittsprinzip (principium conjugationis)* konnten in einen deutlichen Zusammen-hang zu den von Aristoteles in seiner Rhetorik- und seiner Politikvorlesung eingeführten drei staatlichen Gewalten gebracht werden, indem sich das *Vereinzelungsprinzip* auf die Gegenwart bezieht und darum mit der *Exekutive* korrespondiert, das *Vergemeinschaf-tungsprinzip* sich auf die Zukunftsgestaltung bezieht und damit die *Legislative* begründet und schließlich das *Verbindungsprinzip* der korrekten Beurteilung des vergangenen Han-delns und Geschehens die *Judikative* auszeichnet. Da aber eingesehen werden mußte, daß zu diesen drei Evolutionsprinzipien noch ein viertes Evolutionsprinzip hinzuzudenken ist, auf das auch Aristoteles schon mit seiner vierten Verursachungsart der sogenannten *causa finalis* hingewiesen hat, taucht nun die überaus spannende Frage auf, ob wir damit auch noch eine vierte staatliche Gewalt vorzusehen haben, welche dafür sorgt, daß die staatlich verordneten und durchzuführenden Maßnahmen auch zweckdienlich und insbesondere sinnvoll sind. Im Bereich der Evolutionsprinzipien haben wir bereits ein evolutionäres Sinnstiftungsprinzip eingeführt und es einstweilen lateinisch als *principium rationis* be-zeichnet, was zu deutsch wohl besser passend **V**ernunftprinzip zu nennen wäre, das in Form einer vierten staatlichen Gewalt möglicherweise den Namen *ratiokratische Instanz* erhalten könnte.

Zweifellos befinden wir uns mit unseren Staatsformen schon lange in einer kulturellen Evolution, durch die wir inzwischen meinen, die demokratischen Staatsformen präferieren zu sollen, wobei sich aber schon seit längerer Zeit herausgestellt hat, daß alle bisher prakti-zierten demokratischen Staatsformen schwer an dem Kompetenzproblem der Demokratie leiden. Nun ist es durchaus denkbar, daß mit der Einführung einer *staatlichen ratiokrati-schen Instanz* auch diese Problematik zumindest abgemildert werden könnte.

Es fragt sich aber, mit welchen Fachleuten diese Instanz zu besetzen und wie sie auszu-bilden sind. Bisher gibt es dafür noch keine Ausbildung und entsprechend keine Fachleute, die sich für die Besetzung der staatlichen ratiokratischen Instanz benennen ließen. Hier müßte es wohl zu einer hochgradigen interdisziplinären Zusammenarbeit kommen, wobei der Ausbildung in der religiologischen Fakultät eine gewisse Priorität zuzusprechen wäre, weil sich diese besonders um die Sinnstiftungsproblematik ohne irgendwelche kirchlichen Diktate zu kümmern hat.

Mit der staatlichen ratiokratischen Instanz könnten Fehlentwicklungen in der kulturel-len Evolution, die sich im Bereich staatlicher Organisationsformen ereignet haben, recht-zeitig korrigiert werden, damit sie nicht erst kriegerische Auseinandersetzungen provo-zieren, wie es etwa mit den Fehlentwicklungen zu Staatsformen allzuoft schon geschehen ist, die durch lebens- oder menschenfeindliche Ideologien oder Religionsformen gebildet worden sind. Denn die kriegerischen Auseinandersetzungen, die durch bestimmte Ent-

G. Meggle (Hg.), *Analyomen 2 – Perspektiven der analytischen Philosophie, Perspectives in Analytical Philosophy*, Bd. 1. *Logic, Epistemology, Philosophy of Science*, De Gruyter, Berlin 1997, S. 214–225.

wicklungen der kulturellen Evolution entstehen, sind durchaus als eine Parallele zu den brutalen Formen der Vernichtung von Fehlentwicklungen in der biologischen Evolution zu begreifen, welche sich durch den erbarmungslosen Überlebenskampf in der Natur seit dem Auftreten der biologischen Evolution immer wieder ereignet. Freilich könnte eine solche Korrektur von Fehlentwicklungen der kulturellen Evolution durch eine sinnstiftende Instanz gemäß des Vernunftprinzips nur wirksam werden, wenn diese Instanz mit den dazu nötigen Machtmitteln ausgestattet ist. Außerdem ist zu vermuten und gewiß auch zu befürworten, daß den Entscheidungen von ratiokratischen Instanzen stets intensive und oft auch kämpferische geistige Auseinandersetzungen vorausgehen.

Der Versuch, die geistige Ernte der gedanklichen Bemühungen einzubringen, welche in den vorangegangenen drei Bänden als eine geistige Saat erstellt, ausgebreitet und in diesem vierten Band noch ergänzt wurden, hat den gedanklichen Erntewagen mit vier wissenschaftlichen Urbereichen angefüllt, *die Wissenschaftsbereiche der Erforschung des Einzelnen, des Allgemeinen oder des generell Möglichen, des Verwirklichens und des Zweckmäßigen oder Sinnvollen.* Diese wissenschaftlichen Urbereiche liegen durch den historischen Prozeß des Werdens der Wissenschaft überhaupt allen Wissenschaften zugrunde und nicht nur das, ihre weitere Erforschung ist auch wesentlicher Bestandteil der Forschungsarbeit in allen Wissenschaften.

Nun gibt es aber noch einen fünften Bereich gedanklicher Anstrengungen, durch den die Aussaat der gedanklichen früchtetragenden Pflanzen betrieben und deren Früchte nun als reife Früchte und damit verwertbare Früchte eingebracht worden sind. Dieser Bereich, der hier als Urwissenschaft bezeichnet werden mag, ist nun noch im letzten Abschnitt der gedanklichen Ernte zu behandeln.

7.3.5   Die Urwissenschaft

Nach *dem* Wissen, das Bestand hat, das *verläßlich* ist, danach suchten schon die Vorsokratiker, und einen Menschen, der über ein solches Wissen verfügt, den bezeichnen wir im Deutschen einen Weisen, und die Vorsokratiker nannten einen Menschen, der ein Freund der Weisheit ist, einen *Philosophos*, und für das Suchen nach beständigem Wissen benutzten sie das Verb *philosopheio*. Dieses Verb haben wir beinahe wörtlich übernommen, wenn wir vom *Philosophieren* sprechen und damit das gründliche Nachdenken bezeichnen, das einer freundschaftlichen Zuneigung zum Finden von verläßlichem Wissen entspringt. Aus dieser Neigung von Menschen sind alle Wissenschaften entstanden. Es ist die philosophische Neigung, so daß die Philosophie tatsächlich zur Mutter aller Wissenschaften geworden ist, zum Urquell der Wissenschaft, so daß sich die Philosophie auch als *Urwissenschaft* verstehen läßt.

Viel ist darüber gestritten worden, ob die Philosophie selbst eine Wissenschaft sei oder nicht. Nun kann freilich eine Mutter nicht zum Kind ihrer selbst werden, und darum habe ich stets davor gewarnt, die Philosophie selbst als eine Wissenschaft begreifen zu wollen; denn dadurch gerät die kreative Eigenschaft der Philosophie aus dem Blickfeld, neue

Wissenschaften entwickeln zu können, wie es hier am *Beispiel der neuen Wissenschaft der Bewußtseinsgenetik* vorgeführt wurde. Mit der Bezeichnung „Urwissenschaft" für die Philosophie mögen diese Bedenken nicht mehr auftreten, da die Philosophie tatsächlich die damit beschriebene Funktion wahrgenommen hat und auch weiterhin wahrnehmen sollte, was allerdings im heutigen Verständnis der Philosophie in der Öffentlichkeit nicht bemerkt wird, weil Philosophen und ihre aktuellen Werke in den Medien gar nicht wahrgenommen werden, indem etwa ihre Bucherscheinungen zu den Grundlagenproblemen unserer Zeit vermutlich sogar ganz bewußt totgeschwiegen werden – ausgenommen davon sind freilich die von den Medien groß gezogenen Mode-Philosophen, die von ihren Bezügen aus der Philosophiegeschichte leben – aber so wie die Kunstgeschichte keine Kunst ist, die Musikgeschichte keine Musik und die Sportgeschichte kein Sport, so ist auch die Philosophiegeschichte keine Philosophie.

Nun ist aber die in unserer Gegenwart sich ausbreitende Sinnkrise und die damit verbundene Orientierungslosigkeit direkt verbunden mit dem Ansehensverlust der Philosophie und ihrer lebenden Vertreter. Darum gehört es zur Verantwortung der Wissenschaft, diesen Ansehensverlust, der gerade durch die Erfolge vieler Wissenschaften entstanden ist, in ihrem eigenen Interesse durch eigenes Zutun zu beheben. Darum folgt nun im letzten Abschnitt im letzten Band der Theorie der Wissenschaft ein Aufruf zur Bewußtmachung der Gesamtverantwortung der ganzen Wissenschaft.

7.3.6 Zum Schluß ein Aufruf

Verantworten lassen sich Handlungen dann, wenn ihre Folgen bestimmbar und vertretbar oder gar sinnreich sind. Damit diese Bedingungen erfüllbar sind, bedarf es in nahezu allen Problembereichen intensiver Forschungen, die oft nur durch interdisziplinäre Zusammenarbeit erfolgreich sind. Dies bedeutet, daß verantwortliches Handeln der Menschen in nahezu allen Lebensbereichen nur durch eine entsprechende Zuarbeit von Wissenschaftlerinnen und Wissenschaftlern möglich ist, wobei die philosophische Grundlagenarbeit von besonders weitreichender Bedeutung ist, vor allem auch für die Überwindung der gegenwärtigen Orientierungskrise. Darum möchte ich hier die Aufrufe des kürzlich verstorbenen Gegenwartsphilosophen Kurt Hübner, die ich in meinem *Nachruf* für ihn in der Zeitschrift für allgemeine Wissenschaftstheorie des Springer Verlages (Journal for General Philosophy of Science) zusammengetragen habe, wiedergeben[153]; denn den Wunsch,

„Hübners Ruf an die Philosophen unserer Zeit und künftiger Zeiten deutlich hörbar zu machen, sich wieder mit aller aufwendbaren Mühe und Kraft den Grundlagenprob-

---

153 Vgl. Wolfgang Deppert, Ein großer Philosoph: Nachruf auf Kurt Hübner und Aufruf zu seinem Philosophieren, in: J Gen Philos Sci (2015) 46:251–268, DOI 10.1007/s10838-015-9314-8. Mein hochgeschätzter Lehrer Kurt Hübner war neben Wolfgang Stegmüller, Paul Feyerabend, Karl Popper, Imre Lakatòs, Paul Lorenzen und Erhard Scheibe einer der bedeutendsten deutschsprachigen Wissenschaftstheoretiker des 20. Jahrhunderts.

lemen unserer Zeit zuzuwenden, um dazu beizutragen, die Zukunft der Menschheit im friedlichen Zusammenleben der Menschen untereinander und mit der Natur möglichst langfristig sicherzustellen", möchte ich zum Schluß des Bandes IV *Verantwortung der Wissenschaft* nochmals hervorheben.

Diese Aufrufe, denen ich mich in meiner Mitverantwortung für die Wissenschaft ausdrücklich anschließe, lauten:

> „1. *Philosophen*, kümmert Euch um die Grundlagenprobleme der Wissenschaften, die aus ihrer historischen Gewordenheit und ihren Konfrontationen mit den Herausforderungen der Gegenwart entstehen! Durch Eure Fähigkeiten zum gründlichen Nachdenken seid Ihr Philosophen in den Grundlagenfragen aller Wissenschaften und aller Lebensbereiche besonders gefragt.
>
> 2. *Wissenschaftler* aller Bereiche, bemüht Euch, die für Euer wissenschaftliches Arbeiten erforderlichen Festsetzungen explizit zu machen und für andere wissenschaftliche Disziplinen verstehbar schriftlich niederzulegen, weil es dadurch zu der nötigen interdisziplinären Zusammenarbeit kommen kann, die für die Problemstellungen in allen Lebensbereichen erforderlich ist, um zu langfristig tragbaren Lösungen zu kommen!
>
> 3. *Mitmenschen*, werdet Euch Eurer historisch gewachsenen Fähigkeiten zum gründlichen Nachdenken bewußt, werdet Eure eigenen Philosophen, Euren Verstand nutzt, um Eure äußere Existenz zu sichern, und Eure Vernunft zur Sicherung Eurer inneren Existenz, die aus den Sinngebungen Eurer Sinnstiftungsfähigkeit besteht."

Als vor drei Jahren diese Texte entstanden, waren zwar erste Ideen zu einer kulturellen Evolution schon im Gespräch aber, es war noch gar nicht klar, nach welchen Prinzipien diese zweite Evolution stattfindet. Das hat sich inzwischen geändert, und wir können zum Abschluß der *Theorie der Wissenschaft* die aufregende Erkenntnis präsentieren:

Die Bedingungen der Möglichkeit für eine kulturelle Evolution sind die gleichen wie die Bedingungen, welche die biologische Evolution möglich machen, diese Bedingungen werden als Evolutionsprinzipien bezeichnet. Sie lauten:

principium individuationis, principium societatis, principium conjugationis, principium rationis.

Zu Deutsch können diese vier Evolutionsprinzipien wie folgt bezeichnet werden:

1. Vereinzelungsprinzip,
2. Vergemeinschaftungsprinzip,
3. Fortschrittsprinzip,
4. Vernunftprinzip.

Die beiden letzten Formulierungen sind mehr zum adäquaten Verständnis der kulturellen Evolution gewählt worden und passen nicht so gut zum Verständnis der biologischen Evolution; denn Fortschritt und Vernunftsteuerung passen nicht in unser Verständnis von der biologischen Evolution, obwohl es durchaus passendere Bezeichnungen für die beiden letzten Prinzipien in der biologischen Evolution gibt, wie etwa Verbindungsprinzip und Zweck- oder auch Erfolgsprinzip. Es kommt aber nicht auf die Bezeichnungen an, sondern auf die formalen Funktionen, welche durch diese Bedingungen der Möglichkeit gegeben sind, evolutionäre Schritte in der Entwicklung von biologischen oder kulturellen Lebewesen zu vollziehen. Die Bezeichnungen der wirksamen Prinzipien in der kulturellen Evolution mögen deshalb etwas hochtrabend ausgefallen sein, weil sich mit der kulturellen Evolution etwas so Aufregendes vollzieht, was bisher mit dem Gedanken der Evolution noch nicht verbunden war. Denn wir Menschen sind zweifellos Träger der kulturellen Evolution, da die Evolutionsschritte in unseren Gehirnen stattfinden. Indem wir aber nun die Prinzipien kennen, nach denen sich die kulturelle Evolution vollzieht, können wir auch ganz bewußt in diese Evolution eingreifen, wenn wir meinen, ganz bestimmte Entwicklungen in unserer Kulturgeschichte anstreben zu sollen, wie etwa die Entwicklung zu gerechteren Zuständen in unserer Gesellschaft.

Wie bereits in dem Springer-Lehrbuch Individualistische Wirtschaftsethik (IWE) herausgearbeitet wurde, herrscht Gerechtigkeit dann in einer Gesellschaft, wenn die Förderung der Individualität und die Förderung der Gemeinschaftsbildung so harmonisiert werden, daß sich die Individuen in dieser Gesellschaft ebenso optimal entfalten können wie auch die Gemeinschaften in ihr, wie etwa die Wirtschaftsbetriebe, die Vereine, aber auch die Kommunen oder gar der Staat selbst.[154]

Wenn sich etwa bei der Regierungsbildung zwei Parteien in einer Koalition miteinander verbinden, von denen die eine mehr das principium individuationis vertritt und die andere mehr das Vergemeinschaftungsprinzip, wie es etwa in Deutschland für die FDP (pricipium individuationis) und die Grünen (principium societatis), dann könnte bei einer Koalitionsregierung, an der beide beteiligt sind, sich ein Sprung in der kulturellen Evolution ereignen, der in der Koalitionsregierung zu mehr Gerechtigkeit in der Gesellschaft führt.

Freilich läßt sich so etwas nur dann gezielt durchführen, wenn die Parteiführer auch von den Möglichkeiten einer bewußten Steuerung Kenntnis besitzen. Aber das wird erst dann möglich werden, wenn durch die Medien derartige Forschungsergebnisse der philosophischen Forschung bekannt gemacht und derartige Veröffentlichungen nicht totschweigen werden, wie es mit dem eben genannten Wirtschaftsethik-Lehrbuch des Springer Gabler Verlages geschehen ist, weil offenbar das Ansehen der Philosophie zur Zeit sehr daniederliegt und die Medien darum gar nicht daran interessiert sind, etwas von philosophischer Seite über mögliche Lösungen von Grundlagenproblemen unserer Zeit zu erfahren. Immerhin hätte man aus dem Springer-Ethik-Lehrbuch entnehmen können, daß die Europäisierung nur gelingen kann, wenn sie Hand in Hand mit einer Regionalisierung geht, so daß die Europäische Union den Katalanen in Barcelona hätte Mut machen sollen, daß sie ihre Regionalisierungwünsche voll unterstützt, weil Menschen ihren Wunsch nach heimatlicher Geborgenheit besonders im großen Europa in ihrer heimatlichen Region ausleben

---

154 Vgl. zum Gerechtigkeitsbegriff W. Deppert, *Individualistische Wirtschaftsethik (IWE)*, Springer Gabler Verlag, Wiesbaden 2014, S. 151.

und entwickeln können und dadurch sogar zu besseren Europäern werden, weil ihnen Europa ihre Wünsche erfüllen kann, was in ihrem eigenen Land als unmöglich erscheint. Das sind doch keine schwierigen Gedanken, sondern durch gründliches Nachdenken von jedem Einzelnen erfaßbar. Darum sollte das Philosophieren, das gründliche Nachdenken in jedem Einzelnem eine Heimat finden.[155]

Die hier erneut veröffentlichten Aufrufe aus dem Nachruf für Kurt Hübner sollen nun genau diesen Zweck erfüllen, *„der Philosophie wieder mehr Gewicht zu verleihen, als sie heute besitzt"*. Und da die Philosophie die Urwissenschaft ist, für die alle Wissenschaftler und darüber hinaus alle selbstbewußten Menschen aus ihrem eigenen Interesse eine gewisse Zuneigung entgegenbringen könnten, ist doch denkbar, daß sie aus ihrer Verantwortung für das Ganze der Wissenschaft (principium societatis) und für ihre eigene Wissenschaft und für ihre Interessengebiete (principium individuationis) den Impuls in sich auffinden, die Aufrufe im Sinne Kurt Hübners zu beachten und in entsprechende Taten (principium conjugationis und principium rationis) sinnvoll umzusetzen.

Dann dürfen wir fortlaufende Sprünge in der kulturellen Evolution freudig erwarten!

Danke im Voraus!

---

155 Kant hat draußen einen Dreispitz getragen, es ist also der Philosophenhut. Darum trage ich ihn nun auch. Wer sich als sein eigner Philosoph begreift, darf ihn auch tragen. Nur zu!

Literatur

Alexy, Robert, *Mauerschützen. Zum Verhältnis von Recht, Moral und Strafbarkeit*, Hamburg 1993.

Alpert, N.R. und Mulieri, L.A. (1982), Myocardial Adaption to Stress from the Viewpoint of Evolution and Development, in: B.M. Twarog, R.J.C. Levine, and M.M. Dewey, (Hrsg.) *Basic Biology of Muscles: A Comparative Approach*, New York, S.173–188.

Alpert, N.R. und Mulieri, L.A. (1986), Determinants of energy utilization in the activated myocardium, *Federation Proc.*, 45, S.2597–2600.

Antonovsky, Aaron und Alexa Franke: *Salutogenese: zur Entmystifizierung der Gesundheit.* Dgvt, Tübingen 1997.

Aristoteles, Rhetorik, übersetzt, m. Biblg., Erltrgn. u. Nachw. v. Franz G. Sieveke, Wilhelm Fink Verlag München 1989.

Aristoteles, Physik, Vorlesung über Physik, Erster Halbband, griechisch-deutsch, übers. u. Hrsgg. Von Hans Günter Zekl, Felix Meiner Verlag Hamburg 1987.

Augustinus, *Vom Gottesstaat*, übers. von Wilhelm Thimme, Artemis Verlag/DTV, 1. Band, 2.Aufl., München 1985.

Burkhoff, D., J. Schaefer, K. Schaffner, D.T. Yue (Hg.), *Myocardial Optimization and Efficiency, Evolutionary Aspects and Philosophy of Science Considerations*, Steinkopf Verlag, Darmstadt 1993

Carnap, Rudolf (1928), *Der logische Aufbau der Welt*, Hamburg.

Chalmers, Alan F., *Wege der Wissenschaft. Einführung in die Wissenschaftstheorie*, hersgg. und übersetzt von Niels Bergemann und Christine Altstötter-Gleich, 6.verbesserte Aufl., Springer Verlag, Berlin Heidelberg 2007.

Cicero, *De natura deorum, (Vom Wesen der Götter)* II, 6, diverse Ausgaben, z.B. übers. v. O. Gigon, Sammlung Tusculum, 2011.

Comte, Auguste, *Cours de philosophie positive*, 6. Bände, Paris 1830–1842, dtsch.: *Die positive Philosophie*, 2 Bände, 1883.

Crick, Francis, *WAS DIE SEELE WIRKLICH IST, Die naturwissenschaftliche Erforschung des Bewußtseins*, Artemis & Winkler Verlag, München 1994.

Daschkeit, A., Schröder, W., (Hg.) *Umweltforschung quergedacht. Perspektiven integrativer Umweltforschung und – lehre, Festschrift für Professor Dr. Otto Fränzle zum 65. Geburtstag*, Springer Verlag, Berlin 1998, S. 75 – 106.

Deppert, W., „Atheistische Religion", in: *Glaube und Tat* 27, S. 89–99 (1976)

© Springer Fachmedien Wiesbaden GmbH, ein Teil von Springer Nature 2019
W. Deppert, *Theorie der Wissenschaft*, https://doi.org/10.1007/978-3-658-15124-9

Deppert, W., „Orientierungen – eine Studie über den Zusammenhang von Religion, Philosophie und Wissenschaft", in: J. Albertz (Hg.), *Perspektiven und Grenzen der Naturwissenschaft*, Freie Akademie, Wiesbaden 1980, S.121 – 135.

Deppert, W., „Kritik des Kosmisierungsprogramms", in: Hans Lenk, (Hrsg.), *Zur Kritik der wissenschaftlichen Rationalität, Festschrift für Kurt Hübner*, Freiburg 1986.

Deppert, W., Hübner, K, Oberschelp, A., Weidemann, V. (Hg.), *Exakte Wissenschaften und ihre philosophische Grund legung*, Vorträge des internationalen Hermann-Weyl-Kongresses Kiel 1985, Peter Lang, Frankfurt/Main 1988

Deppert, W., „Hermann Weyls Beitrag zu einer relativistischen Erkenntnistheorie", in: Deppert, W., Hübner, K., Oberschelp, A., Weidemann, V. (Hg.), *Exakte Wissenschaften und ihre philosophische Grundlegung*, Vorträge des internationalen Hermann-Weyl-Kongresses Kiel 1985, Peter Lang, Frankfurt/Main 1988.

Deppert, W., *ZEIT, Die Begründung des Zeitbegriffs, seine notwendige Spaltung und der ganzheitliche Charakter seiner Teile*, Steiner Verlag, Stuttgart 1989.

Deppert, W., „Gibt es einen Erkenntnisweg Kants, der noch immer zukunftsweisend ist?", Vortrag auf dem Philosophenkongreß 1990 in Hamburg.

Deppert, W., „Systematische philosophische Überlegungen zur heutigen und zukünftigen Bedeutung der Unitarier", in: W. Deppert, W. Erdt, A. de Groot (Hg.), *Der Einfluß der Unitarier auf die europäisch-amerikanische Geistesgeschichte*, 1. Bd. der Reihe „Unitarismusforschung", Frankfurt/Main 1990, S. 129–151.

Deppert, W., H. Kliemt, B. Lohff, J. Schaefer (Hg.), *Wissenschaftstheorien in der Medizin. Ein Symposium*. Berlin 1992.

Deppert, W., „Das Reduktionismusproblem und seine Überwindung", in: W. Deppert, H. Kliemt, B. Lohff, J. Schaefer (Hg.), *Wissenschaftstheorien in der Medizin. Ein Symposium*. Berlin 1992, S.275–325.

Deppert, Concepts of optimality and efficiency in biology and medicine from the viewpoint of philosophy of science, in: D. Burkhoff, J. Schaefer, K. Schaffner, D.T. Yue (Hg.), *Myocardial Optimization and Efficiency, Evolutionary Aspects and Philosophy of Science Considerations*, Steinkopf Verlag, Darmstadt 1993

Deppert, W. (1993), „Wer schlägt den Takt? Öffentlichkeit und Leben zwischen Gleichschritt und individueller Rhythmik", Vortrag, First Bamberg Philosophical Mastercourse, 28 June-30,June 1993, ‚The Resurgence of Time'.

Deppert, W., *Philosophische Untersuchungen zu den Problemen unserer Zeit. Die gegenwärtige Orientierungskrise. Ihre Entstehung und die Möglichkeiten ihrer Bewältigung*, Vorlesungsmanuskript, Kiel 1994.

Deppert, W., „Mythische Formen in der Wissenschaft: Am Beispiel der Begriffe von Zeit, Raum und Naturgesetz", in: Ilja Kassavin, Vladimir Porus, Dagmar Mironova (Hg.), *Wissenschaftliche und Außerwissenschaftliche Denkformen*, Zentrum zum Studium der Deutschen Philosophie und Soziologie, Moskau 1996, S. 274–291.

Deppert, W., „Hierarchische und ganzheitliche Begriffssysteme", in: G. Meggle (Hg.), *Analyomen 2 – Perspektiven der analytischen Philosophie, Perspectives in Analytical Philosophy*, Bd. 1. *Logic, Epistemology, Philosophy of Science*, De Gruyter, Berlin 1997, S. 214–225.

Deppert, W., Theobald, W., „Eine Wissenschaftstheorie der Interdisziplinarität. Zur Grundlegung integrativer Umweltforschung und -bewertung". In: A. Daschkeit, W. Schröder (Hg.) *Umweltforschung quergedacht. Perspektiven integrativer Umweltforschung und –lehre, Festschrift für Professor Dr. Otto Fränzle zum 65. Geburtstag*, Springer Verlag, Berlin 1998, S. 75 – 106.

Deppert, W., „Teleology and Goal Functions – Which are the Concepts of Optimality and Efficiency in Evolutionary Biology", in: Felix Müller und Maren Leupelt (Hrsg.), *Eco Targets, Goal Functions, and Orientors*, Springer Verlag, Berlin 1998, S. 342–354.

Deppert, W., „Weltwirtschaft und Ethik: Versuch einer liberalen Ethik des Weltmarktes, Visionen für die Weltordnung der Zukunft", in: Janke J. Dittmer, Edward D. Renger (Hrsg.), Globalisierung – Herausforderung für die Welt von morgen, Unicum Edition, Unicum Verlag, Bochum 1999, ISBN 3–9802688-9–6

Deppert, W., *Einführung in die Philosophie der Vorsokratiker. Die Entwicklung des Bewußtseins vom mythischen zum begrifflichen Denken*, Vorlesungsmanuskript, Kiel 1999.

Deppert, W. „Individualistische Wirtschaftsethik", in: W. Deppert, D. Mielke, W. *Theobald: Mensch und Wirtschaft*, Interdisziplinäre Beiträge zur Wirtschafts- und Unternehmensethik, Leipziger Universitätsverlag, Leipzig 2001, S. 131–196.

Deppert, W., „Relativität und Sicherheit", abgedruckt in: Rahnfeld, Michael (Hrsg.): *Gibt es sicheres Wissen?*, Bd. V der Reihe *Grundlagenprobleme unserer Zeit*, Leipziger Universitätsverlag,Leipzig 2006, ISBN 3–86583-128–1, ISSN 1619–3490, S. 90–188.

Deppert, „Atheistische Religion für das dritte Jahrtausend oder die zweite Aufklärung", erschienen in: Karola Baumann und Nina Ulrich (Hg.), *Streiter im weltanschaulichen Minenfeld – zwischen Atheismus und Theismus, Glaube und Vernunft, säkularem Humanismus und theonomer Moral, Kirche und Staat*, Festschrift für Professor Dr. Hubertus Mynarek, Verlag Die blaue Eule, Essen 2009.

Deppert, W., Die Evolution des Bewusstseins, in: Volker Mueller (Hg.), *Charles Darwin. Zur Bedeutung des Entwicklungsdenkens für Wissenschaft und Weltanschauung*, Angelika Lenz Verlag, Neu-Isenburg 2009, S. 85–101.

Deppert, W., „Immanuel Kant, der verkannte Empirist, oder: Wie Kant zeigt, Grundlagen der heutigen Physik aufzufinden", (Festvortrag zum 286. Geburtstag Immanuel Kants am 22. April 2010 in Königsberg (Kaliningrad)), in: Internet-Blog >wolfgang.deppert.de< password: treppedew.

Deppert, W. „Wie mit dem Start der Kieler Kardiologie grundlegende Probleme unserer Zeit erkannt und behandelt wurden", in: Jochen Schaefer (Hg. und Erzähler), *Gelebte Interdisziplinarität–Kardiologie zwischen Baltimore und Kiel und ihr Vermächtnis einer Theoretischen Kardiologie*, Band VI der Reihe: *Grundlagenprobleme unse rer Zeit, Leipziger Universitätsverlag, Leipzig 2011, S. 165–182.*

Deppert, W., *Individualistische Wirtschaftsethik (IWE), Springer Gabler Verlag, Wiesbaden 2014.*

Deppert, W., „Ein großer Philosoph: Nachruf auf Kurt Hübner und Aufruf zu seinem Philosophieren", in: J Gen Philos Sci (2015) 46:251–268, DOI 10.1007/s10838–015-9314–8.

Devall, B., The Deep Ecology Movement. In: Natural Resources Journal 20 (1980), S.299–322 oder übers. von. M. Sandhop in: D. Birnbacher (Hg.), Ökophilosophie, Reclam, Stuttgart 1997, S.17–59.

Dijksterhuis, E. J., *Die Mechanisierung des Weltbildes*, Springer-Verlag, Berlin 1983.

Eliade, Mircea, *Der Mythos der ewigen Wiederkehr*, Düsseldorf, 1953.

Forschner, Steffen, *Die Radbruchsche Formel in den höchstrichterlichen „Mauerschützenurteilen"*, Inaugural – Dissertation zur Erlangung der Doktorwürde der Juristischen Fakultät der Eberhard-Karls-Universität Tübingen, Kirchheim/Teck 2003

Gassen, Hans Günter, *Das Gehirn*, Wissenschaftliche Buchgesellschaft 2008.

Gerhardt, Volker, *Der Sinn des Sinns*, C.H. Beck Verlag, München 2017.

Geyer, Christian (Hg.), *Hirnforschung und Willensfreiheit. Zur Deutung der neuesten Experimente*, Suhrkamp Verlag, Frankfurt/Main 2004,

Gibbs, C.L. (1978), Cardiac Energetics, *Physiological Reviews*, Vol. 58, No. 1, S.174–254.

Gibbs, C.L. (1986), Cardiac energetics and the Fenn effect, in R. Jacob, H. Just, Ch. Holubarsch (Hrsg.), *Cardiac Energetics, Basic Mechanism and Clinical Implications*, Darmstadt/New York, S.61–68.

Goldstein, H., *Klassische Mechanik*, Frankfurt/Main 1963.

Grünbaum, A., *Philosophical Problems of Space and Time*, 2. (erweiterte) Aufl., Dordrecht/Boston 1973.

Gruehn, Sabine und Schnabel, Kai, *„Schulleistungen im moralisch-wertbildenden Bereich. Das Beispiel Lebensgestaltung-Ethik- Religionskunde (LER) in Brandenburg"*, in: Franz Weinert: *Leistungsmessung in Schulen*. Beltz: Weinheim 2002.

Grundgesetz, 41. Auflage, Deutscher Taschenbuch Verlag GmbH & Co. KG., Verlag C.H. Beck München 2007.

Hübner, Kurt, *Kritik der wissenschaftlichen Vernunft*, Alber Verlag Freiburg 1978.

Hübner, Kurt, *Die Wahrheit des Mythos*, Beck Verlag, München 1985.

Hübner, Kurt, „Die Metaphysik und der Baum der Erkenntnis", in: Dieter Henrich und Rolf-Peter Horstmann (Hg.), *Metaphysik nach Kant?*, Stuttgart 1988.

Hübner, Kurt, „Der mystische Rationalismus der deutschen Philosophie Böhmens im 19. Jahrhundert und seine Entwicklung" in: *Schriften der Sudetendeutschen Akademie der Wissenschaften und Künste, Band 17, Forschungsbeiträge der Geisteswissenschaftlichen Klasse*, München 1996, S. 129 – 148.

Hume, D., *A Treatise of Human Nature: Being an Attempt to introduce the experimental Method of Reasoning into Moral Subjects*, Buch III, *Of Morals*, London 1740.

Jongebloed, Hans-Carl, „Vermessen – oder: Diagnostik als Bildungsprogramm", in: Susanne Lin-Klitzing, David Di Fuccia, Gerhard Müller-Frerich (Hrsg.): Zur Vermessung von Schule. Empirische Bildungsforschung und Schulpraxis, Bad Heilbrunn 2013.

Jongebloed, Hans-Carl und Kralemann, Björn: „Die Bestimmung des Schwierigkeitsgrades von Aufgaben unabhängig von zielgruppenspezifischen Verteilungen der Lösungswahrscheinlichkeiten", unveröffentlichter Forschungsbericht, Kiel 2015.

Kamlah, Wilhelm, Paul Lorenzen, *Logische Propädeutik. Vorschule des vernünftigen Redens*, Bibliogr. Inst., Mannheim 1967.

Kant, Immanuel, *Metaphysische Anfangsgründe der Naturwissenschaft*, Johann Friedrich Hartknoch, Riga 1786

Kant, Immanuel, *Der Streit der Fakultäten*, hrsg. von Klaus Reich, Felix Meiner Verlag, Hamburg 1959

Kant, Immanuel, *Kritik der praktischen Vernunft*, Johann Friedrich Hartknoch, Riga 1788.

Koch, Christof, *Bewusstsein, ein neurobilogisches Rätsel*, Elsevier GmbH, Spektrum Akademischer Verlag, München 2005.

Landau, L. und Lifschitz, E. M., *Lehrbuch der theoretischen Physik*. Bd. 2, *Klassische Feldtheorie*, Berlin 1966.

Leibniz, G.W. (1710), *Die Theodizee*, übvers. von A. Buchenau, Hamburg 1968.

Lewin, K., *Der Begriff der Genese in Physik, Biologie und Entwicklungsgeschichte, eine Untersuchung zur vergleichenden Wissenschaftslehre*, Berlin 1922.

Lewin. K., Die zeitliche Geneseordnung, *Zeitschr. f. Phys. 1923*, 8, S.62–81.

Libet, Benjamin, *Mind Time. Wie das Gehirn Bewußtsein produziert*, Suhrkamp Verlag, Frankfurt/Main 2005.

Lorenz, K., *Die Rückseite des Spiegels. Versuch einer Naturgeschichte menschlichen Erkennens*, München 1973.

Lukrez, *De rerum natura. Welt aus Atomen*, lat./dt., übers., Nachw. v. Karl Büchner, Philipp Reclam jun. Stuttgart 1986.

Meggle, G. (Hg.), *Analyomen 2 – Perspektiven der analytischen Philosophie, Perspectives in Analytical Philosophy*, Bd. 1. *Logic, Epistemology, Philosophy of Science*, De Gruyter, Berlin 1997

Mueller, Volker (Hg.), *Charles Darwin. Zur Bedeutung des Entwicklungsdenkens für Wissenschaft und Weltanschauung*, Angelika Lenz Verlag, Neu-Isenburg 2009.

Nagel, E., *The Structure of Science: Problems in the Logic of Scientific Explanation*, New York 1961.

Oster, G.F., und Wilson, E.O. (1989), A Critique of Optimization Theory in Evolutionary Biology,in: E. Sober (ed.), *Conceptal Issues in Evolutionary Biology*, Cambridge, S.271–287.

Reichel, *Hans, Gesetz und Richterspruch, zur Orientierung über Rechtsquellen- und Rechtsanwendungslehre der Gegenwart*, Zürich 1914.

Reichenbach, H., *The Direction of Time*, Berkeley 1956.

Robert, Ludwig, *Schriften. Der Glaube*, 1835.

Schaefer, Jochen (Hg. und Erzähler), *Gelebte Interdisziplinarität – Kardiologie zwischen Baltimore und Kiel und ihr Vermächtnis einer Theoretischen Kardiologie*, Band VI der Reihe: *Grundlagenprobleme unserer Zeit, Leipziger Universitätsverlag, Leipzig 2011.*

Schweitzer, Albert, *Denken und Tat*, Zusammengetragen und zusammengestellt, von R. Grabs, Meiner Verlag, Hamburg 1954.

Singer, Wolf, *Ein neues Menschenbild? Gespräche über Hirnforschung*, Suhrkamp Verlag, Frankfurt/Main 2003.

Singer, Wolf, *Vom Gehirn zum Bewußtsein*, Suhrkamp Verlag, Frankfurt/Main 2006.

Dieter Sturma (Hg.), *Philosophie und Neurowissenschaften*, Suhrkamp Verlag, Frankfurt/Main 2006.

Sprigge, T. L. S., Are There Intrinsic Values in Nature? In: Journal of Applied Philosophy 4 (1987) S. 21–28 oder übers. von W. Beermann in: D. Birnbacher (Hg.), Ökophilosophie, Reclam, Stuttgart 1997, S.60–75.

Stegmüller, W., *Probleme und Resultate der Wissenschaftstheorie und Analytischen Philosophie, Bd. 1: Erklärung, Begründung, Kausalität*, 2. (überarb. u. erweiterte) Aufl., Springer Verlag, Berlin 1983.

Taylor, P. W., The Ethics of Respect by Nature. In: Environmental Ethics 3 (1981), S.197–218 übers. von H. Sezgin und A. Krebs in: D. Birnbacher (Hg.), Ökophilosophie, Reclam, Stuttgart 1997, S.77–116.

Theobald, Werner, *Hypolepsis. Mythische Spuren bei Aristoteles*, Academia Verlag, Sankt Augustin 1999.

Vollmer, G., *Evolutionäre Erkenntnistheorie*, Stuttgart 1975.

Weyl, H., *Gruppentheorie und Quantenmechanik*, 2. überarb. Aufl., Leipzig 1931.

Windelband, W., *Lehrbuch der Geschichte der Philosophie*, hrsg. von Heinz Heimsoeth, Verlag von J.C.B. Mohr, Tübingen 1935.

Wittgenstein, Ludwig, *Philosophische Untersuchungen*, Suhrkamp Verlag, Frankfurt/Main 1969.

Wuketits, F. M., *Wissenschaftstheoretische Probleme der modernen Biologie*, Berlin 1978.

Xenophon, *Erinnerungen an Sokrates*, 4. Buch (11) übers. v. Rudolf Preiswerk, Philipp Reclam jun., Stuttgart 1992.

Register

9.1   Personenregister

Acham, Karl 136,
Albert der Große 182,
Albert von Schirnding 191,
Albert, Hans 144,
Albertz, Jörg 181,
Alexy, Robert 86, 92, 168
Alkmaion 7,
Anaximandros 180,
Anaximenes 35, 180,
Antonovsky, Aaron 96, 155f.,
Aristoteles 7f., 14f., 35, 62f., 128, 142fff., 182, 203ff., 209fff., 215ff., 223,
Augustinus, 174, 180f., 182,

Beethoven, Ludwig van 220,
Birnbacher, D.
Bohr, Max 51, 152,
Bruno, Giordano 56, 184,
Buddha 176, 178,

Carnap, Rudolf 132,
Cartan, Henry 130,
Carnot, S. 139,

© Springer Fachmedien Wiesbaden GmbH, ein Teil von Springer Nature 2019
W. Deppert, *Theorie der Wissenschaft*, https://doi.org/10.1007/978-3-658-15124-9

9.2   Sachregister

Printed in the United States
By Bookmasters